鄂尔多斯牧草
生产与利用技术

李海军　高秀芳◎主编

中国农业科学技术出版社

图书在版编目（CIP）数据

鄂尔多斯牧草生产与利用技术／李海军，高秀芳主编．--北京：中国农业科学
技术出版社，2021.6

ISBN 978-7-5116-5341-3

Ⅰ．①鄂…　Ⅱ．①李…②高…　Ⅲ．①牧草-栽培-鄂尔多斯市②牧草-综合利用-
鄂尔多斯市　Ⅳ．①S54

中国版本图书馆 CIP 数据核字（2021）第 097652 号

责任编辑	姚　欢	
责任校对	贾海霞	
责任印制	姜义伟　王思文	
出 版 者	中国农业科学技术出版社	
	北京市中关村南大街 12 号　邮编：100081	
电　　话	（010）82106631（编辑室）　（010）82109702（发行部）	
	（010）82109709（读者服务部）	
传　　真	（010）82106631	
网　　址	http://www.castp.cn	
经 销 者	全国各地新华书店	
印 刷 者	北京建宏印刷有限公司	
开　　本	170 mm×240 mm　1/16	
印　　张	16.375	
字　　数	320 千字	
版　　次	2021 年 6 月第 1 版　2021 年 6 月第 1 次印刷	
定　　价	60.00 元	

《鄂尔多斯牧草生产与利用技术》
编 委 会

前　言

　　在绿色植物中，牧草是种类最多、适应性最强、覆盖面最大、周转速度最快的可再生资源。自古以来，牧草就是鄂尔多斯人乃至全人类赖以生存和发展的物质基础，长期依靠牧草养畜获取生产生活所需，因而人们对牧草的保护与利用的探索从未终止过，也经历了牧草自然生长游牧利用—补播改良轮牧利用—高效生产利用等不同的历史阶段。

　　游牧生活中，人们按照牧草生长状况、畜群的大小、家畜的种类，从一个牧点向另一个牧点移动。牧草生长状况越好，移动频率越低；畜群越大，移动次数越多；根据牲畜吃草的特点进行混牧。对于牛羊混牧，徐珂撰写的《清稗类钞》中这样描述："牛群可无羊，羊群不可无牛。羊得秋气。足以杀物。牛得春气。足以生物。羊食之地，次年春草必疏。牛食之地，次年春草必密。草经羊食者，下次根出必短一节，经牛食者，下次根出必长一节。牛羊群相间而牧，翌年之草始均。"正是因为游牧人群对天然牧草科学利用的不断总结并付诸实践，才使得畜牧业不断发展壮大。但随着家畜数量的增加，靠天然牧场放牧生产不仅远不能满足生活的需要，还造成生态环境的破坏。于是人们在改变放牧方式的同时，也在思考如何使牧草的生物产量增加，从而更好地适应生产生活的需要。

　　中华人民共和国成立前，鄂尔多斯人利用牧草的方式基本是天然草场放牧。1902 年，虽然准格尔旗种植了苜蓿，但当时是以观赏植物引进的。中华人民共和国成立后，随着社会的进步和科技的发展，建立人工草地生产牧草逐步发展起来。起初，人工种草以单播为主，混播面积很小，主要是沙打旺、苜蓿、草木樨、柠条带间旱作混播，集中在乌审旗、杭锦旗和鄂托克前旗。在不断的探索实践中，人工种草技术逐渐推广到全市，牧草由单一品种发展到十几个品种，草种品质逐步提高，人工种草的功能也由单一饲用向生态型、观赏型等多功能转化。

　　2000 年，我国确定了西部大开发战略，将生态安全战略重点布局在草原区，确立了在草原区生态优先的原则。鄂尔多斯从当地实际出发，坚持开拓创新，综合施策，人工种草规模和质量都得到了全面提升。2002 年，天然草原退牧还草工程在鄂尔多斯开始实施，随着建设内容的逐步完善，人工种草比重逐年增加，苜蓿、柠条、锦鸡儿、青贮玉米等被广泛种植。2006年以来，鄂尔多斯对土地进行整合和整理，促成了土地的合理流转，催生了农民专业合作组织，使土地集中到农牧业企业和专业合作社中，实现了适度规模经营，为机械化作业、节水灌溉创造了条件。这个时期，鄂尔多斯契合国家"振兴奶业、苜蓿发展"行动的良好机遇，以苜蓿种植为主的草产业得到了前所未有的发展，人工种草出现了新的转变，集中连片、规模经营生产优良牧草成了一种新趋势。

近年来，鄂尔多斯市引进和培育了一大批市场开拓能力较强的龙头企业，加大了人工草地开发和饲草料种植的力度，20多家有实力的企业和协会参与了开发种植苜蓿，逐步形成了以达拉特旗为核心的库布其沙漠沿黄苜蓿区、以乌审旗为核心的毛乌素沙地苜蓿区、以鄂托克旗为核心的阿尔巴斯苜蓿区。龙头带动作用显现，基地化、规模化、品牌化效应明显加强，草产业迈上了一个新的台阶。

目前，鄂尔多斯市以各企业为代表的牧草生产与利用技术发展速度空前。水肥一体化、复种、混播等先进科技逐步被推广，高产优质牧草新品种不断应用于生产实践，牧草种植、加工产业蓬勃发展，产生了良好的生态效益、经济效益和社会效益。为了顺应当前生态建设、牧草产业发展的形势和需求，更好地推广牧草生产利用技术，编者编写了这本书。

本书紧密联系当前生产实际，在参考许多同行专家的著作和最新研究成果的基础上，总结、研究历年牧草生产与利用经验，本着理论联系实际、简明实用的原则，对牧草生产与利用实用性技术进行了较为系统的论述，并详细介绍了秸秆贮制等技术。希望本书能对牧草生产者及草原工作者有所帮助。

本书在编写过程中，得到了有关同志的关心和支持，在此一并表示感谢。虽然多次修改，几易其稿，但由于时间紧，编者水平有限，研究不够深广，书中可能存在一些疏漏和不妥之处，恳请读者批评指正。

编者

2021年3月

目　　录

第一章　牧草概述

第一节　概念

牧草，广义上泛指家畜、家禽采食的草类，以草本植物为主，也包括藤本植物、半灌木和灌木（苏加楷等，1993）；狭义上仅指可供栽培的饲用草本植物。自然界中天然生长、未经人类驯化栽培的牧草为野生牧草。人类予以驯化栽培的牧草为栽培牧草。作为饲料栽培的各种作物通常被称作饲料作物，包括禾谷类、豆类、块根块茎类、瓜类、叶菜类等诸多类型。饲料作物既可供畜禽采食，又基本上为草本植物，因而广义的"牧草"包括"饲料作物"。多数情形下人们应用广义的"牧草"概念，或使用"饲草"这一较为宽泛的概念。依据植物系统分类，通常将牧草分成禾本科牧草、豆科牧草和杂类牧草三大类。

草业，最初由钱学森先生于 20 世纪 80 年代首次提出，他认为草业是草的生产，让太阳光合成以碳水化合物为主的草，再以草为原料发展畜牧业及其他生产的产业。草业包括牧草种植业、饲草料加工业、草原生态旅游业等，是一种以草原资源保护为基础，集饲草生产，草产品加工、运营、管理以及生态建设为一体的新兴技术密集型产业。任继周院士认为，草业突破了传统的以植物生产为主的种植模式，也突破了以动物生产为主的模式，它将两者紧密结合起来，赋予了全新的内容。它向前延伸，承担了环境保护和建设的任务，又向后延伸，加强了农业的整体社会经济功能。同时，草业是大农业的重要组成部分，发达的草业是农业现代化的明显标志，是建设生态文明的基本保证。发达国家草业是农业领域内重要的生产者，它所产生的经济产值、产地面积均超过了粮食种植产业。在法国、澳大利亚、新西兰等农业发达国家，草业已经成为农业发展的主体，其经济产值已超过了农业总体经济产值的 50%以上。

草原，是半干旱、半湿润大陆气候条件下形成的植被类型，是一种地带性植被类型，一般辽阔无林，由多年生旱生禾草建群的植物群落组成，也包括多年生杂草、半灌木和灌木。水分和热量的组合状况是影响草原分布的决定因素。《中华人民共和国草原法》第二条第二款规定：本法所称草原，是指天然草原和人工草地。天然草原是指一种土地类型，它是草本和木本饲用植物与其所着生的土地构成的具有多种功能的自然综合体。人工草地是指选择适宜的草种，通过人工措施而建植或改良的草地。草原植被采用广泛的概念，包括草原、荒漠、疏林、草甸、沼泽等多种植被类型（杨伟坤，2002）。草原是我国最广阔的生态壁垒，是我国生态系统最大的组成部分之一，同时也为我国农牧民提供了最基本的生产和生活资料。

草地，学术界有不同的认识和定义，不同的学科对草地的定义也有差异。国际上通常将草地定义为一种具有特殊植被和气候的土地类型。随着人们对草地资源价值认识的不断深入，草地价值不再只由草地上产出的各种经济产品来决定。草地类型和范围广泛，泛指以草本植物为主要建群种的植物群落类型，既包括草原、温带和亚热带的草丛、灌草丛、稀树灌草丛，也包括隐域性的草甸、沼泽植被和人工草地，甚至绿化草坪。

草场，用于畜牧业经营的土地都可以称为草场，包括草地、灌丛、荒漠，可分为放牧草场和割草场。

就草原、草地、草场三者的范围来说，草场>草地>草原，也就是说草场包含了草地，草地又包含了草原（图1-1）。

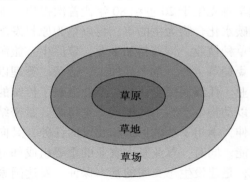

图1-1 草原、草地、草场三者的关系

资料来源：赵利清讲义《内蒙古高原的草原》，2019。

第二节　牧草的生态效益

　　牧草在维持生态平衡方面的意义是重大的，它覆盖稳定了地面的生态环境，通过复杂的光合作用，将太阳光能固定下来，把无机物转化成有机物，太阳光能转化成化学能，促进了能量流动和物质循环，起到了维持生态平衡的重要作用。

　　如果把森林比做"地球之肺"的话，那么，草场则兼有"肺"和"胃"的双重功能。实际上，牧草在自然界中几乎是无所不在，森林群落中的草本植物也同样占据着重要位置，乔、灌、草结合是自然界中最常见的群落类型。栽培的人工草地，除了具有生产出大量优质牧草的功能之外，本身具有十分显著的生态保护功能，更何况有些草地本身就是为了生态保护而建立的，如固沙草地、城市绿地建设等。因此，牧草在生态环境治理中具有不可替代的作用。

一、防风固沙

　　鄂尔多斯自然条件恶劣，干旱少雨，风大沙多，风蚀沙化和沙尘暴形势十分严峻。牧草是极好的固沙植物，草原能降低地表风速，防止土壤沙化，每亩（1亩≈667平方米，全书同）草原一年至少可以防止4 226千克地表土风蚀，这种防风能力比同样条件下的农作物大数倍乃至数十倍。据测定，柠条灌木草地内风速3.53米/秒，而旷野风速4.5米/秒，降低风速21.56%；柠条灌木林内积沙厚度1.33厘米，每亩可固沙8.87立方米，而旷野每亩风蚀土壤11.13立方米（表1-1）。可见种植多年生牧草最具经济价值，也是最有效保护土壤的方法。

表1-1　人工带状种植柠条防风固沙效果

防风			固沙			
林内风速 （米/秒）	旷野风速 （米/秒）	降低 （%）	林内积沙 （厘米）	亩固沙 （立方米）	旷野风蚀 （厘米）	亩风蚀 （立方米）
3.53	4.50	21.56	1.33	8.87	1.67	11.13

资料来源：《伊盟大面积种植柠条推广应用技术报告》，1985。

二、保持水土

　　牧草特别是多年生牧草，通常比农作物具有更发达的根系。草本植物根系集中分布在0~30厘米地表土层中且根系密集，土壤因耕作少而不松散。庞大的根系系统和地上密集的草层能够缓解地表径流、减少水土流失，起到良好的水土保持作用，提高降水利用效率。与谷物相比，谷物等一年生作物类耕地植被系统固土保水能力较弱，原因是植被覆盖期短、覆盖度低，以及因耕作频繁而致表土松散。在风蚀、水蚀严重地区，改种谷物等一年生作物为多年生牧草，是控制耕地水土流失的有效措施。研究表明，草木樨地与同等高度的撂荒地相比，减少径流 14%~80.7%，减少泥沙冲刷量 60%。20°坡地上的苜蓿地也较同等坡度的耕地径流量减少 88.4%，冲刷量减少 97.4%。

　　同时牧草也是丘陵沟壑地区的水土保持植物。牧草茎叶繁茂，生长迅速，再生能力强，能够很好地覆盖地面，且地上覆盖期长、覆盖度高。土壤由于得到覆盖在其表面上正在生长或已经死亡的植被的保护从而免受侵蚀。多年生牧草地下根系发达，四季存留。因而牧草能减少雨水冲刷及地表径流，固土保水效果明显。据调查，在一般状态下，草原比裸露地面的土壤含水量高 20% 以上。在大雨状态下，草原可使徒坡地面径流减少 47%~60%，泥土冲刷量减少 75%。有研究表明，当降水量为 340 毫米时，裸地水土流失量为 6 750 千克/公顷，耕地为 3 570 千克/公顷，林地为 600 千克/公顷，而草地仅为 93 千克/公顷（王俊明，1999）。

三、改良土壤

　　牧草的枯枝落叶在地表形成腐殖质结皮，可防止土壤侵蚀，增加土表的有机质含量。死亡牧草的根系腐烂，可以增加土壤的孔隙度，改善土壤结构。多年生牧草根系发达，根量较大，加之多年生草地的耕作次数明显少于一年生谷物农田，土壤扰动较轻，土壤有机质分解较慢，因而种植多年生牧草可明显提高土壤有机质含量，进而改善土壤结构。戴玉堂测定，果树地间作的部分牧草用作覆盖物可以提高果园有机物 1.4%，降低土壤容重 0.56 克/厘米³，提高孔隙度 25%，且明显地促进果树生长。鄂尔多斯矿区面积较大，矿区和垃圾填埋场的生态恢复是环境保护重点问题之一。由于矿区生态环境条件特别恶劣，这些土地复垦种植农作物、果树或林木，往往植物长势很差，甚至难以收效；工程措施往往投入巨大而效果甚微，不能发挥其应有的生态效益。国家大型矿区广西平果铝矿、广西梧州市钛矿和花岗岩矿区的实践证明，利用先锋草类迅速覆盖矿区，并逐渐改善矿区土地的生态环境，为林木和农作物进入创造良好的条件，常能收到事半功倍的作用。牧草覆盖后土壤有机质、速效氮、磷、钾和酸碱程度均有大幅度改善。

四、净化空气

绿色植物对净化空气有独特作用。牧草有很好的减尘作用，其茎叶可直接吸附空气中的灰尘，还直接覆盖地表，防止地面尘土飞扬。有人测试过，铺草坪的足球场上空的含尘量少 2/3~5/6。另据北京环保科研所测定，在 3~4 级风下，裸地空气中的粉尘浓度为有草地空气中粉尘浓度的 13 倍，草地地面粉尘含量仅为裸地的 1/6~1/3。牧草还能吸收二氧化硫、氟化氢、氮氧化物、氯、氨等空气中的污染物，如生长良好的草坪，光合作用吸收的二氧化碳每小时达 1.5 克/米^2，如果每人每天呼出二氧化碳为 0.9 千克，吸进氧气 0.75 千克，50 平方米的草坪足以吸收 1 个人 1 天呼出的二氧化碳。牧草还具有杀灭空气中细菌的作用，据测定，在有草坪环境中，人患感冒等呼吸系统疾病的发病率大大下降，这主要得益于空气质量的改善。因此，草地是空气的天然净化器。

五、调节气候

牧草通过对温度、降水的影响，缓冲极端气候对环境和人类的不利影响，通过叶面蒸腾，能提高环境的湿度、云量和降水，减缓地表温度的变幅，增加水循环的速度，从而起到调节小气候的作用。据报道，草地比裸露地夏季降温 3~5℃，冬季升温 6℃左右；绿地内相对湿度比非绿化区高 10%~20%。同时草地具有很强的固氮作用，吸收二氧化碳并放出氧气，碳汇功能显著。据相关资料，地球上草原储存碳的能力为 4 120 亿~8 200 亿吨，略低于森林（4 879 亿~9 560 亿吨），但高于农田（2 630 亿~4 870 亿吨）及其他生态系统（510 亿~1 700亿吨）。

六、吸收噪声

草类与树木构成的绿化带（绿地）起着吸收和隔挡噪声和辐射，以及削弱污染的作用。据测定，绿化的街道比不绿化的街道可以降低噪声 8~10 分贝。牧草还是美化环境和园林绿化不可缺少的内容，并在环境监测、防灾减灾、促进人体健康等方面发挥重要作用（黎华寿等，2001）。

七、净化废水

水体中的矿物质营养盐和有机养分是包括浮游藻类和牧草在内的绿色植物的养分来源，利用浮游藻类和牧草处理是废水生物处理的新领域，近年在生活污水、养殖业废水和部分工业废水处理上得到较多的应用，并有迅速发展的趋势。王国祥（1998）、张毅敏（1998）等分别利用包括牧草在内的不同生态类型植物组成的人工湿地治理太湖局部水域富营养化湖水和城镇生活污水均获得了成功。夏汉平等对垃圾渗滤液的植物毒性研究表明，香根草对总氮、硝态氮、总磷的净化效果均在70%以上。国内外利用鱼草、鱼菜共生系统处理水产养殖污水，实现循环流水养鱼已经在生产上得到应用。

第三节　牧草的经济效益

牧草是我国最重要的资源之一，充分合理利用这种资源，具有广阔的发展前景。发展牧草生产是农业生产系统实现生态循环的中间环节，是农业可持续发展的必由之路。目前提倡的有机农业、生态农业、健康养殖的主要内容就是增加牧草的比重。牧草生产是以绿色茎叶营养体为目标，在作物营养生长的高峰阶段收割。此时，地上、地下的积累都要优于籽实完熟期的枯萎茎、根所含的营养，特别是生物固氮的功能使能流、物流在田间农业生态系统中得以相对平衡而良性运行。牧草在农业种植、畜牧业发展、相关产品深加工等领域都有较高的经济效益。

一、提高种植效益

发展牧草产业，对解决连年耕作导致产量递减、土壤毒化、病虫害严重，以及规模饲养下优质饲草缺乏导致家畜生产性能低下、疾病多等都有益处。以牧草养殖草食畜禽，在生产畜产品的同时，还可生成大量优质有机肥——粪便，返施于农田亦可有效提高土壤肥力。

（一）增加农田肥力

豆科牧草根瘤菌具有固氮作用，将豆科牧草引入作物轮作系统，可恢复和提高土壤肥力，减少氮肥使用量。据测定，种植苜蓿3年以上的土地，每亩含氮素10千克左右（相当于22千克尿素），含磷约3千克。就有机质而言，种植苜蓿30厘米土壤中有机质的含量比一般作物增加4.4倍。试验表明，种植苜蓿后，种植玉米和小麦的第一年不用施氮肥，即使施氮肥也没有显著效果，在第2年、第3年需氮肥也非常少，一般3~4千克/亩。

甘肃庆阳地区轮作试验表明，种植苜蓿3年后又种2年冬小麦的土地，测定

0~40厘米土层的有机质和含氮量分别为1.21%和0.087%，而连种3年的小麦地0~40厘米土层有机质与含氮量分别为1.03%和0.071%，苜蓿茬比小麦茬土壤有机质和含氮量分别提高17.5%和22.5%（石凤翔等，2003）。研究表明，种植苜蓿能够大幅度提高土壤氮净矿化率，增加其后茬作物的速效氮供给。与农田后茬种植牧草相反，苜蓿草地轮作为农田以后，土壤全氮和有机质会迅速下降，土壤退化过程加速（王俊等，2007）。

豆科牧草一方面直接固氮，另一方面其根系在土壤中会积累大量残体从而增加土壤有机质含量。新疆呼图壁县种牛场的测定结果显示，3年生苜蓿茬地积累干残体30 735千克/公顷，折合氮465千克/公顷、磷94.7千克/公顷、钾1 477.5千克/公顷，相当于1.5×10⁵千克优质厩肥。种植沙打旺使土壤每年固氮225千克/公顷有机质，磷钾含量也大幅度提高。在盐碱低产田轮种苜蓿2年后土壤0~20厘米含盐量由0.22%~0.24%下降到0.05%~0.06%；5年后轮作小麦，产量比对照区增加1倍以上。在黄土高原水土流失严重的地区，在轮作种植沙打旺、苜蓿4年后，有机质含量提高1倍，氮含量增加2.7倍，同时保持了水土（侯向阳等，2008）。

在吉林省岗平地农田黑土上进行的"玉米—草木樨"轮作试验表明，与玉米连作相比较，轮作提高了土壤孔隙度，从而改善岗平地黑土的通气有余、持水不足、易于干旱和沙化的状况；同时，草田轮作可以增加土壤细菌、真菌和放线菌的数量，增强微生物的总体活性，改善土壤的环境条件（王继红，2002）。

在美国中央大平原连续15年的野外试验中发现，作物的轮作与休耕和连续播种相比，可提高土壤质量特性，如增加微生物群体及其群落成分以及一些酶的活性。而这些特性亦可能导致其他土壤因素的增强，如土壤有机质含量、水分渗透、土壤中水稳定大团聚体等物理特性，从而提高小麦对水分的利用和土壤生产力的保持。

（二）减少杂草和病虫害

草田轮作是防止作物病虫草害的一项重要措施，合理的牧草与作物轮作可减少病虫草害。牧草与作物轮作打破了害虫和病害的生活周期和寄生关系，并有助于杂草控制和减少农药的使用。轮作与连作耕作制度相比较，稻田轮作系统对作物病虫草害有一定的抑制作用。

合理的苜蓿轮作可减少作物病虫害。据报道，苜蓿茬可使玉米免遭根寄生虫为害；苜蓿后茬种植向日葵，田间杂草数量明显减少。在加拿大艾伯塔省莱斯布里奇半干旱大草原的一项长期研究中发现，杂草密度和物种组成受几年内不同的轮作、耕作及抽样时间影响；在所有的轮作系统中，休耕地和传统耕作地中存在更多的杂草。

在西藏农区，采用豆科作物、油菜、箭筈豌豆等轮作后的农田，多食性害虫中的蛴螬和地老虎比麦类连作田下降 12.6%~18.0%，寡食性害虫（主要是麦蚜）以及甘蓝夜蛾等也比同类作物连作田减少 79.11% 和 73.55%，种植豆科作物的后作青稞中的条纹病发病率比青稞连作田降低 21.0%~29.0%，黑穗病发病率比青稞连作田低 17.0%~38.0%（魏军等，2007）。

（三）提高农田的产量

大量的研究和生产实践证明，草田轮作能够提高后茬作物产量。陈绍萍（1987）在种植牧草之前种植一茬玉米作为其对照，然后连续种植红三叶草 3 年，到最后一年再种植玉米，与第一年玉米产量相比较，其玉米品种、管理、施肥等与第一年相同。即轮作形式为玉米→红三叶→红三叶→红三叶→玉米。结果表明，第五年玉米产量增加 21%。甘肃静宁县甘沟乡将紫花苜蓿、红豆草和百脉根引入粮田轮作，效益分析表明，豆科牧草对后茬作物有明显增产效果。3 种牧草对后作（玉米、冬小麦、春小麦）的蛋白质产量（收获体蛋白质总量）增产幅度分别为 14.8%~30.3%、17.0%~25.7%、15.5%~32.8%；等价产量（收获体蛋白质、脂肪和淀粉总量之和）增产幅度依次为 1.7%~29.5%、7.3%~23.2%、11.9%~32.8%（云维中等，1997）。甘肃省临夏县北塬灌区实行草田轮作后，豆科饲草茬地对春小麦增产效果显著。田间试验结果表明，在施肥量相同的情况下，紫花苜蓿茬地和复种箭筈豌豆茬地的小麦分别增产 14.06% 和 11.96%，即达到 5.396 吨/公顷和 5.297 吨/公顷（鲁鸿佩等，2003）。

将苜蓿引入草田轮作系统，苜蓿后茬作物产量通常都有明显提高，一般增产 20%~30%，低产田可增产 1 倍以上的产量（袁宝财等，2001）。在内蒙古莫力达瓦达斡尔族自治旗进行的试验表明，苜蓿后茬种植的玉米产量比作物后茬平均提高 14.3%（刘成龙，2007）。苜蓿能增加后茬作物的蛋白质含量。在江西农业大学试验站水稻田连续 5 年的试验结果显示，稻田轮作系统的总初级生产力、光能利用率、辅助能利用率分别比连作系统高 17.47%、9.87%、5.0%。氮、磷、钾的养分利用率也同样明显高于连作系统（黄国勤等，2006）。

二、提高养殖效益

畜牧业在国民经济中的地位日渐重要，对改善和提高人民的生活，推进全面达小康发挥着重要作用，许多农民都是通过发展畜牧业而走上了脱贫致富的道路。草业的发展能改变畜牧业高消耗、低产出、抵御自然风险能力差的缺陷，走高效、低消耗的集约化畜牧业发展之路。只有各种饲料科学搭配的完全营养日粮，才能充分发挥畜禽良种优质高产的遗传特征，才能保障畜禽健康生长发育。牧草是解决我国饲料缺乏（特别是高蛋白饲料、青贮料紧缺）的有效途径，是发展节粮型畜牧业、提高养殖经济效益的首要选择。专家分析和国外实践表明，在各类畜禽饲喂标准中，牧草产品在牛羊饲料中占 60%，猪饲料中占 10%~15%，鸡饲料中占 3%~5%（乌恩旗，2001）。

（一）提高土地利用率，确保饲料平衡供应

优质牧草大多适应性强，可以充分利用各种土地和光热资源。天然草地产草量以及所提供的营养物质，一般在年度和季节间存在严重的不均衡性，人工种植牧草，能有效提高草地生产力，以较小的面积生产大量牧草。种植牧草，变籽实体生产为营养体生产，产量高且稳定，营养体生产植物地上部分包括茎叶和籽实等皆为收获目标，与仅以籽实体为收获目标的谷物生产相比，正常情况下产量高出 1 倍以上。籽实体生产对环境要求较为严格，从萌发出苗到花芽分化、拔节抽穗、扬花传粉、灌浆成熟等任何一个时期遭遇逆境（如干旱、低温、冰雹、大风、光照不足等）都将造成籽实产量较大幅度地下降，严重时甚至可能出现绝收。而营养体生产的生态适应幅较宽，遭遇逆境时减产幅度亦较小，因而产量相对较为稳定。鄂尔多斯地区种植粮食作物一季有余、两季不足，引草入田可增加耕地利用期 1~2 个月。可解决目前存在的优质蛋白饲料严重短缺问题。养殖草食家畜还可使人及猪和鸡等畜禽难以利用的谷物秸秆成为牛和羊等牲畜的粗饲料，肉蛋奶等畜产品的产出大幅度增加。另外，利用季节性闲田种草，也可养殖数量可观的草食畜禽和草食鱼类，生产大量的畜产品和水产品。

（二）降低产品成本，提升质量

优质牧草不仅可为畜禽提供丰富的蛋白质、脂肪和必需的氨基酸，还可提供许多维生素、矿物质元素和生长必需的酶类，具有价值高、来源广、成本低、效益好的特点。因而当它与谷实类饲料配合饲养畜禽时可显著提高畜禽和生长发育速度，缩短出栏时间，节省大量精饲料，降低饲养成本。研究证明：优良牧草单位面积所产营养物质比普通粮食作物高得多，是饲养畜禽的好饲料。如饲料玉米，每亩产青贮玉米 5 500 千克，含 1 650 饲料单位，可消化蛋白质 36 千克；而普通玉米收籽实每亩一般产量 400 千克，含 512 饲料单位，可消化蛋白质 29 千克。

反刍动物采食后，瘤胃内的微生物和分泌的酶对饲料进行降解，其降解程度通常因饲料的化学结构不同而有所差异，相比秸秆等牧草的有效降解率更高。李佳等（2012）利用苜蓿鲜草、禾本科牧草和玉米秸秆混合搭配饲喂肉羊，三种牧草干物质比例3：6：1时肉羊平均月增重达2.25千克，与对照组仅饲喂玉米秸秆相比提高了36.3%。李丰成（2014）肉羊饲养试验表明，用苜蓿青干草替代部分粗饲料，肌肉蛋白、粗灰分含量随着添加量的增加显著提高；肌肉粗脂肪、胆固醇和甘油三酯含量随添加量增加显著降低。

此外，种草养鱼，以草换取价廉质优的动物蛋白，可以降低饲料成本，提高水产品品质，有利于水产业健康发展。市场普遍反映，饲料喂养的鱼，肉质松软，口感较差。牧草维生素含量高，对食草性鱼类的适口性好，鱼对牧草的利用率高于畜禽。每增重1千克鲜鱼，只消耗25~30千克苏丹草。江苏省金湖县1990—1991年实施江苏省水产局下达的"池塘养鱼综合增产技术"丰收计划项目，实施池塘面积10 620亩，1991年项目种草面积2 812亩，产鲜草1 759.48万千克，增产草食性鱼58.65万千克，带养滤食性鱼14.7万千克，每千克鱼物化成本降低27.65%，亩产量提高38.64%，亩收入增加112.32%。

（三）提高畜禽免疫力，减少疾病发生

以草代粮，不仅对提高畜禽的体质、生产性能非常有利，还可以减少疾病的发生。优质牧草中含有丰富的维生素和矿物质，对畜禽的健康生长有很大作用。如苦荬菜的茎叶柔嫩多汁、味微苦，性甘凉，畜禽很爱吃，长期饲用可减少肠道疾病的发生。试验证明，母猪在空怀期和妊娠前中期，每天喂15千克左右的籽粒苋等鲜牧草，每天只消耗1千克左右的精饲料，所产仔猪健壮，成活率高且易育，能预防下痢等疾病。有的牧草还有一定的药用价值，实践证明，饲喂优质苜蓿可减少奶牛代谢病，使奶牛淘汰率下降5%以上，奶产量提高20%以上。

三、牧草是优良的食品、保健品原料

近年来，人们心脑血管发病率有所升高，主要是由于从食物中摄入了过多的饱和脂肪酸及胆固醇。为预防此类疾病，改进饮食习惯，增加饮食中植物纤维比例是有效途径之一。牧草中含有丰富的蛋白质、纤维素、维生素和矿物质元素，经开发加工后，能成为人类的食品和保健品。例如，苜蓿产品具有无异味、高蛋白、低脂肪、低糖的特点。据陈光耀等（2002）测定，苜蓿叶蛋白中，含植物蛋白高达57.8%、膳食纤维12.7%、水分7.9%、脂肪8.5%、灰分5.4%、可利用

碳水化合物 9.6%。其作为食品，每 100 克产品可以提供热量 1.66 兆焦（397 大卡）、蛋白质 60 克、钙 800 毫克、铁 50 毫克、β-胡萝卜素 0.4 微克。美国人将苜蓿制成 Nu life 浓缩冰草与苜蓿芽胶囊，可以中和人体内的毒素，促进血液循环及清洁血液，并具有抗氧化、治疗口腔溃疡、防止细菌繁殖等多种功能。美国还制成了减肥用的苜蓿丸等。我国则研制一些苜蓿食品，常见的有含苜蓿芽的沙拉、三明治、春卷等。陇东地区的居民将苜蓿芽切碎放入面内做面条和馍。古燕翔等（2002）提出苜蓿可以开发出食品添加剂、医药、化妆品、饮料等。

总之，大力发展牧草生产，特别是在当前舍饲养畜，发展节约型畜牧业的时代发展要求下，会更有效地促进现代农业可持续发展。

第四节　牧草的社会效益

牧草生产是培育植物资源的基础产业。发展草业可调整产业结构，为养殖业的发展提供强有力的支撑，促进相关产业的发展，繁荣当地经济，推进各项事业的全面发展；还可加快少数民族地区和贫困地区经济发展，缩小这些地区的经济、文化差距，使人民尽快脱贫致富，提高人民生活水平，进一步增强民族团结，保持少数民族地区的社会稳定。

一、推进农业供给侧改革

农牧业供给侧结构改革是国家一项重要的农业政策。随着社会的发展，传统的粮食—经济作物二元结构，以谷物生产为主的农业弊端不断显露，面对激烈的市场竞争，农产品要想摆脱自身的弱势地位，增强市场竞争力和抵御自然和社会风险的能力，农业结构调整是必由之路。牧草在种植、养殖和畜牧业生产方式结构调整等方面具有重要作用。

（一）种植业结构调整

草地农业在发达国家科学配置粮食、经济作物生产结构是现代农业发展中建立农业耕作制度的重要一环。粮草轮作，利用其固氮解磷抗旱、提钙降钠耐碱的农业生物技术特性，有助于避免连作的种种弊端，有助于防止同类病虫世代蔓延，有助间、套、复立体种植，提高耕地利用率和产出率，有助于豆科、禾本科作物根系交替发展，有助于土壤理化性能的改善和有益根际微生物群落的滋生，创造腐殖质富含钙质的巩固团粒结构，有助于保护性耕作的推行，是农业发展的有效措施。王俊等（2007）在陕西榆中县连川的研究表明，半干旱黄土区苜蓿与作物轮作，种植10年的紫花苜蓿地翻耕2年内土层氮素均有不同程度的积累，土壤活化程度提高。

牧草对土地的要求不严，在不宜种粮的地区都可以选择合适的牧草种类进行种植。牧草是天然的全价饲料，营养全面，饲料转化率高。相同的生长季节，牧草可以获得比农作物高几倍的营养产量和蛋白质含量。因此，牧草可以调整种植结构，将农作物与牧草间作、轮作，将促进农业种植结构调整。

（二）养殖业结构调整

草业对养殖业结构调整主要体现在对家畜养殖结构的调整。养殖结构调整主要是增加牛、羊等草食家畜的比例。我国与发达国家相比，耗粮型家畜的数量一直居高，与美国比较，我国是贫粮国，猪肉产量却占世界近50%，耗粮型家畜过多，是造成我国粮食出现缺口的重要原因。相关研究表明，如果改变畜牧业结构，以草食型家畜取代耗粮型家畜，压缩养猪数量的1/3，就可节约 6.7×10^7 吨粮食，相当于 1.5×10^7 农田当量，我国粮食安全问题将大为缓解（任继周，2005）。

养殖结构尤其是家畜养殖结构的调整不仅可以有效改变我国粮食出现缺口的困境，还可以有效改变目前家畜养殖中存在的品种混存问题，以及肉牛、奶牛等经济型、优质高产型品种比重小的局面。调整优化畜群结构，是适应市场竞争的需要，提升整体养殖业产品质量、增加养殖业整体市场竞争优势的需要。

（三）畜牧业生产方式调整

长期以来，整个农业系统的发展因为产业链短而造成产业的发展不完全，系统脆弱，难以抗击市场风险。草业经济的出现，是对传统畜牧业经济的一种链式扩展，畜牧业经济产业链上的一个环节。在草业经济的带动下，可以有效增强草产业与传统畜牧业经济的向前联系，向前延伸畜牧业经济产业链。以营养体为收获目标的农业生产既可以充分利用土地资源、气候资源、生物资源和劳动力资源，又可以大大降低生产的自然风险。国外发达国家的经验表明，畜牧业迅速发展是以挖掘优质牧草和青绿饲料的潜力来突出发展草食家畜生产为前提的。国际上畜牧业中60%~100%的产值是由牧草转化来的，即使英国、美国这样的粮食出口大国，该转化比值也达73%。因而，西方人把优质人工牧草称为"绿色黄金"，是"通往现代农业的桥梁"。实践证明，现代化的奶牛、肉牛、肉羊和绒山羊养殖业是以现代化的优质牧草种植业和加工业为依托的，没有现代化的饲草业提供营养，就不可能有养殖业的大发展。

二、增加农牧民收入

（一）扩大内需

与传统种植业相比，草业在加快地区发展和增加农民收入方面有着先天的优势。我国草地资源大多分布在西部地区，占据全国草地面积的80%以上，全国贫困人口有50%分布在西部地区，国家级贫困县大部分分布在西部。在这部分草业资源丰富而社会经济发展水平相对落后的地区，立足于草业经济的长远与可持续发展，将是当地谋求发展的立足点和依靠。随着经济的发展，工业产量和产值都在不断增加，单纯依靠工业内部需求增长来缓解供求矛盾的压力越来越大，因此需要依靠农业市场消费需求的支持，适时调整农业结构，增加农民收入将有效扩大内需，促进国内市场的供求平衡。此外，草业有利于强化农民的商业意识和促进农民传统观念的改变，有利于加快农业现代化发展的步伐。

（二）增加就业机会

草业经济是对传统农业经济的产业链延伸，是典型的劳动密集型产业，产业链每增加一个环节都会相对增加可观数量的就业机会，据分析，即使我国草业水平只达到美国20世纪70年代中期水平就可以增加3 200万个就业机会，可以使国民总收入增加5%（王爱国等，2001）。目前，从事草业经济的劳动力绝大部分为农牧民，发展草业经济可以有效提高农村劳动生产率，是农村市场经济的重要组成部分。

草业经济最主要的经济效益来源于草业产业化过程，草业企业的蓬勃发展使传统牧草业逐渐向集约化标准化和市场化发展。草业产业化运用政府、农户、企业的彼此组合与协作模式，形成了多重产业结构以应对市场竞争压力。产业带来规模效益，以龙头企业为基点，形成产业基地，在一片区域内产生辐射效应，带动整个片区的发展。此外，产业化还有利于新技术的引入，从而提升草产品质量和等级，以应对日渐提升的市场要求。

第五节　牧草的特性

牧草的特性主要指其生长发育、繁殖方式、再生性和寿命等方面。在我国自然草地的植被组成中大概有1.5万种牧草，其中大多是禾本科和豆科植物。禾本科出现率和丰富度在草地群落组成中都是最高的，占青干草原的 60%~90%，占荒漠化草原的 20%~35%。豆科牧草分布很广泛，含有丰富的蛋白质和矿物质，占草原的 10%~15%，二者生长发育特点各不相同。此外，牧草的繁殖方式、再生性和寿命等也随种类不同而各有特点。

一、牧草的生长发育

（一）豆科牧草的生长发育特点

种子只有在适宜的环境条件下才能萌发，萌发条件主要有水分、温度和空气。一般豆科牧草种子要求土壤水分在 10% 以上才能萌发。暖季型豆科牧草发芽的最低温度为 5~10℃，最高温度为 40℃，最适温度为 30~35℃，冷季型豆科牧草发芽的最低温度为 0~5℃，最适温度为 15~25℃，最高温度为 35℃。出苗后形成的莲座叶丛，冬性豆科牧草往往以莲座叶丛度过冬季，次年从根颈上每个叶的叶腋处产生新枝条。春性豆科牧草莲座叶丛生长一段时间，每个叶的叶腋处开始长出腋芽，腋芽向上生长产生新的枝条。新枝条的每个节上的叶腋处都有产生侧枝的能力，侧枝上的叶腋处也具有产生次级侧枝的能力。

豆科牧草种子萌发时胚根向下突破种皮形成的初生根，随着幼株的生长逐渐伸长，发育为主根，并在其上产生侧根，形成直根系。当地上部分开始形成真叶时，根系进一步伸长，侧根增多，并开始形成根瘤。当上部形成莲座叶丛时，其根系长度往往超过地上部分的几倍或数十倍，根瘤也增多。因此，人们常说，豆科牧草初期生长缓慢。后来主根上部连同上胚轴增粗，在接近地面处膨大形成根茎，从而形成了豆科牧草完整的根系。豆科牧草根系入土深度随草种的不同而不同，一般入土深 150~250 厘米，苜蓿可达 300~600 厘米，而白三叶则主要分布在 40~50 厘米深度的土层中。豆科牧草的根系常与根瘤菌共生形成根瘤，根瘤菌有固氮作用，可增加土壤有机氮的含量。

豆科牧草的营养生长、生殖生长之间存在着对光合产物的竞争，成为影响开花和种子产量的基本因素。当环境条件（光照、温度、降水）有利于营养生长时，产生的花少，种子的产量也低；相反，当环境条件有利于花的发育时，营养生长受到抑制，种子的生产潜力就会发挥出来。豆科牧草的生殖生长对日照长度有一定的需求，如短日照植物有矮柱花草、大翼豆等；长日照植物有苜蓿、白三叶、白花草木樨等。

（二）禾本科牧草的生长发育特点

当种子萌发时，首先开始吸水膨胀，随后胚根突破种皮向外伸出，向下生长形成初生根；胚芽鞘和胚叶接着伸长，向上生长，露出土面后，第一胚叶突破胚芽鞘形成第一营养叶。与此同时，幼茎的生长点周围依次产生新的叶原基，相继出现第二、第三叶的发育与生长。

当种苗发育到一定阶段，通常幼叶出现 3～5 个时，往往从第一叶或第二叶内侧的叶腋处相继形成新分蘖。分蘖的数量和位置随牧草的种类而异，并受光照、温度和营养条件的影响。当种苗的主茎生长到 5～10 个叶时，分蘖节中的节间开始伸长，牧草进入拔节生长期。有一些多年生禾本科牧草，如多年生黑麦草、草地羊茅、鸭茅的分蘖速度快，在花序开始发育之前，仅有少量的分蘖枝节间伸长，大部分分蘖枝条处于未拔节状态，使叶的生长点和基部分生组织处于近地面的位置，家畜采食或刈割不会伤害其生长和分蘖节，仍可产生新叶和分蘖，使植株形成茂密的分蘖簇。有些禾本科牧草，如高燕麦、老芒麦、披碱草等，当植株还在苗期时，节间生长便开始了，而且拔节后的枝条保持直立，使顶端生长点和许多腋芽长出地面，当刈割时，生长点被破坏而长不出新芽来，这类牧草只能轻度放牧或采用较大的留茬高度刈割利用。少数禾本科草如狗牙根的分蘖幼枝，沿地面匍匐生长，在节上产生不定根，腋芽会长出短期直立生长的侧分蘖，这些分蘖很快又发育为匍匐生长的枝条，这类牧草较耐牧。部分禾本科草产生的分蘖在地下沿水平方向生长，形成根茎，如苇草、无芒雀麦、象草等，这类牧草也较耐牧。

当禾本科牧草感受了环境因素的成花刺激之后，茎尖便转入了幼穗分化阶段。分化开始时，茎尖顶端的半球形显著伸长，扩大成圆锥体，渐渐在下部两侧相继出现苞叶原基。接着从下部开始，由下向上在苞叶原基的叶腋处分化小穗原基；随后在小穗原基基部分化出颖片，并自下而上进行小花的分化。小花的分化依次为外稃、内稃、雄蕊、雌蕊和浆片，当雄蕊的花药或雌蕊的胚囊发育成熟后，花器展开，使雄蕊或雌蕊暴露出来，称为开花。开花后的植株便进入了传粉、受精和种子发育的过程。

二、牧草的繁殖方式

（一）有性繁殖

牧草种子是一代牧草植株或枝条生命活动的终结和产物，又是新一代植株产生的开始。一年生牧草和多年生牧草第一次种植一般都采用有性繁殖——种子繁殖。

主要栽培多年生牧草，多属禾本科牧草及豆科牧草两大类。禾本科牧草种子实际是一个果实，称为颖果。豆科牧草的种子则是植物学上所称的种子。多年生牧草种子一般是小而轻，贮藏营养物质少。禾本科牧草种子具有芒及其他附属物，豆科牧草种子则常为硬实种子。根据牧草种子的这些特点，要求在种子的生产、播种和收获等方面做好相应技术处理，以便获得优质的牧草种子。

（二）无性繁殖

多年生牧草除能够进行有性繁殖外，还能依靠地表或地下茎、根茎或分蘖节形成新个体或枝条。放牧、刈割后的牧草再生主要靠这些营养器官来完成。栽培牧草主要有疏丛型、根茎型、匍匐茎型、轴根型等营养繁殖方式。

疏丛型茎基部为若干缩短了节间的节组成的分蘖节区，节上具有分蘖芽。分蘖节位于地表以下 1~5 厘米处，分蘖芽向上形成的侧枝与主枝成锐角，侧枝基部的分蘖节也可产生次级分蘖枝条。能产生多级分蘖，各级分蘖枝条都形成各自的根系，地面上形成疏松的株丛。分蘖节接近地表，对土壤空气要求不严，在土壤水分暂时过多的情况下能很好生长，在具有透性的黏质壤土、腐殖质土壤上生长最好。疏丛型优质牧草有多年生黑麦草、苇状羊茅、鸭茅等，适于刈割或刈牧兼用。

根茎型牧草除地上茎外，从地下分蘖节长出与主枝垂直、平行于地面的地下横走茎，称为根茎。根茎由若干节和节间组成，节上常见小而退化的鳞片状中叶，茎节向下长出不定根。根茎分布于距地表 5~10 厘米处，通气好的土壤可达 20 厘米。根茎常常后面部分死亡，尖端顶芽继续生长形成地上枝条。根茎型牧草具有很强的营养繁殖能力，当根茎部分腐烂或由于耙地被切断后，每一根茎片段便成为一独立的繁殖体，向上产生新枝条，向下产生不定根。根茎往往向四周辐射延伸，纵横交错，在一处形成连片的植被。根茎对土壤的通气条件敏感，当土壤空气缺乏时，分蘖节便逐年向上移动，以满足对空气的需求。土壤表层水分较少时移至一定深度根茎便会死亡，故根茎型牧草在疏松、通气好的土壤中生长良好。优质牧草中根茎型牧草有羊草、无芒雀麦等，适于刈割利用。

匍匐茎型由母株根茎、分蘖茎或枝条的叶腋处向各个方向生出平铺于地面的匍匐茎。茎的节向下产生不定根，腋芽向上产生新生枝条、株丛或匍匐茎继续产生新的匍匐茎。匍匐茎死亡后，节上产生的枝条或株丛可形成独立的新个体。匍匐茎在地面上纵横交错形成致密的草层。匍匐茎的繁殖能力很强，带节的匍匐茎片段就可进行营养繁殖形成新个体。匍匐茎型牧草耐践踏，优质牧草中匍匐茎型牧草有狗牙根、白三叶等。

轴根型具有垂直粗壮的主根，主根上长出许多粗细不一的侧根。入土深度一般从 10 厘米到 200~300 厘米或更深。茎基部在土壤表层下 1~3 厘米处与根融合在一起的加粗膨大部分为根颈，其上有许多更新芽，可发育为新生枝条，并以斜角方向向上生长。枝条上叶腋处具有潜在芽，能发育为侧枝，侧枝可继续分枝。刈割或放牧后根茎上的更新芽萌发使牧草返青。在通气良好、土层较厚的土壤上发育最好。优质牧草中轴根型牧草有苜蓿、草木樨、红豆草、红三叶、柱花草等，适于刈割或放牧利用。

三、牧草的再生性

（一）牧草的利用寿命

按牧草的生物学特性、生长发育速度与利用特点，可将牧草分为一年生牧草、二年生牧草和多年生牧草。一年生牧草播种当年就可进入生殖生长，完成整个生育过程，开花结果后死亡，如苏丹草、籽粒苋等。二年生牧草播种当年处于营养生长阶段，不能开花结实，要在第二年才能进入生殖生长阶段，开花结实后死亡，如草木樨、多花黑麦草、紫云英、串叶松香草、苦荬菜等。多年生牧草寿命在 2 年以上，有的播种当年进入生殖生长，有的播种第二年或第三年进入生殖生长阶段，开花结实，如红三叶、披碱草、苜蓿、无芒雀麦等。

（二）牧草的再生

牧草再生性的好坏、强弱是牧草生活力的一种表现，也是衡量其经济特性的一项重要指标。牧草的再生主要是靠刈割刺激分蘖节、根茎或叶腋处休眠芽的生长来实现，其次还有靠未受损伤枝条的继续生长和未损伤茎叶的继续生长等方式来实现。影响牧草再生性的主要因素有牧草的种类、品种、环境条件、栽培管理、土壤肥力与水分、收割次数、留茬高度等。牧草再生性的好坏，通常用再生速度、再生次数和再生草产量来表示。

再生速度是牧草刈割或放牧采食后恢复到可供再次利用所需时间的长短，有时也用牧草的再生速率来表示。牧草的再生速率一般平均每天 1~1.5 厘米。初次刈割牧草的再生速度较快，随刈割次数的增加，再生速度下降。牧草在一年的生长季节内可供刈割次数为再生次数。再生速度快，一年内利用的次数就多。利用次数应适宜，过多过少均对牧草的生长不利。因为牧草每次利用后的再生要动用已贮藏的营养物质，生长季节内如果利用次数过多，则地下器官营养物质的贮藏受到限制，会影响牧草的生活力和越冬。因此，确定牧草适宜的利用次数时应考虑牧草的生长习性，使其既能正常生长维持生活力，又能获得较高的草产量。牧草再生次数与气候条件关系密切。牧草刈割后形成的干物质数量为再生草产量。一年内各次再生草产量的分布是第一、第二次利用后的产量较高，以后各次产量逐渐下降。

第六节　环境因子对牧草生长的影响

牧草的生长和所有植物一样，都需要水、肥、气、热（温）等环境因子。而这些因子相互制约，共同对牧草的生长发育产生影响。在栽培牧草时，需要掌握所种植草种对气候条件的要求和气候变化的特点，做到因地制宜安排适宜种植的草种。

一、水分

水分对牧草的生存极为重要。水分不仅是构成牧草的主要成分，而且参与牧草的生理、生化、代谢和光合作用，并溶解矿物质，参加体内各种循环，同时水分还影响其他环境因子，对牧草产生间接作用。如果供水不足，则影响产量和质量。不同牧草对水分的需求量是不同的，即使同一种牧草不同品种或不同发育阶段需水量也是不一样的。一般来说，禾本科牧草对水分缺少较敏感，而豆科牧草对水分过多较敏感。但必须视牧草种类、生产条件和耕作管理的不同而有差异。总之，生长快、再生力强的牧草需水量多，而生长慢、再生力弱的牧草需水量少一些。牧草在不同阶段对水分要求不一致。禾本科牧草在苗期和成熟期需水分少一些，从拔节期到开花期需水多一些。豆科牧草随着生长强度和生长速度增加需水增加，但水分过多，易造成土壤积水、牧草烂根而致死。

二、养分

禾本科牧草对氮肥的要求比对磷、钾肥的要求更加迫切，反应更为敏感，尤其对土壤中的硝酸盐呈显著的良好反应。在禾草中，根茎型禾草和疏丛型禾草对氮肥的反应最敏感，而密丛型禾草能通过菌根中真菌的作用而获得氮素，故对氮肥的反应较差。豆科牧草能通过根瘤菌的作用间接利用空气中的游离氮，所以对于氮肥不如禾草那样敏感，而对磷、钾、钙等元素则非常敏感。从土壤中吸收的磷、钾等元素的量来看，豆科牧草比禾本科牧草要多。禾本科牧草需要养分最多时期是分蘖到开花期。在苗期施用氮、钾肥有利幼茎生长，为提高产量打好基础；在拔节到抽穗期，追施氮、钾肥，可促进牧草植株高大、繁茂；在生长末期，冬季休眠前，施用磷、钾肥，可增强牧草的越冬能力。豆科牧草在分枝到孕蕾期需要养分多。苗期可施少量的氮肥，促进幼苗生长，分枝期追施磷、钾肥，有利于开花结实。

三、光照

日照长短、光照强度和光谱成分对牧草生长起着重要作用。太阳光谱中，波长 380 ~ 760 纳米的可见光直接参与光合作用。日照对牧草的影响较温度更大，光照与温度在一定程度上对牧草的生长发育阶段具有互补作用，适温下的日照越长，干物质产量或种子产量越高。同时光照还能影响周围温度或其他环境因素的改变，间接地对牧草也发生作用。日照长度对牧草的生长、开花、休眠及地下贮藏器官的形成都有明显影响。两年生牧草白花草木樨，在进入第二年生长以前，由于短日照的影响，能形成肉质的贮藏根，但如果给予连续的长日照处理，则不能形成肥大的肉质根。短日照还能促进酢浆草地下块茎的形成。牧草长期为了适应不同环境的日照强度，从而形成了阳性植物、阴性植物、耐阴植物三种生态类型。阳性植物是在强光环境中才能生长健壮，在荫蔽和弱光条件下生长发育不良的植物。阴性植物是在较弱光照条件下比在强光下生长良好的植物。耐阴植物介于上两类之间，在全日照下生长最好，但也能忍耐适度的荫蔽，或是在生育期间需要较轻度遮阴。阳性植物与阴性植物在形态和结构上都有所差异。

四、空气

二氧化碳是牧草进行光合作用的原料，氧气在牧草进行呼吸作用时必不可少。由于牧草种类不同，则对空气的要求各不一致。一般豆科牧草比禾本科牧草对土壤通透性要求较高。禾本科牧草中，具有根茎的禾草对土壤通透性要求高，反应敏感。疏丛型禾草分蘖节处于地表 1 ~ 3 厘米，对土壤表层通气要求高。适于生长在湿润土壤或积水中的禾草和密丛型禾草对土壤通透性要求不严，能在通气微弱的土壤中生长。豆科牧草对土壤的通透性要求严格，通气良好是豆科牧草良好发育所必须的条件，土壤通气的深度则视牧草种类而有所不同，深根型和中根型的豆科牧草要求底土层通透性好，根茎型和浅根型的豆科牧草则要求表层土壤有良好的通透性。不论是豆科牧草还是禾本科牧草，对土壤通气性要求有两个最敏感时期：一是春季大量萌发新枝时期，二是夏末秋初季节大量形成越冬新芽时期。尤其是第一个时期要求通气性好，因为新生枝萌发时呼吸强度大。

五、温度

适当的温度是植物叶绿素的形成和促进植物体内酶反应正常进行的重要条件。牧草对温度的敏感性视种类而有不同。如多数豆科牧草比禾草对寒冻的反应敏感，其中大多数多年生禾草对低温的抵抗能力是较强的。温度过高过低都将会降低光合作用的强度，对光合效能影响显著。当温度低时，叶绿素形成受阻，高温会破坏叶绿素，造成酶活性下降，使牧草失水萎蔫，机体内运输受阻。如多年生牧草在生长发育时期内气温和地温产生很大差别时，最容易引起牧草死亡。多数温带植物所需最低温度为−5~0℃，最适温度为25℃，10~35℃能正常生长，30~35℃以上光合作用就开始下降，40~45℃就会停止生长或死亡。

第七节　牧草的品种选择

选择恰当的牧草品种是高产稳产的重要条件之一。常见的牧草品种种类很多，有的适合南方生长，有的适合北方种植，有的适合雨水量较多的地区，有适合气候干燥的地区，有的品质优产量高，有的产量高但品质较差。因此，只有选择适当的牧草品种才能保证高产稳产。

一、依地理气候条件选择

我国地域广阔，气候差别较大，而不同的牧草品种对气候有不同的要求。在选择牧草时，违反自然规律，其生产力就会下降，甚至不能正常生长。一般说来，寒冷地区可选择种植耐寒的苜蓿、草木樨、无芒雀麦、串叶松香草、沙打旺等；炎热地区可种植串叶松香草、苏丹草、苦荬菜等；干旱地区可种植耐旱的苜蓿、苏丹草、沙打旺、羊草、无芒雀麦、披碱草等；温暖湿润地区可种植苏丹草、饲用玉米、串叶松香草、苦荬菜等。苜蓿耐热性较差，高温多雨地区很难种植成功，皇竹草在北方地区很难保种，仅能作为一年生牧草种植利用。当然也有一些适应性广的牧草，对地区与气候没有特定的要求。

二、依土壤状况选择

不同牧草品种对土壤的酸碱适应性有差别，有的适于沙性土，有的适于壤性土；有的有一定的耐盐碱能力，有的则不耐盐碱；有的耐瘠性强，有的牧草喜大肥大水栽培。碱性土壤可选种耐碱的苜蓿、串叶松香草、沙打旺、草木樨、苏丹草、羊草、无芒雀麦、披碱草等；酸性土壤宜选种耐酸的串叶松香草等；贫瘠土壤可选种沙打旺、苜蓿、草木樨、无芒雀麦、披碱草等；土壤湿度大的可选种草木樨、披碱草等。

三、依利用目的选择

（一）生态建设

种植牧草主要目的是加强生态建设，应根据当地资源开发状况选择牧草品种。当可利用野生青草主要为禾本科时，应适当种植一些豆科牧草；当可利用的野生青草主要为豆科植物时，应适当种植一些禾本科牧草。

（二）加工调制

牧草利用的方式有青贮、晒制青干草或加工草粉等。在生产中，若以收获青绿饲料来青贮或晒制青干草，应以牧草的生物产量高低作为考虑。此外，牧草的抗病性、抗倒伏性、是否耐刈割等也应考虑。一般选择初期生长良好，短期收获量一般在3 000～4 000千克/亩，高者达6 000千克/亩以上。若为加工商品牧草，苜蓿、燕麦、羊草、苏丹草、多年生黑麦草等都是不错的选择。

（三）饲喂家畜类型

在选择牧草品种时要考虑饲喂家畜的类型，根据家畜的营养需要特点选择合适的牧草。一般来说，反刍家畜喜食植株高大、粗纤维含量相对较多的牧草，如饲用玉米、羊草、苏丹草、无芒雀麦、披碱草等。而猪、鸡、鹅、兔则喜食蛋白质含量较高、叶多柔嫩的牧草，如菊苣、苦荬菜等。此外，苜蓿、串叶松香草、籽粒苋等适用于所有畜禽，苏丹草、高丹草也是养鱼的好饲料，籽粒苋较适用于养猪，苦荬菜较适用于养鹅。

不同牧草的品质差别较大。牧草的品质主要看其粗蛋白质含量、消化率、适口性等。豆科牧草含有较高的蛋白质和钙，分别占干物质的18%～24%和0.9%～2%，其他矿物质元素和维生素含量也较高，适口性好，易消化。主要缺点是叶子干燥时容易脱落，调制青干草时养分容易损失，在饲养反刍家畜时，采食单一豆科牧草而易发生臌胀病。禾本科牧草富含无氮浸出物，在干物质中粗蛋白质的含量为10%～15%，不及豆科牧草，但其适口性好，没有不良气味，家畜都很爱吃；同时禾本科牧草容易调制青干草和保存。菊科牧草串叶松香草的粗蛋白质含量为25%～30%。因其叶多有茸毛，存在适口性问题，饲喂时需逐步驯化。

第二章　牧草的播种

第一节　播种前的准备

　　牧草播种前准备主要包括土地整理和种子的处理。牧草的生长水分和养料主要是通过土壤获得，土壤的通气状况和土壤温度的变化也直接影响着牧草的生长。牧草只有生长在松紧度和孔隙度适宜，以及物理化学性状良好的土壤上才能充分发挥其高产优质的性能。此外，很多牧草种子为硬实种子，水分不易渗入，阻碍种子吸水膨胀萌发；有的种子有芒，不便播种。播种前需要进行处理，保证播种质量。

一、土地整理

（一）土地整理的作用

　　土地整理是牧草栽培技术中最重要的措施之一。通过土地整理可使紧实板结的土壤变得松紧适度，并能增加土壤孔隙，从而增加土壤的透水通气性，提高土壤温度，促进微生物活动，提高土壤中有效养分的含量；通过耕翻可以直接消灭杂草，还可以把病菌孢子、害虫的卵、蛹及幼虫等埋入土中或翻出地面，促使其死亡；通过耕翻可将残茬、枯枝落叶、有机肥料和无机肥料翻入土层，可促进其分解，同时也可减少无机肥料的挥发流失，有利于根系的吸收；通过耕翻耙压，可使地面平整，土层松紧适度，有利于秋冬蓄水保墒。

（二）土地整理方法

1. 耕地

　　又叫犁地，用壁犁耕翻地，深度达 20~25 厘米，使土层翻转、松碎和混合，从而使耕层土壤结构发生根本性变化。耕地应符合"熟土在上，生土在下，不乱土层"的原则。耕地最好用带有小铧的复式犁进行，小铧犁可将板结的残茬较多的表层土翻到犁沟底部，主犁再将下层土翻上来盖在上层。这既有利于恢复耕作层土壤结构，也能较好地消灭杂草和病虫害。在可能的情况下，应尽量深耕，同时要注意无漏耕重耕现象。

2. 耙地

用钉齿耙或圆盘耙进行。在刚耕过的土地上，耙地可使地面平整，耙碎土块耙实土层，以及耙出杂草，有利于保持土壤水分。为了抢墒抢时播种，有时来不及耕地，可以直接耙后播种。多年生牧草地可进行早春耙地，耙出枯枝落叶和残茬，消灭杂草，改善土壤的通气性，有利于牧草的返青和生长。

3. 耱地

又叫盖地，常在耕地耙地之后进行，用来平整地面，耱实土壤，耱碎土块，为播种提供良好的条件。若土质疏松、杂草少的土地上，可耕后直接耱地，不必耙地。

4. 镇压

镇压可使表土变紧、压碎大土块，并能使地面平整。在干旱的地区和季节，镇压可以减少土壤中的大孔隙，从而减少水分的蒸发，起到保墒的作用。在风大的季节，不经镇压的表土可能被吹走。因此，镇压还能起保土作用。在耕翻后的土地上，如要立即播种牧草，必须先进行镇压，以免播种过深不出苗，或因种子发芽生根后发生"吊根"现象，使种苗死亡（"吊根"是指种苗根都接触不到土壤，吊在土壤的空隙中，而吸收不到水分和养分的现象）。播后镇压可使种子与土壤充分接触，有利于种子吸取发芽所需的水分。

整地季节可以在春、夏、秋，但耕、耙、耱、压应连续作业，以利保墒。

二、种子处理

（一）选种、去壳与去芒

选种的目的是清除杂质，将不饱满的种子及杂草种子等除去，以获得籽粒饱满，纯净度高的种子。清选方法可用清选机选，也可进行人工筛选扬净。必要时也可用盐水（10 千克水加食盐 1 千克）或硫酸铵溶液选种。有荚壳的种子发芽率低，如草木樨等；有芒或颖片等牧草种子流动性差，不便播种，如披碱草等。应在播种前进行去壳、去芒。去壳可用碾子碾压或碾米机处理；去芒可用去芒机进行，也可将种子铺在晒场上，厚度 5~7 厘米，用环形镇压器进行压切，然后筛选。

（二）豆科硬实种子的处理

很多豆科牧草种子，由于种皮具有一层排列紧密的长柱状大石细胞，水分不易渗入，种子不能吸水膨胀萌发，这些种子被称为硬实种子。不同豆科牧草种子都有一定的硬实率，如苜蓿为 10%，白三叶为 14%，红三叶为 35%，红豆草为 10%，草木樨为 39%。因此播种前必须进行处理，处理的主要方法：一是擦破种皮，特别适用于小粒种子的处理，可用碾米机进行处理或用石碾碾压，也可将种子掺入一定数量的石英砂中，用搅拌器搅拌、振荡，使种皮表面粗糙起毛，要注意不得使种子破碎；二是变温浸种，适于颗粒较大的种子，将种子放入温水中浸泡，水温以不烫手为宜，浸泡 24 小时后，捞出放在阳光下暴晒，夜间转至阴凉处，并加水保持种子湿润，经 2~3 天后，种皮开裂，当大部分种子略有膨胀时，就可据墒播种。

（三）种子消毒

种子消毒是预防病虫害的一种有效措施。牧草的很多病虫害是由种子传播的，如禾本科牧草的毒霉病及各种黑粉病、黑穗病，豆科牧草的轮纹病、褐斑病、炭疽病，以及某些细菌性的叶斑病等。因此，播种前进行种子消毒很有必要。其方法有：一是盐水淘洗法，用 10% 浓度的食盐水溶液淘洗可去除苜蓿种子上的菌核、禾本科牧草的麦角病的菌核等，或用 20% 浓度的磷酸钙溶液淘洗；二是药物浸种，防除豆科牧草的叶斑病、禾本科牧草的根腐病、赤霉病、秆黑粉病、散黑穗病等，可用 1% 的石灰水浸种，苜蓿的轮纹病可用福尔马林 50 倍液浸种；三是药物拌种，苜蓿及其他豆科牧草的轮纹病可用种子重量的 6.5% 的菲醌拌种，三叶草的花霉病可用 35% 的菲醌按种子重量的 0.3% 拌种，用种子重量的 0.3%~0.4% 福美双拌种可防除各种散黑穗病，用 50% 萎锈灵粉按种子的 0.7% 拌种可防除苏丹草的坚黑穗病。

（四）根瘤菌接种

豆科牧草能与根瘤菌共生固氮，当豆科牧草生长在原产地及良好的土壤条件下，在它们的根上生有一种瘤状物，称为根瘤。只有土壤中存在某一豆科牧草所专有的细菌并达一定数量时，这种根瘤才能形成。这种能使豆科牧草根上形成根瘤的细菌，叫根瘤菌。第一次种豆科牧草的田地，一般缺少这种根瘤菌。另外，同一土地上连续 3 年以上不种豆科牧草或 4~5 年不种同一豆科牧草，也缺少根瘤菌，都需要接种。

1. 菌种选择

接种前，首先要正确选择根瘤菌的种类。根瘤菌可分为 8 个互接种族，同族间可相互接种，不同族间接种无效。这 8 个互接种族如下。

苜蓿族：苜蓿属、草木樨属、胡卢巴属。

三叶草族：三叶草属。

大豆族：大豆属。

豇豆族：红豆属、金合欢属、猪屎豆属、胡枝子属、山蚂蝗属、木兰属。

豌豆族：豌豆属、野豌豆属、山黧豆属、兵豆属。

菜豆族：菜豆属的一部分种。

羽扇豆族：羽扇豆属、鸟足兰属。

其他：包括一些上述族均不适合的小族，各自含 1~2 种植物，如百脉根属、田菁属、红豆草属、黄芪属、小冠花属等。

2. 接种方法

（1）干瘤法。在豆科牧草开花盛期，选择健壮的植株将其根部仔细挖起，用水洗净，再把植株地上茎叶全部切除，然后放入避风、阴暗、凉爽、日光直射不到的地方，使其慢慢阴干。在牧草播种前，将上述干根取下，弄碎，拌种。一般每公顷种子用 45~75 株干根即可。

（2）鲜瘤法。用 0.5 千克晒干的菜园土，加一小杯草木灰，拌匀盛入大碗中，盖上盖在锅内蒸 30 分钟到 1 小时，待其冷却后备用，将选好的根瘤（在主根上，根瘤中心粉红色或红色为佳）30~50 粒磨碎，用少量冷开水或冷米汤拌成菌液，将菌液与蒸过的土拌匀，置于 20~25℃温箱内保持 3~5 天，每天略加冷开水翻拌，即成菌剂。拌种时，每公顷种子用 750 克左右。

另外，还可使用商品根瘤菌剂进行拌种，按使用说明书使用即可。

接种时应注意以下几点：第一，根瘤菌不能在阳光下直接照射；第二，根瘤菌不能与农药一起拌种；第三，已拌根瘤菌的种子不能与生石灰或大量浓厚肥料接触；第四，根瘤菌不宜在酸性土壤或过于干燥的土壤中使用；第五，根瘤菌专一性强，一定要同族根瘤菌拌种。

第二节　播种技术

牧草播种是牧草生产的关键一环，不但具有很强的技术性，而且有很强的季节性，为了保证苗全苗壮和获得优质高产，必须全面掌握牧草播种技术。

一、牧草的播种期

播种期的确定应根据牧草品种特性综合考虑以下几方面因素：第一，水、光、热条件有利于牧草种子的迅速萌发及定植，确保苗全苗壮；第二，杂草病害较轻，或播种前有充足的时间清除杂草，减少杂草的侵袭与为害；第三，有利于牧草安全越冬或安全越夏，符合牧草各自的生物学要求。

春播适于春季气温条件较稳定，水分条件较好，风害小而田间杂草较少的地区。一年生牧草由于播种当年收获，为充分利用夏秋丰富的雨水、热能等自然资源，必须实行春播；夏季气温较高，不利于牧草生长及种苗越夏，而且秋季时间短，天气骤寒不利于牧草越冬的地方，一般也采用春播。但春播时杂草为害较严重，要注意采取有效的防除措施。

在鄂尔多斯乃至北方地区，春播时由于气温较低而不稳定，降水量少，蒸发量大，风大且刮风天数多，不利于牧草的抓苗和保苗，春播往往容易失败。但是夏季或夏秋季气温较高而稳定，降水较多，形成水、热同期的有利条件，这对多年生牧草的萌发和生长极为有利。因此，播种多年生牧草，特别是在旱作条件下播种，夏播和夏秋播具有很大的优越性。据研究，在鄂尔多斯地区豆科牧草进行夏播的最佳时间为5月20日至6月20日，7月后播种易致越冬不良。禾本科牧草夏播适宜时间为6月中旬至7月底。

秋播主要适用于我国南方的一些地区，播种时间多在9—10月。这些地区春播时杂草为害较重，夏播时由于气温过高，不利于种苗的生长。另外，对于冬性牧草而言，播种当年是不能形成多大产量的，只形成草簇或莲座状叶丛，而在夏播、夏秋播和秋播的条件下，经越冬后，第二年可获得高产。越年生牧草要进行种子生产则必需秋播。

二、牧草的播种方法

牧草的播种方法主要有条播、撒播和点播等。

条播可利用播种机播种，也可人工开沟条播。条播时行距应根据牧草种类和利用方式，土壤的水分和肥料等情况确定。一般行距为15～30厘米。收草时行距宜小，收种子时行距宜大。肥沃又灌溉良好的地块行距可以适当窄一些，相对贫瘠又比较干旱的地块行距可以适当宽一些。行距大小应以能否获得高产优质的牧草为标准，同时考虑要便于除草和施肥。条播的深度应均匀一致，以利出苗整齐。条播可用于大田生产，也可用于育苗，是大多数牧草播种采用的方式。

撒播是在整地后用人工或撒播机把种子撒播于地表，然后用耙覆盖土。撒播常常因撒种不均和盖土厚度不一，造成出苗不整齐。若能小雨前撒播效果往往较好。撒播的主要缺点是出苗不整齐，无行距，难以除草和管理。撒播常用于苗田播种和大规模牧草播种。

点播是间隔一定距离，挖穴播种，适于在较陡的山坡荒地上播种，点播节省种子，出苗容易，间苗方便。多用于玉米、叶菜类牧草的播种。

三、牧草的播种量

播种量主要根据牧草的生物学特性、种子的大小、种子的品质、土壤肥力、整地质量、播种方法、播种时期及播种时气候条件等因素来决定。在自然条件确定的情况下，发芽率、纯净度两个指标高，播种量就低一些，反之则应加大播种量，一般播种量如表 2-1。

表 2-1　常见牧草一般播种量　　　　　　　　　　单位：千克/亩

牧　草	播种量	牧　草	播种量
苜蓿	1.25~1.5	花棒	1.0~1.5
沙打旺	0.75~1.0	羊草	2.5~3.5
草木樨	1.5~1.75	苏丹草	1.5~2.5
杨柴	1.0~2.0	披碱草	1.5~2.0
中间锦鸡儿	1.0~1.5	无芒雀麦	1.0~1.25

四、牧草的播种深度

牧草播种深度是种植牧草成败的关键因素之一。影响牧草播种深度的因素主要有牧草的类型、种子的大小、土壤含水量、土壤类型等。据王柳英等（2003）研究，种子发芽过程中，营养物质消耗量与播种深度呈正相关关系，而播种深度与田间出苗率则呈负相关关系。一般来说，牧草以浅播为宜，宁浅勿深。牧草种子细小，一般播深以 2~3 厘米为宜，如羊草、披碱草等。豆科牧草是双子叶植物，顶土能力较弱，宜浅播；禾本科牧草是单子叶植物，顶土能力较强，可稍深，深度可达 3~5 厘米。大粒种子可深，小粒种子宜浅。研究表明，种子大小与播种深度呈极显著正相关，即种子越大，突破深层土壤的能力越强（黄双全等，2007 年）。土壤干燥可稍深，潮湿则宜浅。土壤疏松可稍深，黏重土壤则宜浅。耕翻后立即进行播种时，由于耕层疏松，很容易出现覆土过深的现象。因此，在播种前应进行镇压，使土层下沉，有利于控制覆土深度。

五、牧草的保护播种

在一年生作物保护下，播种多年生牧草，这种播种形式叫作保护播种。保护播种有三大好处：一是抑制杂草对牧草的为害；二是利用一年生作物生长快的特点，对牧草幼苗起防风、防寒的保护作用；三是充分利用土地，当年有所收益，因为多年生牧草当年生长较缓慢，产草量低，而一年生作物有所收获。当然保护播种也有缺点，保护作物在生长中后期与牧草争光、争水、争肥。

保护作物一般要求生长期短、枝叶不十分繁茂的一年生作物，如小麦、大麦、燕麦、大豆等。保护播种一般牧草的播种量不变，保护作物的播种量减少25%~50%。保护作物常采用较牧草早10~15天播种。采用间行条播的形式播种，牧草行距30~40厘米，行间播种一行保护作物，牧草与保护作物之间行距为15厘米左右。保护作物多提前收获，以确保牧草的生长；若保护作物生长过于茂盛，则可部分割掉。

六、牧草的混播

牧草混播不仅可以充分利用土地、空间和光照，提高产量，改善牧草品质，还有利于牧草的调制加工和提高土壤肥力。牧草混播多采用豆科牧草与禾本科牧草混播，使其养分可以相互补充，营养更加全面，而且还有利于青贮加工。在进行牧草混播时，要掌握好以下几方面的技术措施。第一，选择好牧草组合。根据当地的气候、土壤条件选择适应性良好的混播牧草品种，同时还要考虑混播牧草的用途、利用年限和牧草品种的相容性。第二，掌握好混播牧草的组合比例。牧草混播通常利用2~3年的草地混播草种2~3种为宜，利用4~6年的草地3~5种为宜，长期利用则不超过6种。第三，把握好混播的播种量。混播时每种牧草的播种量应比单播时少些，如两种牧草混播，可各按其单播量的70%~80%计算；三种牧草混播时，同科的两种各占单播量35%~40%，另一种占其单播量的70%~80%；如两种豆科牧草和两种禾本科牧草混播，则用各单播量的25%~30%。由于利用目的、利用年限不同，构成混播牧草的比例也有差别，利用年限短的割草地，豆科牧草可多一些。

第三节 田间管理

草种播种以后，要做好田间管理工作。其中最重要的有杂草防除、施肥、灌溉与排水、病虫害防治等。适时而合理的田间管理是确保牧草高产稳产的重要措施之一。

一、杂草防除

杂草是栽培牧草的"敌人"，杂草不仅与牧草争水、争肥、争光、抑制牧草的生长，降低牧草的产量，而且影响牧草的品质；有的杂草还有毒，家畜采食后可引起中毒，甚至死亡。尤其是多年生牧草早期生长极为缓慢，容易受杂草为害。杂草防除的主要方法有生物防除和化学防除。

（一）生物防除

杂草的生物防除就是利用植食性动物或植物病原微生物，或采用科学的耕作播种制度，将杂草的为害控制在最小的范围内。有些杂草为害牧草有一定的范围，如菟丝子对苜蓿为害比较严重，而对禾本科牧草为害较轻，可以通过轮作不同的牧草来减轻其为害。另外，在杂草种子未成熟时，连同牧草一起刈割掉，可以减轻杂草的为害。春播时为害牧草的杂草主要是宿根性杂草和春季萌发的其他杂草，春播杂草为害往往比较严重，如果条件允许，可改在夏播或夏秋播种，这时杂草长势较弱，并且在播种前可通过耕翻除草。

（二）化学防除

化学防除就是利用化学除草剂来防除杂草。化学除草剂按其作用分为两大类：一类是选择性除草剂，另一类是灭生性除草剂。选择性除草剂只杀杂草而不伤害牧草，如西玛津、乙氧氟草醚等；灭生性除草剂，不管牧草杂草一概触杀，如敌草隆、五氯酸钠、草甘膦等。

除草剂常用的剂型有可湿性粉剂、水溶剂、乳剂、颗粒剂及粉剂等。除草剂使用前，一定要注意看清使用说明，是灭生性除草剂，还是选择性除草剂；若是选择性除草剂，是用于杀单子叶杂草，还是杀双子叶杂草。为了确保除草效果，最好几种除草剂组合进行综合除草。

除草剂喷雾时，最好在晴朗无风的日子进行。若有露水或雨后施用，用药量应相应增加。喷后遇雨应进行第二次喷洒。用药 20～30 天后才能饲喂家畜，以免引起家畜中毒。为了有效地灭除杂草，应在牧草芽前封闭和芽后补漏。芽前封闭是在牧草播种前或播种后发芽前把除草剂施在土壤表面；芽后补漏是在牧草发芽后，把除草剂直接喷在杂草的茎秆和叶片上。

二、施肥

牧草需从土壤中吸收的营养物质很多，但土壤中营养元素含量较少，且常缺乏某些元素需补充。氮、磷、钾是牧草需要量很大而土壤中常常缺乏的，不能满足其需要，必须由施肥供给的三种主要元素。北方地区土壤缺磷少氮钾有余，因此要注意适时补充氮肥和磷肥。施肥不仅能提高牧草的产量，而且能改善牧草的品质和草层结构成分，是获得高产稳产优质牧草的重要措施之一。

不同牧草的需肥规律不同，同一牧草在不同生育阶段需肥规律也不相同。禾本科牧草对氮肥的需要更为迫切，对施用氮肥的反应更为敏感。禾本科牧草在三叶期前处于自养阶段，不需追肥。三叶期后，牧草开始分枝，进入分蘖期。从分蘖至拔节这一阶段，是营养生长最旺盛阶段，此期茎叶和分枝生长快，需肥量大。此时追肥，可显著促进牧草生长，肥效最高。孕穗期后，牧草生长重心由营养生长转入生殖生长，此时施肥只对开花结实的生殖过程起主导作用，而对增加鲜草产量作用不大。豆科牧草在3片复叶前可适量施氮肥，3片复叶后，根瘤菌开始活跃起来，形成根瘤，能够自己固定空气中的氮素，维持自身氮素营养需要。一般不施无机氮素化肥，而以有机肥和无机磷肥为主，同时施铁和钼两种微肥，以增强根瘤固氮能力。

土壤质地、土壤肥力、保肥性能，是施肥的重要依据之一。沙质土壤肥力低，保肥力差，应多施有机质作基肥，化肥应少施、勤施。壤质土壤，有机质和速效养分较多，只要基肥充足，必要时适当追肥就可获得高产，黏质土壤或低洼地水分较多的土壤，土壤肥力较高，保肥力较强，有机质分解慢，肥效也较慢，应在前期多施速效肥。有条件的可请有关部门进行土壤分析，来科学确定施肥。在鄂尔多斯地区，农业技术推广部门在测土配方方面积累了不少数据，可以查询参考，以取得良好的施肥效果。

土壤水分的多少，直接影响牧草的生长、微生物的活动、有机质的分解，也决定了施肥的效果。干旱、水分不足或水分过多，都会影响施肥的效果。因此，干旱时，施肥应与灌溉结合进行，而水分过多，应适当施用速效肥。

有机肥料和家畜粪便，应注意腐熟后施用。秋翻施肥，可用未完全腐熟的有机肥，播种时应施用已腐熟的有机肥。化肥种类不同各有不同特性，有的肥效迟，在土壤中不易流失，可作基肥，如过磷酸钙、草木灰等；有的肥效较快，易被牧草吸收可以作为追肥，如硫酸铵、碳酸氢铵等。专家指出，植物地上生物量随施肥量的增加而增加，但存在一个阈值，达到最大值，施用量继续增加时，生物量会逐渐减少。

三、灌溉与排水

牧草灌溉可使牧草产量提高 3~10 倍，甚至 10 倍以上。因此，有灌溉条件的地方，最好对牧草地进行灌溉，以确保高产。灌溉的适宜时间和次数因牧草种类、生育期、气候、土壤及灌溉条件而有所不同。禾本科牧草从分蘖到开花、豆科牧草从分枝后到现蕾是需水的关键时期，也是主要的灌溉时期。多年生牧草在牧草全部返青之前，可以浇一次返青水。因刈割后地面裸露，土壤水分蒸发量剧增，在每次刈割后及时进行灌溉。冬季上冻前灌一次水，有利于牧草的安全越冬和第二年早春的返青生长。具体的灌溉方法上，有些牧草适合一次灌足，如苜蓿、红三叶等；有些牧草适于浅灌勤灌，如白三叶、无芒雀麦等。禾本科牧草的灌水量为土壤饱和持水量的 75%、豆科牧草为 50%~60%。

当土壤的含水量为田间最大持水量的 50%~80% 时，牧草生长最为适宜。如果水分过多则应及时排水，否则由于土壤水分过多，通气不良，就会影响牧草根系的呼吸作用而烂根死亡。排水良好的土壤促使牧草根系向下延伸，得到更多的养分。另外，排水不良也容易引发一些根部病害。特别是低洼易涝地区以及雨水较多的季节，一定要开好排水沟，并要经常注意疏沟排水。

四、牧草病害防治

牧草在生长和生产过程中可能受多种病害的影响，造成一定的限制作用，有的甚至是毁灭性的。牧草的根、茎、叶、花、果实和种子等构成个体发育和生长的有机整体，完成吸收和输送水分与养分，进行呼吸和光合作用，贮藏营养物质和繁殖等生命过程。病害对其中任何部分引起的损伤，都会影响牧草的正常生长，有的还导致局部或整株死亡。

（一）禾本科牧草主要病害

1. 根部病害

牧草的根系具有支持植株吸收水分和养分的重要作用，有的还是贮藏营养物质或无性繁殖的器官。一些土传病害，如镰孢菌和腐霉菌引起禾本科牧草根腐病等根部病害，可造成牧草在苗期因根部腐烂，造成死苗或使幼苗生长衰弱，还可引起成株期的根溃疡、芽腐、根茎腐烂、茎基腐等症状。这类病害可在播种前用杀菌剂拌种处理的方法进行防治。

2. 叶部和茎部病害

（1）秆锈病。秆锈病是禾本科牧草常见的病害，在国内外广泛分布，发病后可阻断营养物质向小穗部位的运输，为害几十个属禾本科牧草，黑麦草、高羊茅、鸭茅、冰草、早熟禾和猫尾草等牧草受害较为严重。抽穗期到开花期喷施1~2次三唑类杀菌剂可有效防治秆锈病。

（2）白粉病。由白粉菌引起，是禾本科牧草最常见的病害之一，分布遍及世界各地。除玉蜀黍族、高粱族、黍族、稻族以外，可发生于其他几十个属的禾本科牧草上。白粉病虽不使寄主急性死亡，但严重影响其生长发育和抗逆性，可造成利用年限缩短，产量降低，特别是对黑麦草、羊茅、早熟禾等牧草生产的影响更为显著。研究表明，受白粉病为害的地区，通过拔节初期喷施杀菌剂丙唑灵，可有效控制白粉病的发生，使多年生黑麦草产量提高26%。

3. 穗部病害

（1）雀麦黑粉病。可为害雀麦属、冰草属、大麦属、披碱草属、羊茅属等禾本科牧草的花序，在我国时有发生的报道。侵染后花序中的子房被破坏为泡状孢子堆，病菌的冬孢子在土壤中或黏附在种子表面越冬，次年萌发后侵入幼苗胚芽鞘，随植株生长而到达花序，侵染子房产生孢子堆。可采用54℃温水浸种5分钟，或用锈菌灵（每千克种子3克有效成分）、福美双（每千克种子12克有效成分）、克菌丹、杀菌灵、氧化萎锈灵等杀菌剂处理种子，有效防治此病。

（2）丝黑穗病。苏丹草、高粱、高丹草的丝黑穗病在北方地区发病率较高。这种病害由高粱丝黑穗菌和高粱丝团黑粉菌引起，可造成种子减产。病菌冬孢子主要在土壤或病残组织内越冬，成为次年侵染来源，而种子带菌的传播和侵染途径比较次要。冬孢子在土壤中存活时间达3年以上，春季与种子同时萌发，产生双核的侵染菌丝，侵入幼苗的芽鞘、胚轴或幼根等的生长点。随着植株生长发育，最终进入穗部产生冬孢子。这种病害在连作地块的发病较重。因此，防治措施上应当实行种子田的轮作倒茬制度，连作时间不超过3年，秋季深耕土壤。也可采用20%萎锈灵乳油、克菌丹或菲醌等杀菌剂拌种。20%萎锈灵乳油处理方法为0.5千克加水2.5千克，拌种35~40千克，覆盖塑料薄膜或装入塑料袋内闷种4小时，稍晾晒后播种。

（3）麦角病。是禾本科牧草小穗部的重要病害，由麦角菌的侵染引起，可以为害冰草属、剪股颖属、燕麦属、雀麦属、羊茅属、鸭茅属、黑麦草属等70

余属 400 余种禾本科牧草，发病后使花器不能产生种子，造成种子减产。麦角病侵害禾本科牧草小穗后，初期分泌淡黄色蜜状甜味液体，称为"蜜露"，内含大量麦角菌分生孢子。昆虫采食蜜露后体表携带分生孢子代为传播，飞溅的雨点、水滴也可以传播麦角菌，造成禾本科种子田中病穗常成片发生的情况。麦角菌侵染小穗子房的菌丝体可发育成坚硬的紫黑色菌核，呈角状突出于颖片之外，形成"麦角"，内含多种剧毒生物碱，对人、畜和昆虫等具有为害。有些禾本科牧草的花期短，种子成熟早，发病后只有蜜露阶段，而不产生麦角。田间诊断时应选择潮湿的清晨或阴天检查小穗上是否有蜜露出现，而干燥后蜜露呈蜜黄色薄膜黏附于小穗表面，不易识别。冷凉潮湿的气候有利于麦角病的发生，开花期较长或者花期遇雨的禾本科牧草发病较重。自花授粉的禾本科牧草，特别是闭花授粉的类型很少发病。而小花受精后，麦角菌则不易侵染。若相邻种植几种花期不同而又有一定程度花期重叠的禾本科牧草种子田，麦角病发病后可互为侵染源，开花晚的牧草发病严重。麦角病通过麦角菌的分生孢子传播，侵染后形成的麦角混杂在收获的种子内，可造成更大范围的传播。因此，在建植禾本科牧草田之前，应对种子进行产地和种子样品的检疫，及时采取有效的化学药物防治等。我国北方地区田间地头生长的赖草等禾本科杂草是麦角菌的野生寄主，应当注意及时刈割或清除，以控制病原菌来源。

（4）香柱病。此病是冰草属、剪股颖属、披碱草属、鸭茅属、雀麦属、羊茅属、猫尾草属、早熟禾属等禾本科牧草常见病害，可造成种子减产，同时发病的牧草植株体内产生一些生物碱，易使家畜采食后中毒，在国内和世界各个国家均有发病报道。禾本科香柱病由香柱菌引起，菌丝体可寄生在禾本科植株的各个器官或部位，发育到一定阶段后，内生的菌丝体穿透寄主组织，在体表生长成白色蜘蛛网状霉层，并逐渐积累形成绒毡状的"鞘"，包围在茎秆、叶、叶鞘、花序之外，形成病原菌的子座，形状酷似一截"香"。子座初期为白色或灰白色，后变为黄色或黄橙色。目前研究认为种子带菌是香柱病传播的主要途径，菌丝体可存在于种皮、胚乳和胚内，种子萌发后，菌丝侵入幼苗。由于禾本科牧草种子田香柱病的发病和系统防治研究报道很少，可从加强种子的检疫积极预防，而发病的种子田可采用倒茬轮作的方法，改种非寄主牧草进行防治。

（二）豆科牧草主要病害

1. 根部病害

与禾本科牧草相同，一些土壤习居的真菌侵染可造成苜蓿、三叶草、羽扇豆、草木樨等豆科牧草根部病害，常见的包括由腐霉菌引起的苜蓿腐霉根腐病，镰孢菌引起的苜蓿镰孢萎蔫病和根腐病，立枯丝核菌引起的苜蓿和三叶草等豆科牧草丝核根腐病等，造成上述豆科牧草缺苗或提早衰败。苜蓿腐霉根腐病可在播种前用对霜霉目真菌有特效的内吸性杀菌剂，如甲霜灵等处理种子，进行有效防治。耕作措施方面，合理施肥及选择适宜的播种时间，促进迅速出苗和幼苗早期生长，可在一定程度上控制病害的发生。

2. 茎部和叶部病害

豆科牧草常见的茎部和叶部病害包括锈病、白粉病、褐斑病、霜霉病、黑茎病、叶斑病、炭疽病和菌核病等，对牧草生产可造成严重影响。例如，苜蓿发生锈病后，光合作用下降，呼吸强度上升，孢子堆破裂后破坏植物表皮，使水分蒸腾强度显著上升，干热时易于造成植株萎蔫，叶片皱缩，提前干枯脱落。菌核病是世界温带地区苜蓿、三叶草等豆科牧草广为发生的病害，可造成根冠和茎腐烂，菌核可随种子传播。

五、牧草虫害防治

牧草虫害是牧草主要生物灾害之一，种类多，数量大。当其达到一定密度时，由于大量啃食牧草茎叶等，易对牧草造成严重为害，有时甚至是毁灭性的。相对而言，禾本科牧草生产中病害的发生和影响较虫害更严重，而豆科牧草则相反，受虫害的影响更大。

（一）禾本科牧草主要虫害

禾本科牧草主要害虫有秆蝇、黏虫、蓟马、穗蝇、禾谷类蚜虫、各种跳甲、叶蝉等。除蚜虫外，其他虫害的发生均具有区域性流行的特点。一般地，一种害虫的发生可对发生区域内的草地、草坪和禾谷类作物等均造成为害。

1. 秆蝇

秆蝇属双翅目黄潜蝇科，主要包括瑞典秆蝇和麦秆蝇两种。为害黑麦草、披碱草、狗尾草、雀麦、早熟禾等禾本科牧草，以及细叶苔和异穗苔等莎草科牧草。秆蝇以幼虫为害，植株生长期可由叶鞘和茎间潜入植株，在幼嫩的心叶或穗节基部或近基部呈螺旋状向下蛀食幼嫩组织。据报道，秆蝇大发生年份，瑞典秆蝇的幼虫损害 2/3 的无芒雀麦幼苗，1/4 的生殖枝受到为害。秆蝇的防治措施包括农艺措施和药剂防治。农艺措施主要是加强田间管理，因地制宜地创造有利于禾本科牧草生长发育而对秆蝇类害虫发生不利的条件，包括深翻土地，增施肥料，及时灌溉，适时播种，浅播，提高牧草出苗和生长速度，增强抗虫能力，或避开虫害发生的危险期，减轻为害。药剂防治的关键时期是秆蝇越冬代成虫开始盛发至第一代幼虫孵化入茎以前的时期。

2. 黏虫类

黏虫类害虫包括黏虫、劳氏黏虫和谷黏虫，均属鳞翅目夜蛾科，是世界性禾本科牧草的重要害虫，黏虫的幼虫食性多样，可取食多种植物，尤其喜食禾本科牧草。主要为害的禾本科牧草有苏丹草、羊草、黑麦草、披碱草、冰草和狗尾草等。黏虫幼虫咬食叶片，1~2 龄幼虫仅食叶肉，形成小圆孔，3 龄后形成缺刻，5~6 龄达到暴食期，为害严重时可将植株叶片吃光。黏虫在发育过程中无滞育现象，条件适合时终年可以繁殖，在各地发生的代数因地理纬度而异，纬度越高，每年繁殖的代数越少。黏虫对温度、湿度的要求比较严格，雨水多的年份黏虫往往大发生，而高温低湿对黏虫产卵造成显著的抑制。黏虫的天敌种类很多，如蛙类、捕食性蜘蛛、寄生蜂、寄生蝇、蚂蚁、金星步行虫等。卵期天敌有黑卵蜂、赤眼蜂和蚂蚁，寄生蜂是幼虫期的主要天敌。这些天敌在田间黏虫数量少的情况下，可起到一定的抑制效果，而大发生时，天敌很难控制为害。由于黏虫属于间歇性猖獗的害虫，在气候条件合适的情况下，能迅速暴发成灾，因此有黏虫大发生记载的地区，需要做好黏虫的预报工作，做好查成虫、查卵和查幼虫的"三查"工作，主动掌握黏虫田间动态是控制黏虫为害的重要措施。

黏虫的防治方法包括诱杀成虫、诱蛾采卵和药剂防治三种。当田间黏虫的成虫数量开始增加时，用糖醋酒液或其他发酵有酸甜味的食物与 2.5% 敌百虫粉剂配成诱杀剂，盛于盒、碗等容器内，每 0.3~0.6 公顷牧草田放一盆，盆的放置高出作物高度 30 厘米，诱剂液体的深度保持在 3 厘米左右，每天早晨取出盆中诱杀的成虫，白天用盖将盆盖好，傍晚开盖。5~7 天更换诱剂一次，连续诱杀16~20 天。诱蛾采卵是从产卵期开始直到盛末期止，在田间插设谷草把，每亩10 把，采卵间隔时间 3~5 天，每次将谷草把带出田块焚烧消灭，再更换新谷草把。药剂防治可采用粉剂喷粉、药液喷雾或地面超低量喷雾等方法。

3. 蓟马

蓟马为害禾本科牧草的蓟马种类很多，主要有小麦皮蓟马。它属缨翅目皮蓟马科，对禾本科、豆科和十字花科的牧草和作物的植株和花器可造成为害。小麦皮蓟马的成虫和若虫的锉吸式口器能锉破花器，严重时不能结实。禾本科牧草灌浆期，可锉破籽粒，吸食浆液，造成结实不饱满，甚至空瘪，对禾本科、豆科牧草生产造成极大为害。小麦皮蓟马严重为害的禾本科牧草有无芒雀麦、鸭茅、披碱草、草地早熟禾等。小麦皮蓟马在西北地区每年发生 1 代，以 2 龄红色若虫在地下留茬近根部或残株内越冬。春季平均气温达 8℃时，若虫开始活动，当平均气温达到 15℃时，若虫进入伪蛹盛期，成虫一般在 5 月上中旬开始羽化，羽化高峰常与禾本科牧草抽穗期吻合，造成为害。小麦皮蓟马可采用轮作倒茬防治，秋季及时翻耕土地，消灭越冬若虫；也可采用药剂防治。

4. 蚜虫

蚜虫属同翅目蚜科，为害禾本科牧草及作物，主要的害虫种类有麦长管蚜、麦二叉蚜、禾缢管蚜和无网长管蚜等。蚜虫为全球性分布，无网长管蚜分布在北方地区，其余三种蚜虫在各地普遍发生，西北和华北地区以麦二叉蚜发生较多。蚜虫为害的禾本科牧草包括冰草、披碱草、无芒雀麦、苏丹草等，蚜虫的成虫和若虫吸食叶片、茎秆和嫩穗的汁液，影响牧草的发育，严重时常导致生长停滞，最后枯黄，同时还可传播多种病毒病害。麦二叉蚜致害能力最强，常从苗期开始为害，在土壤瘠薄的地块为害严重，喜干旱，怕光照，多分布在植株下部和叶片背部。长管蚜喜光照，较耐潮湿，多分布在植株的上部和叶片正面，抽穗灌浆期以后，繁殖量急剧增加，集中在穗部造成为害。无网长管蚜的习性介于麦二叉蚜和麦长管蚜之间，主要在叶片和茎秆上为害。蚜虫的天敌有瓢虫、草蛉、蚜茧蜂、食蚜蝇、食蚜蜘蛛和蚜霉菌等，其中以瓢虫和蚜茧蜂对蚜虫的控制作用最显著。但在自然条件下，蚜虫的天敌数量一般是在蚜虫数量达到高峰之后急剧增加，因而当年天敌对蚜虫为害常起不到显著的控制作用，而在虫害后期或对越夏蚜则有一定的控制作用。蚜虫的农艺防治的方法，主要是加强田间管理，增施有机肥，清除田间杂草可减轻蚜虫的为害。冬灌可杀死大量蚜虫，浅耕灭茬结合深耕消灭杂草和自生幼苗上的蚜虫。

（二）豆科牧草主要虫害

豆科牧草害虫按为害部位可分为 4 种情况：一是为害地下部分的害虫，包括各类地下害虫和多种根瘤象等；二是为害茎、叶的害虫，主要有苜蓿叶象、蚜虫、潜叶蝇、多种夜蛾、蝶类，以及多种芫菁等；三是为害花器的害虫，主要是盲蝽类和蓟马类；四是为害种子的害虫，有籽象和苜蓿籽蜂。

1. 盲蝽

盲蝽是一类多食性害虫，寄主范围十分广泛，除豆科牧草外，还为害禾本科牧草、蔬菜和油料作物等。盲蝽类害虫属半翅目盲蝽科，包括绿盲蝽、三点盲蝽、苜蓿盲蝽、中黑盲蝽、牧草盲蝽等。盲蝽的成虫和幼虫均以刺吸式口器吸食幼嫩的茎叶、花蕾、子房的汁液，植株的受害部位逐渐凋萎、变黄，最后枯干而脱落，虫害大发生可严重影响牧草的产量和质量。盲蝽类害虫的防治包括焚烧残茬、刈割和设置诱虫带等。在晚秋或早春苜蓿等豆科牧草枯黄后或尚未萌发前，用火焚烧残茬，可消灭在枯茬中的越冬卵。在生长季豆科牧草初花期，可通过刈割并将牧草移出草田的办法，降低田间若虫羽化的数量，从而控制虫害的发生。虫害发生严重的地块，可连续采用降低留茬高度刈割，将茎秆上的卵移出牧草地，减少越冬虫口基数，控制次年虫害的发生。此外，还可在采用上述牧草刈割方法的同时，设置诱虫带，进行集中用药灭杀成虫。具体方法是从地块四周开始刈割，在中央留下不刈割的条带状牧草。使害虫聚集到这里用药剂集中灭杀。药剂防治盲蝽的若虫最有效。

2. 蓟马

蓟马为害豆科牧草，属缨翅目蓟马科害虫，主要包括豆蓟马、花蓟马、烟蓟马、红豆草蓟马、苜蓿蓟马等。蓟马为害豆科牧草的叶、芽和花等部位，嫩叶被害后呈现斑点、卷曲以致枯死。牧草的生长点受蓟马为害后发黄、凋萎，造成顶芽的生长和花芽分化。豆科牧草开花期蓟马的为害最为严重，蓟马可在豆科牧草的蝶形花中取食，捣散花粉，破坏柱头，吸收花器的营养，造成落花落荚。蓟马多以成虫在隐蔽场所越冬，也有以蛹或若虫越冬。一年发生多代，北方地区发生5~6代，在温暖湿润地区发生10代以上，北方地区6月中下旬至8月下旬是蓟马的发生高峰期，第2代和第3代发生世代重叠，蓟马繁殖一代需25天，因而对首茬草的为害很轻，而对后茬草的为害特别严重。各种蓟马的发生受气候条件的影响，温暖干旱的气候有利于豆蓟马的大发生，而高温多雨则对其发生不利，花蓟马在中温高湿条件下繁殖快，为害重，夏季阴雨连绵时为害加重，而高温干燥的天气不利于其发生。烟蓟马多发生在较干旱的年份。红豆草蓟马和苜蓿蓟马在苜蓿结荚前期数量增加。药剂防治应在豆科牧草开花期，蓟马产卵时集中进行。

3. 蚜虫

蚜虫为害豆科牧草的蚜虫类害虫均属同翅目，包括蚜科的苜蓿蚜和豆无网管蚜，以及斑蚜科的苜蓿斑翅蚜。蚜虫是一类暴发性害虫，为害苜蓿、红豆草、三叶草、紫云英、紫穗槐等豆科牧草，多群集于植株的嫩茎、幼叶和花器等部位，吸食其汁液，造成植株生长矮小，叶片卷缩、变黄，花序和豆荚生长停滞，造成落花落荚，严重发生时植株成片死亡。温度、降水和大气湿度是影响蚜虫种群繁殖、活动和数量变化的重要因素。苜蓿蚜繁殖的适宜温度为16~23℃，最适温度为 19~22℃，低于 15℃ 或高于 25℃，繁殖受到抑制。在适宜的温度范围内，相对湿度在 60%~70% 时，有利于蚜虫大量繁殖，而大气相对湿度高于 80% 或低于 50% 时，对繁殖有明显的抑制作用。蚜虫的天敌有瓢虫、食草蝇、草蛉、蚜茧蜂、蜘蛛等。在自然条件下，蚜虫发生后可引起天敌的数量增加，在蚜虫大发生的中后期可产生明显的抑制作用。豆科牧草蚜虫的化学防治可采用液剂喷雾、粉剂喷粉或者撒毒土的方法。

4. 籽象

籽象害虫有苜蓿籽象和草木樨籽象，属鞘翅目象虫科，以幼虫为害苜蓿、三叶草、草木樨等豆科牧草而得名。籽象的成虫啃食叶肉，为害花蕾和花器。籽象一年发生 1 代，以成虫在豆科牧草地 2~5 厘米的表土中越冬。春季气温达到 11℃ 以上时，越冬成虫出蛰取食叶肉，严重时仅留叶脉呈网状；孕蕾后咬食花蕾和花器；结荚时，成虫自植株下部转至上部，并常向其他苜蓿地迁飞。雌虫在 5 月下旬产卵，卵大部分产在幼嫩豆荚的外缝部位，卵期 8~15 天。幼虫孵化后，蛀入豆荚包含的种子内，蛀孔直径 0.15~0.2 毫米。幼虫期约 20 天。幼虫在豆荚内可自由爬行。1 头幼虫可咬食 2~4 粒种子，并以黑色粪便填充其中。幼虫老熟后在豆荚壳上咬出一孔落入土中，孔径为 0.5~0.6 毫米，在土中结土茧化蛹，蛹期 5~15 天，7 月上旬羽化出新一代成虫，留在土茧内越冬。春季豆科牧草返青前耙地，可疏松土壤，减少土壤水分蒸发，加速牧草生长，减少和抑制受害。籽象发生严重时，可提前降低留茬高度刈割，并将刈割的牧草尽快移出地块，消灭幼虫和虫卵。化学防治应在每昆虫网幼虫达到 8~10 头，或者植株的芽和叶片受害率达到 25%~30% 进行防治。

5. 苜蓿籽蜂

苜蓿籽蜂属膜翅目广肩小蜂科。寄主植物有苜蓿、三叶草、草木樨、沙打旺、紫云英、鹰嘴豆、百脉根等。苜蓿籽蜂幼虫在苜蓿种子内蛀食，造成种子减产，对苜蓿种子生产为害严重。苜蓿籽蜂一年发生 3 代，老熟幼虫在种子内越冬，越冬代和第一代成虫羽化有明显的自然历期和物候期。越冬幼虫在 4 月下旬开始化蛹。5 月中下旬达到盛期，末期在 6 月中旬。越冬代成虫在 5 月上旬开始羽化，5 月下旬达到羽化盛期，末期在 6 月中下旬。苜蓿籽蜂有世代重叠现象，在自然条件下，第一代幼虫发生在 5 月下旬至 7 月中旬，盛期在 6 月下旬；成虫羽化初期在 7 月上旬，盛期在 7 月中旬。第一代发生历期约 49 天。第二期幼虫的发生期在 7 月中旬至 9 月底，盛期在 7 月下旬至 8 月上旬；成虫发生在 7 月底至 9 月下旬，盛期在 8 月中旬，第二代发生历期约 43 天。第三代幼虫从 8 月上旬起，在种子内发育后越冬。在田间，苜蓿籽蜂成虫羽化时，用口器咬破苜蓿种子的种皮，再在种荚上咬一个圆孔。脱荚的苜蓿种子，成虫羽化更为容易。羽化后的成虫立即交配，若能找到产卵寄主，几小时后雌虫就可选择乳熟或嫩绿的种荚产卵。一只雌虫产卵 15~65 粒，能控制在一个种子中产卵 1 粒。幼虫在一粒种子内完成全部发育，很少转移蛀食其他种子，在一个种荚内常有 1~4 个种子被寄生。寄生幼虫的苜蓿种子变为黄褐色，表面多皱褶，略鼓起，受害轻者失去发芽能力，重者仅剩一空壳。在干燥条件下，幼虫在种子内可存活 1~2 年。苜蓿籽蜂的防治包括轮作倒茬，或者适时早播或播种早熟品种，以提早刈割，减轻虫害。对种用的苜蓿种子，播种前要进行严格的检疫检查，防止害虫的蔓延扩散。此外，还可采用化学药剂防治。

第四节　牧草的刈割

为了获得品质优良，产草量高的牧草，必须在牧草的营养物质产量最高时进行刈割，同时还必须保持原料的品种优良，这是生产优质牧草的基本前提。牧草在生长发育过程中，其营养物质不断发生变化，处于不同生育期的牧草及饲料作物，不仅产量不同，其营养物质的含量也有很大差异。实质上单位面积牧草的产量和各种营养物质的含量，主要取决于牧草的收割期。无论是禾本科牧草、豆科牧草或是混播牧草在始花期以后，每推迟 1 天刈割，牧草的消化率、采食量均降低，总营养价值亦在下降。因此，在生产过程中，应根据不同牧草及饲料作物的产量及营养物质的含量适时刈割，要求既不影响牧草生长发育，又能获得高产优质的牧草。

一、适时刈割的一般原则

确定牧草的最适刈割期，必须考虑两项指标：一是产草量，二是可消化营养物质的含量。实际上，牧草的整个生育过程中的产量和可消化营养物质的变化，是两个发展方向相反的过程。牧草生长的细嫩时期，叶量丰富，粗蛋白质、胡萝卜素等含量多，营养价值高，但产草量低。相反，随着牧草的生长和生物量的增加，上述营养物质的含量明显减少，而粗纤维的含量则逐渐增加，牧草品质显著下降。因此，确定牧草的适宜刈割期，必须把干物质产量和可消化营养物质的含量兼顾起来，全面衡量，选择处于生长发育中产量相对最高，品质又相对最好的时期进行刈割。

牧草适宜刈割期应遵循以下一般原则：一是以单位面积内营养物质的产量最高时期或以单位面积的可消化的养分总量最高时为标准；二是有利于牧草的再生，两年生或多年生牧草的安全越冬和返青，并对翌年的产量和寿命无影响；三是根据不同的利用目的来确定，如为生产蛋白质、维生素含量高的苜蓿青干草粉，应在孕蕾期进行刈割，虽然产量稍低一些，但可以从优质草粉的经济效益和商品价值予以补偿，若在开花期刈割，虽然草粉产量较高，但草粉质量明显下降；四是天然割草场，应以草群中主要牧草（优势种）的最适刈割期为准。

二、不同牧草的刈割期

（一）禾本科牧草的刈割期

主要根据以下 3 个方面因素来确定。

1. 营养动态

一般多年生禾本科牧草地上部分在孕穗—抽穗时期，叶多茎少，粗纤维含量较低，质地柔软，粗蛋白质、胡萝卜素含量高，而进入开花期后则显著减少，相反粗纤维含量则不断增加。牧草品质在很大程度上取决于它的消化率，生育期越长其消化率越低。据资料显示，如果以禾本科牧草分蘖期的可消化蛋白含量为100%，那么到了孕穗期为97%，抽穗期为60%，而到开花期就只有42.5%。

2. 产量动态

禾本科牧草在一年内地上部分生物量的增长速度是不均衡的。孕穗—抽穗期生物量增长最快，营养物质产量也达到高峰，此后缓慢下降。一般认为，禾本科牧草单位面积的干物质和可消化营养物质总收获量以抽穗—开花期为最高。

3. 刈割期对再生性与翌年牧草产量的影响

刈割期对禾本科牧草的再生性，刈割次数及下一年产草量均有较大的影响。一般认为在孕穗—抽穗期刈割，有利于禾本科牧草的再生。禾本科牧草的刈割期早晚，对翌年的产量有一定影响。由于下一年牧草的产量，主要取决于牧草地下器官可塑性营养物质的积累情况，而可塑性营养物质积累的最高时期，受牧草种类、地理位置、气候条件等因素的影响而有所差异，但牧草的刈割次数及最后一次刈割时期也会对牧草的地下器官可塑性营养物质的积累产生一定影响。一般多在抽穗—初花期刈割，霜冻前 15~45 天禁止刈割。

综上所述，刈割期的确定应兼顾营养的动态，单位面积干物质及可消化营养物质的产量，再生性以及对翌年的生长发育和产量等各方面的利弊，全面衡量。

一般认为，大多数多年生禾本科牧草的适宜刈割期应在抽穗—开花初期。但还要根据牧草种类不同区别对待。粗糙高大的禾本科牧草如茇茇草、拂子茅等，应不迟于抽穗期，芦苇应在孕穗以前，针茅则应在芒针形成前进行刈割。

（二）豆科牧草的刈割期

主要根据其生长和调制青干草的特点来确定。

1. 品质下降快

豆科牧草不同生育期的营养成分变化比禾本科牧草更为明显。如开花期刈割比孕蕾期刈割粗蛋白质含量减少 1/3 ~ 1/2，胡萝卜素减少 1/2 ~ 5/6，特别在干旱炎热以及强烈的日光照射下，更加速了植物衰老过程，纤维素、木质素增加，导致豆科牧草品质迅速下降。

2. 叶片易脱落

豆科牧草营养价值最高的器官是叶片、嫩枝和花序。实际上，豆科牧草所含的粗蛋白质、胡萝卜素及必需氨基酸比禾本科牧草丰富，主要是因为豆科牧草叶片中蛋白质的含量约为茎的 2.5 倍。如果豆科牧草晒制过程中叶片脱落较多，则二者所含的营养物质差异变小。豆科牧草的茎叶比例，随生育期的推进变化较大。如苜蓿的茎叶重量变化为：现蕾期叶的重量与终花期相比几乎多 1 倍。相反，终花期茎的重量却是始花期的 1 倍以上。豆科牧草进入开花期以后，下部叶片开始枯黄，而且叶柄已经产生离层，晒制青干草，叶片损失就更为严重。实践证明，刈割越晚，叶片脱落越多，青干草品质越差。因此，在晒制豆科牧草时，避免叶子的损失是头等重要的问题。

3. 茎叶干燥速度不一致

豆科牧草茎秆比禾本科牧草充实、坚硬、木质化程度高，且含胶体物质较多，茎的内部水分向外散失的阻力较大，而叶片又较薄、表面积大，干燥速度比茎快得多。如苜蓿的茎含水量为 50% 左右时，叶片含水量已降至 10% 左右。故由于叶较茎提前干燥，致使叶片大量脱落。豆科青干草叶片损失率一般为 20% ~ 30%，甚至高达 50% ~ 70%。刈割越晚，茎叶干燥的速度差异越大，造成的损失也就越大。

豆科牧草茎叶干燥速度因种类不同而异。茎秆较粗硬、木质化程度较高的牧草，茎叶干燥速度差异大，如沙打旺、草木樨、苜蓿等。茎秆较柔软、木质化程度较低的牧草，茎叶干燥速度差异较小，叶片脱落也较少，如山黧豆、野豌豆、毛叶苕子等。

因此，豆科牧草的适宜刈割期应根据生长期营养动态、产量、再生性以及对翌年的产量、寿命的影响等方面综合考虑（表2-2）。

表 2-2　牧草适宜收割期及其含水量

单位：%

作物种类	收割时的生长阶段	收割时的含水量
紫花苜蓿	现蕾末—1/10 开花	70~80
红三叶	现蕾末—初花	75~82
无芒雀麦	孕穗—抽穗	75
苏丹草	约 90 厘米高	80
带穗作物	蜡熟期	65~70
玉米秸秆	摘穗后尽快收割	50~60
整株高粱	蜡熟初期—中期	70
高粱秸秆	收穗后—霜降前	60~70
燕麦	孕穗—抽穗初期	82
燕麦	乳熟期	78
燕麦	蜡熟前期	70
大麦	孕穗后期—蜡熟初期	70~82
黑麦	孕穗后期—蜡熟期	75~80

三、刈割高度与次数

牧草刈割留茬高度，不仅影响牧草的产量，而且还会影响牧草的再生速度、强度及牧草新芽的形成。所以，在刈割牧草时首先要确定牧草适宜的留茬高度。适宜的留茬高度应根据牧草的生物特性和当地的土壤、气候条件来确定。一般上繁草刈割留茬高度应在 4~6 厘米，下繁草刈割留茬高度 2~4 厘米。栽培不同牧草的留茬高度也不一致，如黑麦草一般留茬为 3~4 厘米。天然草地一般为 3~6 厘米。另外，根据牧草的生育期不同留茬高度不一致。如从分蘖节、根茎处再生形成的再生牧草，刈割留茬高度可低些；内叶腋再生枝形成的再生草，刈割留茬就比前者稍高些。

牧草在一年中刈割次数是根据牧草的生产性能、土壤条件、气候条件和对牧草的管理水平而定。总的来说，当具备良好管理、牧草生长快时可多刈割。如多花黑麦草在一般管理条件下可刈割 3~4 次，但在气候温暖湿润的气候条件、土壤肥沃、栽培管理精细的情况下可刈割 7~8 次。

第三章　豆科牧草种植技术

第一节　苜蓿

苜蓿是世界上栽培历史最悠久、种植范围最广的多年生豆科牧草之一。苜蓿原产于小亚细亚、伊朗、外高加索和土库曼高地。我国早在公元前126年，汉武帝派特使张骞出使西域时，就将苜蓿带回。先后在长安（今西安）和关中一带种植，后传到西北和华北，已有2 000多年的栽培史。目前我国各地都有栽培，尤以北方各省区为最多。苜蓿适口性好，营养丰富，各类家畜都喜食，属优等牧草，一直被赞为"牧草之王"。1千克优质苜蓿草粉相当于0.5千克精料的营养价值，兼具饲料、食用、药用等用途，是现代农业经营中的重要组成部分。苜蓿还具有固土保水、改良土壤、提供蜜源、保护环境等多种功效，是生态建设和现代农业生产中备受青睐的牧草品种。

一、形态特征

苜蓿是豆科苜蓿属多年生草本植物，根系发达，主根入土深达数米至数十米；根颈密生许多茎芽，显露于地面或埋入表土中；颈蘖枝条多达十余条至上百条。茎秆斜上或直立，光滑，略呈方形，高100~150厘米，分枝很多。叶为羽状三出复叶，小叶长圆形或卵圆形，小叶前端略凹，为一针状物，中叶略大。总状花序簇生，每簇有小花20~30朵，蝶形花有短柄，雄蕊10枚，1离9合，组成联合雄蕊管，有弹性，雌蕊1个；花冠子房基部有蜜腺，引诱昆虫传粉，从而获得大量蜂蜜。荚果螺旋形，2~4回，表面光滑，有不甚明显的脉纹，幼嫩时淡绿色，成熟后呈黑褐色，不开裂，每荚含种子2~9粒。种子肾形，黄色或淡黄褐色，表面有光泽，陈旧种子色暗。千粒重1.5~2.3克，每千克有30万~50万粒。苜蓿种子寿命较长，保存4~5年的种子，尚有较高的发芽率。

二、生长习性

主根由下胚轴发育而成，发育很快，当苜蓿种子入土后，首先下胚轴伸长，形成初生根系。出苗后，地上部分增长较慢，而地下根系发育较快，出苗 20 天后地上部分仅 3~5 厘米，而地下根系长 20~25 厘米，主侧根上已有根瘤。当年春季播种的苜蓿，生长 3 个月后，主根达 60~70 厘米，枯黄时主根入土可达 2 米以上，生长 5~8 年的苜蓿主根可达 6 米，主根长且粗大。根颈生长快，随着生长年限的增加，根颈不断加粗，生长 5 年以上的苜蓿，根颈直径达 5~10 厘米。

苜蓿种子萌发的最适温度是 25℃，4~5 天即可发芽，在 10℃ 时也能发芽，但需要 8~12 天，高于 35℃，发芽受影响。出苗 30 天后，复叶增多，呈莲座状。出苗 30~35 天，返青 10~15 天即行分枝。分枝后苜蓿快速生长，叶片增大、增多，节间伸长。主茎叶腋内不断形成分枝，分枝又行二次、三次分枝，形成茂密的株丛。此时为苜蓿营养水平最高的时期，由于含水量大，株高和产量还未达到高峰。分枝后 20~25 天，苜蓿的花芽分化形成花蕾，现蕾期植株生长最快，每天株高增加 1~2 厘米，此时是水肥供应的临界时期。当秋季日照度变短和温度变低时，越冬能力强的品种在初秋停止地上部分的生长，为根系贮存营养，以备越冬之用，而抗寒能力差的品种在秋季继续旺盛生长，会在经历几次霜冻后，耗尽根系储存的养分，安全越冬困难。

苜蓿为无限花序，现蕾后 20~30 天开花，花期长达 30~45 天。在鄂尔多斯地区，苜蓿 4 月返青，返青到分枝期 24 天，分枝到现蕾 23 天，现蕾到开花 21 天，开花到种子成熟 42 天，生育期为 110 天。开花期植株地上生物量达到最高值，生长旺盛。开花后经过传粉、受精，30 天种子陆续成熟，荚果变成褐色即可收获。苜蓿生长年限依其本身的生物生态学特性及所处地区的自然气候条件而异。一般生长旺盛期 4~5 年，管理水平高可达 10 年以上，也有生长 30 年以上的记录。

三、适应性

苜蓿对土壤要求不十分严格，在干旱、半干旱地区，各种类型的耕地及植被严重退化的草地、覆沙地、沙地均可进行苜蓿种植。但有机质丰富、富含钙质，具有良好团粒结构的中性土壤，最适宜苜蓿生长。苜蓿为轻度耐盐植物，适应在中性至微碱性土壤上种植，不适应强酸、强碱性土壤，最适土壤 pH 为 7~8，在土壤含盐量 0.1%~0.3% 范围内能正常生长。夏季多雨湿热天气最忌积水，若连续淹水 1~2 天即大量死亡。

苜蓿性喜干燥、温暖、多晴天、少雨天的气候，最佳生长期温度为 15~25℃，≥35℃生长受阻，有的枯黄死亡，低于 5℃时停止生长，并逐渐进入休眠期。苜蓿蒸腾系数高，生长需水量多。每生成 1 克干物质约需水 800 克，需有灌溉条件才生长旺盛。苜蓿的耐寒性虽然很强，但最忌在春季返青期遇到超过一周的急骤降温。春季有倒春寒的地区，气温降到 -5℃时，会造成死亡。

四、品种选择

虽然苜蓿的适应性较为广泛，在世界的多数地方都能种植，但是在漫长的栽培过程中，自然形成或人为培育出许多品种。这些品种都能在适宜种植区获得一定的产量，但要获得高产必须选择适宜良种。

（一）品种选择要点

选择苜蓿品种，要依据所处地区的气候特点和土壤特征，考虑苜蓿利用因素，因地制宜地选择适宜的苜蓿品种。根据栽培区的自然气候条件、土壤条件、牧草的利用方式及品种的适应性等几方面来确定。在品种选择上要遵循以下要点。

1. 地理相近

苜蓿的适宜种植区主要分布在北纬 35°~43°，在选择苜蓿品种时，一般要求在同纬度或纬度相近的区域选择。

2. 气候及土壤相近

在选择所栽培种植的苜蓿品种时，应根据栽培地的气候和土壤类型选择来源于相同或相近的气候和土壤类型区的苜蓿品种。如在寒冷干旱地区种植苜蓿应选择敖汉苜蓿、准格尔苜蓿、草原 1 号苜蓿，草原 2 号苜蓿、草原 3 号苜蓿、工农系列苜蓿、龙牧系列苜蓿。因为这些苜蓿的原产地和育成地均具有寒冷干旱的特点，土壤条件也比较一致。一般而言，国内品种要比引进品种的适应性强，持续利用时间长，在干旱半干旱无灌溉区，应选择国产品种；而引进品种适应性相对弱一些，需要较好的水肥条件，高产性能才能表现出来，在水热条件较好有灌溉条件的地区，应选择进口品种。

3. 引种试验与检疫

有些苜蓿品种虽然来自纬度相同或相近的地区，或生态环境相似区域，但距离较远，也容易产生品种不适应问题。因此，在较远的距离引种至少要进行 3~5

年的引种试验，特别是在寒冷干旱地区引种进口苜蓿品种时，引种试验是非常重要的，也是必需的。同时，要通过检疫。我国对苜蓿的主要检疫对象有几种真菌和细菌病害、线虫、籽蜂，以及菟丝子等几种恶性杂草。

4. 不同的利用目的

用于生态建设用的苜蓿品种应选择抗逆性强，适应性广泛的品种，特别应选择具有较强抗旱和抗寒性能的品种，多考虑国产品种。用于草田轮作的苜蓿品种应选择生长速度较快，较短时间内形成高产，并且有发达根系的品种。建立高产型人工草地应选择具有高产性能的品种，对水肥敏感，水肥效应好，同时应具有抗病虫的特点，应考虑进口品种。建立放牧型草地应选择耐践踏的苜蓿品种，如根蘖型苜蓿品种。在盐碱地上种植苜蓿品种，宜选择耐盐碱的苜蓿品种，如耐盐之星中苜 1 号。

5. 清楚品种特性

对所选择的苜蓿品种要清楚其所具备的优良特性和适应性，同时要了解种子的成熟度、纯净度、发芽率等质量问题。

（二）适宜鄂尔多斯地区的苜蓿品种

内蒙古农牧科学院草原研究所经过对 27 个苜蓿品种的筛选评价研究，得出适宜于鄂尔多斯地区种植的苜蓿品种是康赛、WL319HQ、WL343HQ、中苜 1 号、准格尔苜蓿、草原 4 号等。

1. 康赛

康赛为美国 Cal/West 公司培育的低秋眠级苜蓿品种，种子生产商为加拿大碧青公司。其亲本选自秋眠级 2~3 级且持久性好的高产苜蓿品种，然后再以高抗病性和高品质为目标通过多代杂交选育而成。康赛为多叶品种，茎秆纤细且枝叶茂密，非常适合生产高品质青干草或做半干青贮。

2. WL319HQ

WL319HQ 是 WL 系列苜蓿品种中最抗寒的高品质品种之一，抗寒能力卓越，盛花期仍具优异品质，秋眠级为 2.8 级，抗寒指数 1.3，在极端的气候条件下，表现出非凡的持久性。从现蕾期到盛花期都可保持优秀的牧草品质，与其他品种相比，该品种为种植者提供了更长的收获期，极大地增加了收获灵活性。该品种再生速度快，每年 2~4 次刈割的条件下，均可保持极高的产量。叶色深绿，叶量丰富，多叶率78%，茎秆纤细，适口性极好，是优秀的中熟品种，粗蛋白质含量高达 25.2%，体外消化率 82.6%。具有完美的抗病能力，抗病指数（DRI）

30/30，对线虫及其他害虫的抗性表现卓越，能在多种土壤类型及气候条件下保持高产。

3. WL343HQ

WL343HQ 叶色深绿，叶量丰富，茎秆纤细，茎叶比低，适口性极好，在多年的消化对比试验中，始终名列第一，是迄今为止高品质苜蓿系列中最抗寒的品种之一。它再生性极快，恢复性极强，耐频繁刈割，在水肥条件良好的土地上种植，3 次、4 次和 5 次刈割均有很高产量；在极端的气候条件下，能表现出非凡的持久性；具有的超长营养生长期，可在长时间内保持很高的饲喂价值，种植此苜蓿品种，农牧民可更灵活地调整收割时间。WL343HQ 拥有超群的抗病虫害能力，抗病指数（DRI）30/30，能在多种土壤条件下保持高产。但在新疆地区试验表明，WL343HQ 抗倒伏性差，不适宜滴灌种植（毛新平等，2017）。

4. 中苜 1 号

中苜 1 号由中国农业科学院耿华珠、杨青川等育成，1997 年品种登记。原始亲本为保定苜蓿、秘鲁苜蓿、南皮苜蓿、RS 苜蓿及细胞耐盐筛选的优株杂交而成。株形直立，株高 80~100 厘米，主根明显，侧根较多，根系发达，叶色绿，花紫色和浅紫色。总状花序，荚果螺旋形 2~3 圈，耐盐性好，在 0.3% 的盐碱地上一般栽培该品种增产 10% 以上，耐旱，也耐瘠。

5. 准格尔苜蓿

准格尔苜蓿主要分布在内蒙古准格尔旗，是早期由陕北引入的苜蓿，栽培历史约 100 年。株型多为直立型，根系为轴根，主侧根区别明显，本品种早熟、抗寒、耐瘠薄、耐粗放经营，产草量中等，适宜于旱作栽培。据内蒙古大学环境生态学院罗冬等研究，种子萌发期抗旱性强弱排序为：内蒙古准格尔苜蓿>沙打旺>黄花草木樨>狭叶锦鸡儿。幼苗生长期：黄花草木樨>内蒙古准格尔苜蓿>狭叶锦鸡儿>沙打旺。总体评价为：黄花草木樨>内蒙古准格尔苜蓿>沙打旺>狭叶锦鸡儿。这充分表明准格苜蓿具有卓越的抗旱性能。

6. 草原 4 号

草原 4 号苜蓿是内蒙古大学特木尔布和等对 400 余份苜蓿原始材料进行抗虫性鉴定，选择优良无性系，并结合抗虫性和配合力测定组配基础群体，通过 3 次轮回选择育成的抗蓟马苜蓿新品种。该品种根直立，具有水平生长根；茎直立，有茸毛；叶为三出复叶，表面有茸毛；花紫色；荚果螺旋 2~3 回；千粒重 1.86~2.35 克。抗虫性强（为害系数为 0.26，虫情指数为 0.33）、抗旱、抗寒、耐瘠薄。粗蛋白质含量在 19% 左右。该品种在鄂尔多斯鄂托克旗试验表明，青干草产量明显高于草原 3 号、甘农 5 号等品种。因此，草原 4 号产量高，品质优良，最适宜在蓟马为害严重的地区种植。

7. 驯鹿

驯鹿是加拿大苜蓿新品种之一。花色为杂色，以紫色为主，抗寒性强，休眠级数 1 级，越冬性能和抗倒春寒能力出色，目前在我国北方寒冷地区表现最好。根系发达，根瘤多，能够更有效地改良土壤结构、增加土壤肥力；分枝多，覆盖能力强，能有效控制地表蒸发；适应性强，喜冷凉半干旱气候，能在降水量 250 毫米、无霜期 100 天以上的地区正常生长，能耐冬季低于-40℃的严寒，有雪覆盖时在-60℃的低温下可安全越冬；再生快、叶量丰富、草质柔嫩、产量高，在良好的生产管理条件下，鲜草产量 5 000~8 800 千克/亩；抗病虫能力强，对多种常见病虫害高抗。

五、栽培技术

苜蓿是一种优良牧草，从其单位面积干物质蛋白质含量来看，是玉米、小麦等作物的几倍甚至十几倍，如果通过家畜的转化，效益更高。从目前苜蓿种植面积及在农业中发挥的作用来看，苜蓿亦可称为饲料作物。合理而科学的田间管理为苜蓿的优质高产、延长草地的使用寿命奠定了坚实的基础。

（一）选地

选择土层深厚、土壤肥沃、盐碱适中，有灌溉设施，以达到苜蓿高产稳产的目的。大面积建设优质高产的苜蓿人工草地时，为适合机械播种和收获，应尽可能选择平坦、开阔的土地。如果在坡地种植，坡度应在 15°以下，否则不利于机械作业。前茬苜蓿地不宜连作。由于苜蓿不耐涝，所以地下水位的深度应在 1 米以下，以防止地表积水导致苜蓿烂根死亡。

（二）整地与底肥

苜蓿种子细小，没有良好的整地质量，就没有良好的播种质量。土壤耕作有利于改良土壤耕作层的结构，保持和恢复土壤的团粒结构，增加土壤有机质，提高土壤肥力；有利于苜蓿种子萌发，消灭杂草和病虫害。

1. 地表杂物清理

地表杂物清理主要清除淘汰林地的树桩和树根，退化草地和荒地的灌木丛、杂草、沙地和耕地表面的石块、塑料薄膜和作物根茬等，对影响以后机械作业的凹凸不平的地段进行平整，尤其是多年生杂草的根系必须彻底清除，这是保证种植成功的先决条件。前茬杂草较多的地块，应采取措施进行杂草防除，可采用机械法、生物法、严重时可采用化学法。

2. 基肥施用

苜蓿以施基肥为主，适当搭配化学肥料。各种厩粪、堆肥、灰土粪肥等都可施用，每亩施有机肥 2 000~3 000 千克。苜蓿对土壤中的营养元素的需求量很大，生产 1 吨青干草，需氮 12.5 千克，磷 3.5 千克，氧化钾 12.5 千克。为促进苜蓿初期生育旺盛，获得高产，每亩增施过磷酸钙 10~12 千克、硫酸钙 0.3~1 千克，将有机肥和磷肥均匀撒施在地表，然后翻入耕作层。

3. 耕翻土地

苜蓿种子细小、苗期生长缓慢，容易受到杂草为害，因此，整地务必要精细，才能为苜蓿的出苗、生长、发育创造良好的土壤条件。苜蓿属深根性植物，宜深耕翻，一般深度为 20~30 厘米。黏重的土壤应深翻、粉沙土壤或沙壤土应浅翻，深翻深度 30 厘米，浅翻深度 15 厘米。

4. 耙地

耙地的主要作用是将刚耕过的土地耙平，耙出杂草根茎，以利于保墒，为播种创造良好的地面条件。此外，在每年春季苜蓿返青前，可进行耙地，以改善土壤水分、养分和空气状况，促进新生枝条的苗壮成长。耙地的主要工具是钉齿耙和圆盘耙。

5. 耱地

耱地的主要作用是平土、碎土和紧土。在干旱地区的耱地有减少地面蒸发和蓄水保墒的功能。播种后耱地，有覆土和轻微镇压保墒作用，利于出苗。

6. 镇压

镇压土地，起到压碎大土块和压平土壤的作用。播前镇压，可以增加土壤的毛管空隙，使底层水分上升到表层，供给种子发芽利用。若土壤耕翻后立刻播种，由于土壤耕层疏松，容易出现土壤覆土过深或因种子发芽后发生"吊根"现象，致使种苗枯死。播后镇压，则可使种子与土壤紧密接触，吸收水分，有利于发芽和生根。在实际生产中，镇压到成人踩上去脚印深度为 1~1.5 厘米为适宜；如墒情较差，喷灌浇水自然渗水 2~3 天后，开始播种，起到类似镇压作用。

（三）播种

1. 种子处理

（1）晒种。苜蓿种子有 10%~30% 为硬实种子，影响其发芽率。处理方式主要是擦破种皮或变温。国产地方品种播前晒种 3~5 天，或放入 50~60℃的温箱内处理 15 分钟至 1 小时，以提高发芽率。

（2）接种根瘤菌。在从未种过苜蓿的土地播种时，要接种苜蓿根瘤菌。常用的根瘤菌接种方法有根瘤菌剂拌种和制成丸衣种子进行播种。根瘤菌剂拌种只需在播种前按规定用量制成菌液洒在种子上，充分搅拌均匀，随拌随播即可。无菌剂时，用老苜蓿地土壤与种子混合，比例最少为 1 : 1。

（3）药剂拌种。苜蓿苗期易遭金针虫、蛴螬、地老虎、蝼蛄等地下害虫为害。可用 50%辛硫磷乳剂，按 1.5 : 500 的比例均匀拌种。

2. 播种时期

苜蓿种植有较为严格的季节性，应选择适宜的播种时期。按照播种的季节不同，可分为春播、夏播和秋播。

（1）春播。利用早春解冻后的土壤水分，在地温达到发芽温度时，立即抢墒播种，出苗较好。为了保证苜蓿的播种成功，应选择春季气候条件稳定、水分条件较好、风害小而田间杂草较少的地块。春播的缺点：春季气温低而不稳定，降水量少，蒸发量大，气候干燥，而且风大风多，播种后极易被风吹蚀，不利于抓苗保苗。

（2）夏播。夏季气温较高而稳定，6—7 月雨热同期，对苜蓿的出苗和生长极为有利。鄂尔多斯地区一般采用夏播，播种时间 5 月下旬至 7 月下旬。不过从近年来实践看，6 月下旬为最佳播种时间，此时播种有三方面优势：一是可以躲避风沙，一般来说，鄂尔多斯地区 6 月中旬左右大风基本就没有了；二是此时大部分杂草已发芽生长，通过耕翻土地，可以很好的除去杂草，减少杂草防除成本；三是 6 月下旬后，雨季基本到来，能够节约灌溉成本。

（3）秋播。秋季不太寒冷，越冬前株高可达 10~15 厘米的地区可秋播，秋季墒情好，杂草为害较轻。一般来说，要留出 60 天以上的生长期，才能保证安全越冬。在鄂尔多斯地区，7 月以后播种会造成难以越冬。

3. 播种方式

（1）条播。条播是苜蓿播种最常用的播种方式，使用苜蓿专用播种机，传统苜蓿播种行距 30 厘米，现在用 25 厘米或 12.5 厘米，深度 1~2 厘米。

（2）撒播。使用苜蓿专用撒播机，将苜蓿种子均匀的撒播在地面，镇压。

（3）混播。混播不仅生长良好，提高产量，还增强饲料品质。苜蓿与禾本科牧草混播建立人工草地，可采用同行、间行或交叉播种。

（4）保护播种。保护播种是在一年生作物保护下播种苜蓿。目的是充分利用一年生作物生长快的特点，使苜蓿在幼苗期免遭风蚀，并提高土地利用率。当一年生作物收获后，苜蓿迅速生长起来。

（四）田间管理

1. 杂草防除

播种后，出苗前，如遇雨土壤板结，要及时除板结层，以利出苗。苗期生长十分缓慢，易受杂草为害，大面积种植要用除草剂在芽前封闭，芽后补漏。一般播后施用除草剂可防80%的杂草，出苗后再次施用除草剂可有效杀灭杂草。小面积可人工中耕除草1~2次。

2. 施肥灌溉

播种后，要根据生长及干旱情况及时施肥浇水。二年以上的苜蓿地，每年春季萌生前，清理田间留茬。基肥，整地时施用腐熟的粪肥每亩2吨或过磷酸钙15千克。种肥，播种时施用磷酸二铵每亩10千克和硫酸钾10千克。追肥，分枝期施尿素每亩20千克，孕蕾期施磷酸二铵每亩10千克和硫酸钾10千克。叶面肥，将一些微量元素制成液体肥料喷施在苜蓿叶片上，如利用0.5~2.0毫克/千克钼酸铵溶液喷施，可提高产量15%~30%。研究表明，随灌水量的提高，沙地苜蓿人工草地总产量呈逐渐增加的趋势，增幅随灌水量增加而逐渐减少；10~50厘米土层土壤含水量是影响苜蓿草产量的主要因素，且灌水量超过一定范围其增产效果并不显著（朱铁霞等，2017）。因此，沙地苜蓿灌水要"多量少次"，保证每次灌水深度达到苜蓿根系集中分布层，这样能够有效提高水分利用率和苜蓿草产量。

3. 越冬管理

苜蓿种植成功后，安全越冬问题一直是困扰北方大部分种植者难题之一。播种当年，在生长季结束前，刈割利用一次，植株高度达不到利用程度时，要留苗过冬，冬季严禁放牧。

苜蓿的越冬风险取决于两方面的因素：一类是不可控的，包括积雪量和土壤温度；另一类是可控的，包括苜蓿品种的选择，土壤肥力状况，土壤水分，收获安排，苜蓿株龄和留茬高度等。我们将可控的风险尽可能降到最低，才能提高苜蓿在冬季抵御不可控风险的能力。水分是调节植物生理代谢的重要因子，植物的生长与根系从土壤中吸收的水分密切相关，研究表明土壤含水量影响苜蓿的越冬率，所以浇封冻水是苜蓿安全越冬的关键措施。浇封冻水一是保证越冬期苜蓿充足的水分供应，兼有冬水春用，防止春旱的作用；二是有效地缩小田间土壤温度骤变，防止因温度剧烈升降造成的冻害；三是可以踏实土壤，弥补裂缝，消减越冬害虫；四是对盐碱地起到压碱的作用，减轻土壤盐碱化。鄂尔多斯地区一般冬灌应在 10 月底进行，应深灌，以 60~80 厘米为宜。具体要看以下两点。一是看天。俗话说：不冻不消，冬灌太早；只冻不消，冬灌晚了；夜冻日消，灌水正好。浇水过早，气温偏高，蒸发严重，不能起到蓄水保墒的作用，还会引起苜蓿生长，消耗根部贮存的养分，对苜蓿越冬不利；浇水过晚，不利于水分下渗，地面容易积水结成冰壳，对苜蓿不利。冬灌适宜的时间为日平均气温稳定在 3℃ 左右。二是看地。结合土壤水分情况，如果土壤水分充足，则适当补充水分即可，如果土壤较旱，则需多浇水。可通过测量 5~20 厘米土层含水量的方法确定，当沙土 5~20 厘米土层含水量低于 13%、壤土低于 15%、黏土低于 17% 我们判断土壤墒情不足，即需进行冬灌，高于上述指标则要缓灌或不灌。

（五）病虫害防治

苜蓿病虫害较多，常见病虫害有霜霉病、锈病、褐斑病等。一经发现感染病虫害，以马上刈割为宜。此外，可选择一些抗病虫害品种，如我国抗蚜虫品种甘农 5 号，抗蓟马品种草原 4 号等；也可用药剂防治（表 3-1）。

1. 苜蓿常见的病害

（1）褐斑病。褐斑病由苜蓿假盘菌引起，主要症状是叶片具褐色、圆形病斑，病斑大小为 0.5~4 毫米。发病后期病斑上有黑褐色的星状增厚物。

（2）锈病。苜蓿锈病对苜蓿的产量和品质影响很大，病草含有毒素，家畜采食后会引起慢性中毒。植株地上部分均可染病，但以叶片为主；染病后叶片两面产生小的近圆形褪绿疱斑，最初为灰绿色，以后表皮破裂，露出粉末状孢子堆；病叶常皱缩并提前脱落。防治方法：使用抗病品种，增施磷肥、钾肥，合理灌溉。

（3）白粉病。白粉病在温暖干燥的气候条件下发病严重，染白粉病的苜蓿还有毒性，影响家畜采食、消化及健康。症状：叶、荚、荚果、花柄等地上部分均可出现白色霉层，最初为蜘蛛丝状小圆斑，后来扩大增厚并呈白粉状，后期霉层内出现许多黄色、橙色至深褐色小点。防治方法：使用抗病品种，冬季进行耙地、焚烧等措施减少田间残体，不多施氮肥，适当增施磷肥、钾肥。

（4）霜霉病。症状：叶片背向卷曲并出现不规则、边缘不清的浅黄色病斑，严重时病叶坏死腐烂；病株节间缩短、褪绿，明显短于健康植株；病株整个矮小枯萎，不能开花结实，严重时坏死腐烂。防治方法：选用抗病品种，春季返青后及时铲除病株，合理灌溉，及时排涝，避免草层中空气相对湿度过高。

（5）根腐病。苜蓿根腐病是苜蓿的毁灭性病害，它由真菌引起，产生的主要病害由腐霉根腐病和疫霉根腐病。发病植株的主根在不同深度处发生腐烂，根部的病处最初为浅黄色，后来变深并有浅黄色边缘；当腐烂进展到根冠部时，植株停止生长，叶片变黄，最后整个植株变黄。防治方法：选用抗病品种，栽培管理的重点在于排水。

表3-1　常见苜蓿病害防治药剂

病害种类	药剂防治
褐斑病	多菌灵、代森锰锌、百菌清；病重时用醚菌酯、氟硅唑乳油
锈病	三唑类杀菌剂
白粉病	三唑类杀菌剂、甲基硫菌灵等
霜霉病	代森锰锌、三乙膦酸铝、百菌清等
根腐病	零星发生可用立枯灵、百菌清、甲基硫菌灵等灌根
夏季黑茎与叶斑病	百菌清、代森锰锌、甲基硫菌灵、多菌灵等
黄萎病	加强种子检疫；施用阿西米达、甲基硫菌灵、苯莱特等
炭疽病	百菌清、代森锰锌等

资料来源：张静妮博士讲义。

2. 苜蓿常见虫害防治

虫害主要有蚜虫、蓟马、叶蛾、盲蝽、叶象甲、蛴螬等，以农艺措施防治为主，必要时药剂喷施防治（表3-2）。

表3-2　常见苜蓿虫害防治药剂

虫害种类	药剂防治
蚜虫	苦参碱、吡虫啉、苏云金芽孢杆菌、鱼藤酮
蓟马	氯氰菊酯、低毒氨基甲酸酯类杀虫剂
叶蛾	苏云金芽孢杆菌、虫酰肼、甲基阿维菌素、高效氯氟氰菊酯
盲蝽	异丙威、甲萘威
叶象甲	高效氯氟氰菊酯、溴氰菊酯、毒死蜱等药剂

资料来源：张静妮博士讲义。

六、收获

在苜蓿生产中，刈割是一个技术含量较高的生产环节，不仅直接关系到当年收获青干草的数量和质量，而且也间接影响到以后草地生产力水平的维持与提高。苜蓿收获过早产量低，收获过晚品质差，又都影响新芽的形成和根中营养物质的积累。这是造成植株退化的重要原因之一。青刈利用以在株高 30~40 厘米时开始为宜，早春掐芽和细嫩期刈割减产明显。调制青干草的适宜刈割期是现蕾期到初花期，花开了 10% 左右最佳（图 3-1，表 3-3）。无灌溉条件，雨养草业，在正常年份收获 2 次；有灌溉条件，田间管理水平高，收获 3 次；有灌溉条件，高效的田间管理，收获 4 次；当年苜蓿种植早，可收获 2 次，晚种不能收获。春、夏刈割留茬 3~5 厘米，利于苜蓿的再生；但干旱和寒冷地区秋季最后一次刈割留茬高度应为 7~8 厘米，以保持根部养分和利于冬季积雪，对越冬和春季萌生有良好的作用。秋季最后一次刈割应在生长季结束前（即霜冻前）20~30 天结束，过迟不利于植株根部和根茎部营养物质积累，难以越冬。

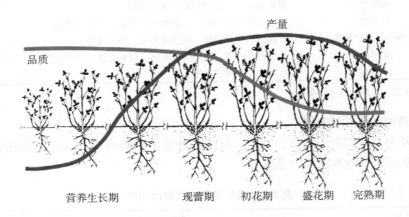

图 3-1 苜蓿植株生长情况

表 3-3 苜蓿生长发育过程中营养成分的变化　　　　单位：占干物质%

生育期	粗蛋白质	粗脂肪	粗纤维	无氮浸出物	粗灰分
营养期	26.1	4.5	17.2	42.2	10.0
现蕾期	22.1	3.5	23.4	41.4	9.6
初花期	20.5	3.1	25.8	41.3	9.3
盛花期	18.2	3.6	28.5	41.5	8.2
花后期	12.3	2.4	40.6	37.1	7.6

七、利用

（一）青饲

苜蓿营养丰富，用于青饲，具有增重快、产奶量高、饲喂效果好的特点。若蛋鸡每天饲喂 60~80 克鲜苜蓿，则生长快，发病少，蛋黄鲜黄，商品价值高。架子猪每天饲喂 2~3 千克，成年猪 4~6 千克，母猪 6~8 千克鲜苜蓿，则生长快，泌乳多，发病少。试验表明，苜蓿鲜草和青饲玉米代替部分精料饲喂泌乳奶牛，可显著提高奶牛的适口性和采食量，进而提高产奶量和乳品质（崔蕾等，2012）。切碎或粉碎苜蓿也适合饲喂鸡、鸭、鹅、兔和草鱼等，效益很高。反刍家畜应避免在饥饿状态时采食苜蓿，饲喂前要先喂以燕麦、苏丹草等禾本科青干草，否则易得膨胀病。奶牛围产期要停喂苜蓿，以免加重乳房水肿。

（二）青贮

苜蓿青贮可以解决其在调制青干草过程中叶片脱落和雨淋造成的营养损失，并且具有柔软多汁、气味芳香、适口性好的特点。但是苜蓿可溶性碳水化合物含量低，缓冲能较高，表面附生的乳酸菌较少，常规方法难以调制出优质青贮饲料。苜蓿青贮过程中蛋白质会降解产生大量的非蛋白氮，非蛋白氮虽能被反刍家畜利用，但与蛋白氮相比，其利用率还是比较低。为了调制出品质、适口性、消化率更好的苜蓿青贮饲料，学者进行了大量研究。在原来传统酸类添加剂青贮的基础上研制出了乳酸菌制剂和纤维素酶制剂等生物添加剂青贮技术。如：侯建建等（2016）研究表明，干酪乳杆菌与植物乳杆菌复合处理的苜蓿青贮品质更好，复合菌能保护更多的真蛋白不被降解。这些青贮技术显著提高了苜蓿青贮效果和品质。目前苜蓿青贮技术主要分为半干青贮、拉伸膜裹包青贮、添加剂青贮、混合青贮四种，青贮方式向作业效率高、发酵速度快、青贮效果好、易于运输的方向发展，青贮过程和取用也日趋机械化和自动化。

（三）青干草调制

苜蓿用于调制青干草，是传统的苜蓿利用方式。调制过程中，伴随着一系列复杂的生理、生化过程，植物的营养成分会有一些损失。通常干燥速度越快，蛋白质保存率越高。当干燥速度在 2 小时以内时，蛋白质保存率在 95% 以上；当干燥速度为 72 小时，蛋白质保存率为 70% 左右，即蛋白质含量可占干物质的 17% 左右。所以在苜蓿刈割后，要尽可能缩短干燥时间，并避免雨淋，同时减少干燥过程中的机械损失，从而获得高质量的苜蓿青干草。在苜蓿青干草调制过程中，因干燥引起的叶片脱落是影响青干草质量的重要原因，通常青干草打捆时的茎秆含水量为 17%~18%，才能保证安全贮藏，但又容易造成叶片脱落。若采用营养锁定剂，可在含水量 22%~25% 时打捆安全贮藏，使叶片的损失大大减少，保证青干草品质。试验证明，采用调制青干草型营养锁定剂调制的青干草粗蛋白质含量可达 20.4% 以上，增加可消化营养 15.3%，提高干物质消化率 11.7%（唐好文，2014）。

第二节　沙打旺

沙打旺，学名斜茎黄耆，别名直立黄芪、麻豆秧、薄地强、苦草，系豆科黄芪属多年生草本。沙打旺适应性很强，适于在瘠薄山区、沙荒地或盐碱地种植。沙打旺经济价值高，粗蛋白质占干物质的 15%~16%，饲用价值仅次于苜蓿，为干旱沙土地区的主要饲草。同时，沙打旺根系发达、枝叶繁茂，覆盖度大、生长迅速，有储水保土，减缓径流等作用，是非常卓越的水土保持植物。

一、形态特征

沙打旺主根粗长，入土深 2~4 米，侧根和支根发达，主要分布于 30 厘米的土层内，根幅达 150 厘米左右，根部着生大量根瘤。主茎不明显，圆硬中空，幼时脆嫩，老时木质化。株高 1.5~2 米。奇数羽状复叶，长 6.8 厘米，小叶 7~27 枚，长椭圆形，全缘。叶与茎上有"丁"字形白茸毛，这是沙打旺重要特征之一。总状花序，腋生，小花蝶形，数十个密集短穗。花紫色或蓝紫色，总花梗长 5~10 厘米。荚果矩形竖立，端喙向下弯，子房二室，内含种子 10 多粒。种子肾形，千粒重 1.5~2 克。

二、适应性

沙打旺适宜生长的平均温度为 8~15℃，属中旱性植物，在生育期天数少于 150 天的地区不能正常开花结籽。沙打旺对土壤要求不严格，从沙土到碱性土壤都能适应，pH 值 6~8 均可正常生长。据试验证明，在土壤 30 厘米耕地层含盐量为 0.68%~0.7% 的情况下，沙打旺田间出苗率可达 85% 以上。沙打旺不耐湿，不抗涝，在低温、潮湿、排水不良和黏重土壤不宜生长，积水易使根腐烂致死。沙打旺抗寒能力很强，幼苗与成株在生长期间能忍受 -4~-3℃ 的低温，播种当年，幼苗生长 4 片真叶时，能在 -30℃ 气温下安全越冬，成株能在 -37℃ 的地区安全越冬。沙打旺抗风沙能力强，有报道称，1976 年在吉林省白城地区，5 月中旬遇到少有的大风，最大风力达 10 级，延续 10 余天，萌发的沙打旺幼苗被风沙覆盖 3~5 厘米，但风停后逐渐露出地面继续生长。

三、栽培技术

（一）整地

一般来说，沙打旺在丘陵地带，风沙多的地带都能种植。沙打旺种植几年后才能耕翻，故播前应深耕，种子比苜蓿种子还小，应精细耕地，确保土壤疏松细碎。荒地上进行飞播时，也应先将地面耕耙处理，便于落种出苗。

（二）播种

1. 播期

沙打旺一年四季均可播种。在鄂尔多斯地区可在春末和夏初下过透雨之后播种。春旱严重时，以早春顶凌播种为好，此时墒情好，容易抓苗；由于沙打旺抗寒，更适于秋播，但秋播时间不应晚于 8 月下旬；也可冬播，"寄籽播种"效果很好，在冬初地面开始结冰时播种。

2. 播种方式

沙打旺种子细小，播种方式为条播、撒播和点播。一般多采用条播，行距为 30 厘米，播深 1~2 厘米，镇压，播种每亩 0.5~1 千克。沙打旺与无芒雀麦、披碱草、牛尾草等禾本科牧草混播，每亩用种子 0.5 千克、禾本科牧草种子 0.75~1 千克，以 1:1 或 2:1 的比例隔行间播；沙打旺还可以采用在保护作物下播种的方法，其保护作物的播种量通常减少 10%~20%。保护作物通常有谷子、糜子、小麦、油菜等作物间播，可抑制杂草，防止冻害等。

大面积播种适合飞播。当天气预报将要有几天连续阴雨时即可飞播，多在雨季进行。沙打旺种子在地面上落种后，因刮风或雨点冲击泥土都能有覆土作用。在气温 30~35℃，水分充足的情况下，种子 2~3 天即可发芽生根，3~4 天成苗。飞播一架次可播 350 公顷，每公顷用种 3~4 千克，1 平方米可落种 140~180 粒。对飞播的种子进行丸衣化处理，既能使萌发的种子耐受阳光照射，提高出苗率，又能使植株生长旺盛。

（三）田间管理

1. 杂草防除

沙打旺幼苗生长缓慢，容易被杂草抑制，在苗齐之后，要进行除草 1 次。在雨季前播种时，应随深翻一并除草，既省工又省时。生育期可用除草剂防治杂草，若有稀疏的高大杂草（如苍耳、灰菜），也可人工拔除。

2. 施肥灌溉

通常情况下，贫瘠的土地可以每亩施农家肥1 500~2 000千克，将农家肥深翻到底层作为底肥。沙打旺系豆科植物，苗期可适当追施尿素等氮肥，北方地区生长期、刈割后一般只施磷肥即可，每亩施磷肥7~10千克，以确保其高产稳产。另外，沙打旺地如有积水，应注意及时排水。植株生长期间，注意防治病虫害，及时采用药剂处理。

四、收获

刈割时留茬高度对产量有一定影响，留茬高度以5~10厘米为宜。一般可生长4~5年，干旱地区可达10年以上。沙打旺开花结实参差不齐，种子成熟不一致，且易落粒，应注意适时采种，当茎下部呈深褐色时即可采种，生育期2~3年。

五、利用

（一）饲用

沙打旺饲喂家畜，膘肥体壮，生长速度快。沙打旺营养生长期长，植株高大，叶量丰富，占总重量的30%~40%，产草量高于一般牧草，亩产鲜草2 000~6 000千克。鲜草含干物质26%，粗蛋白质3.9%，粗纤维6.1%。沙打旺幼嫩时适口性好，营养丰富，家畜习惯其口味后，可用嫩茎叶打浆喂猪，可青割饲喂牛、羊、兔等，饲喂时可混拌一些禾本科青草。沙打旺含有硝基化合物，青饲对单胃动物有弱毒性，要注意饲料合理搭配，控制喂量，以免引起中毒，而牛、羊等反刍动物一般不会中毒，不会发生膨胀病。沙打旺调制青贮料以花前为宜，混合一些青刈玉米进行混合青贮，既可提高适口性，又能提高青贮质量。沙打旺调制青干草适宜收割时期在9月中旬的盛花期，此时粗蛋白质和粗脂肪含量较高，雨季已过，气候干燥，割倒后平铺地上晾晒，1~2天后集小堆风干，可保持绿色。

（二）其他用途

沙打旺是良好的水土保持植物，植株高大，枝叶茂盛，地面覆盖度大，能大大减轻雨水对地面的冲刷和地表径流，保水固沙作用是其他植物无法比的，是北方水土流失地区恢复植被、减轻和控制水土流失的先锋植物。此外，沙打旺花期长，花粉含糖丰富，是一种优良的蜜源植物。特别在秋季，沙打旺的花仍十分繁盛，可供蜂群采集花粉，为蜂群源源不断提供蜜源。

第三节　草木樨

草木樨为豆科草木樨属一年生或二年生草本植物。国内外栽培最广泛的有白花草木樨和黄花草木樨两种。草木樨属于深根性植物，根系发达，植株繁茂，覆盖度大，是防风固沙、保持水土的先锋植物。它还可以抑制杂草生长、增加土壤肥力、改良土壤结构，是优良的绿肥作物。草木樨作为饲用作物被广泛栽培，各种家畜喜食，营养丰富，因而被称为"宝贝草"。

一、形态特征

草木樨根系粗壮发达，根瘤丰富，入土深，主根深达 2 米以上。茎直立，圆柱形，中空，有淡清香味，多分枝，高 50~120 厘米，最高可达 2 米以上。羽状三出复叶，小叶椭圆形或倒披针形，长 1~1.5 厘米，宽 3~6 毫米，先端钝，基部楔形，叶缘有疏齿，托叶条形。总状花序腋生或顶生，长而纤细，花小，长 3~4 毫米，花萼钟状，具 5 齿，花冠蝶形，黄色，旗瓣长于翼瓣。荚果卵形或近球形，长约 3.5 毫米，成熟时近黑色，具网纹，含种子 1 粒。

二、生长习性

草木樨主要靠种子繁殖，喜欢生长于温暖而湿润的沙地、山坡、草原、滩涂等地。一年生的草木樨，当年即可开花结实，完成其生命周期；二年生的草木樨，当年仅能处于营养期，翌年才能开花结实，完成其生命周期。草木樨为直根系草本植物，其茎部芽点不多，分枝能力有限，而大量的芽点分布于茎枝叶腋，因此刈割留茬不宜太低，一般留茬以 15 厘米左右为好，每年可刈割 2~3 次。

三、适应性

草木樨对土壤的要求不严，从沙土到黏性土，从碱性土到酸性土，都能很好地适应，所适应的 pH 值范围为 4.5~9；耐寒、耐旱、耐高温和耐土壤贫瘠的性能都很强，在冬季最低温-40℃和夏季最高温 41℃的情况下，都能顺利地度过。

四、栽培技术

（一）选地与整地

草木樨适应性强，一般土壤都能适应，性喜阳光，最适于在湿润肥沃的沙壤地上生长。草木樨种子小，顶土力弱，整地要求精细，地面要平整，土块要细碎，才能保证出苗快，出苗齐。

（二）种子处理

草木樨种皮厚，硬实率达 40%~60%，播种前应进行种子处理。种子处理可通过机械脱去或擦破种皮，利于种子吸水，提高其发芽率和出苗效果。也可冬播，模拟其天然情况下克服硬实的方式，种子经过冬季，使种皮腐烂，翌年春季出苗整齐一致。

（三）播种

1. 播期

草木樨既可春播、夏播，亦可冬季寄籽播种。春播一般气温稳定在 14℃以上即可播种。春播可在 4 月上旬至 5 月下旬；夏播可在雨后抢种，但也不能晚于 7 月初。春播易受到荒草的为害，夏播时墒情好、通过耕翻后杂草少，有利出苗和实生苗的生长。冬季寄籽播种较好，既可省去硬实处理，又不争劳力，翌年春季出土后，苗全苗齐，且与杂草的竞争力强，可保证当年的稳产高产。

2. 播种方式

草木樨播种可采用条播、穴播和撒播。条播行距 20~30 厘米为宜，穴播以株行距 26 厘米为宜，条播播种量为 0.75 千克/亩，穴播为 0.5 千克/亩，撒播为 1 千克/亩。为了播种均匀，可用 4~5 倍于种子的沙土与种子拌匀后播种。草木樨种子小，应浅播，以 1.5~2 厘米为宜。

（四）田间管理

1. 杂草防除

草木樨的幼苗较为细弱，生长缓慢，易受草害，因此要及时除草，一般当生长出第一片真叶时要除草，当苗长至 5~6 厘米和 10~15 厘米时进行第 2 次和第 3 次除草。

2. 施肥灌溉

草木樨耐贫瘠，肥力中等以上田块可不施肥，如土壤肥力较低，应以农家肥为主，适当施有机肥，可提高产量。在苗高 13~17 厘米时，结合中耕除草每亩施 20 千克的磷肥，效果会更好，可使苗壮苗均。夏草收割后，结合施钙镁磷肥，及时灌水，促进生长，增加产量。

五、收获

草木樨收获时要根据用途不同而选择不同的收获方式。当用作青饲、青贮、调制青干草和制作草粉时，一般选择在现蕾期前后收获最佳，最迟也不要超过初花期，否则会使饲料的适口性变差，营养成分含量降低，饲用价值变差。收割后要及时饲喂或妥善保存，以防霉变。因草木樨种子成熟具有不一致性，收获种子可在其成熟 1/3 时采收，或者在下部的荚果 65%~70% 颜色变为暗绿色时收获。收获最好选择早晚有潮气时进行，以防荚脱落。收获后要在天气晴朗时放在阳光下后熟几天，如果遇阴雨天，要尽早脱粒。

六、利用

（一）青饲

草木樨是发展草地畜牧业的优质牧草，草木樨开花前，茎叶含有丰富的营养物质，幼嫩柔软，马、牛、羊、兔均喜食。草木樨产量高且利用价值大，所含的总能、消化能、代谢能和可消化蛋白，在豆科牧草中也都是比较高的，是一种良好的蛋白质饲草。实际生产中可与燕麦、谷草等混合饲喂，以提高其适口性和饲喂效果。据研究，用草木樨喂羊，油汗足，掉毛少，羔羊健壮，成活率高（马丽，2005）；将草木樨加工调制后采用青草喂牛、羊、猪、兔等均可取得显著效益（表3-4）。

表3-4　草木樨营养成分　　　　　　　　单位：占干物质%

青饲材料	粗蛋白质	粗脂肪	粗纤维	无氮浸出物	粗灰分
白花草木樨	18.96	3.47	32.94	37.49	7.69
黄花草木樨	19.20	2.80	33.87	36.57	7.23
草木樨种子	41.30	5.50			

（二）青贮

草木樨青贮后，可大大提高其适口性。生产中一般与其他禾本科牧草混合青贮，可有效改善其品质，降低纤维素含量。据研究，草木樨与苏丹草、燕麦等混合青贮粗蛋白质含量达到 18.84%，其消化率达到 79.7%。在生产实践中应用草木樨时，应正确认识其饲用价值，着重在提高适口性方面采取适当措施，科学利用，促进草木樨的饲喂转化效率，避免资源浪费和对畜牧业生产造成损失。

（三）调制青干草

草木樨虽然具有较高的营养价值，但是草木樨枝叶少，茎秆易于木质化，含有香豆素，其适口性及消化率均较低，导致其潜在的饲用价值不能充分发挥。为发挥其饲用价值，提高饲用转化率，保证草木樨在品质和产量达到最佳，适时收获，加工调制成青干草并与其他饲料相搭配饲喂，可达到营养互补，消除苦味，提高适口性的效果。

（四）其他用途

草木樨除具有很高的饲用价值外，还是一种蜜源植物，泌蜜期约 20 天，泌蜜温度 25~30℃。草木樨泌蜜量大，产量稳定，一般每 5 亩可放蜂一群，产蜜 20~40 千克；人工种植并有灌溉条件的草木樨，一个花期可取蜜 7 次。草木樨的蜜粉丰富，蜂群采完后，群势能增长 30%~50%。在中草药中，草木樨为正宗"辟汗草"，其功能是清热解毒，杀虫化湿，主治暑热胸闷、胃病、疟疾、痢疾、淋病、皮肤疮疡、口臭和头痛等多种病症。草木樨的根能清热解毒，主治淋巴结核。

第四节　中间锦鸡儿

中间锦鸡儿系豆科旱生落叶灌木，主要生长在半固定和固定沙地、黄土丘陵，与柠条锦鸡儿和小叶锦鸡儿相似，但从生态条件及地理分布上看，又与二者有区别。中间锦鸡儿分布在荒漠化草原地带，适合荒漠化草原地带固沙造林、水土保持和荒山绿化；柠条锦鸡儿分布在荒漠和草原化荒漠地带，适合于荒漠和草原化荒漠地带固沙造林；小叶锦鸡分布在草原地带，适合于草原地带沙区生态环境，所以东北地区固沙造林多选用小叶锦鸡儿。

中间锦鸡儿适于沙砾质土壤，在基部可聚集成风积小沙丘，具有耐寒，抗旱防风，耐贫瘠的特点，是治理荒漠草原的先锋植物。它在饲料、燃料、肥料和纺织、医药等领域均有较高的利用价值。内蒙古农牧科学院草原研究所多年驯化的鄂尔多斯中间锦鸡儿，于2010年已被全国牧草品种委员会登记为野生栽培品种，在内蒙古建成良种繁育田1 000公顷，现推广面积达10万余公顷，已成为生态建设和草业生产的主要品种之一。

一、形态特征

中间锦鸡儿，轴根性，根系发达，垂直根2米，深者达4米；侧根也较发达。枝高0.7~1.5米，老枝黄灰色或灰绿色，幼枝被柔毛。长枝上的托叶宿存并硬化成针刺状，叶轴脱落；有小叶3~8对，呈羽状排列，椭圆形或倒卵状椭圆形，长3~8毫米，宽2~3毫米，先端圆或锐尖，很少截形，有短刺尖；基部宽楔形，两面密被绢状柔毛，有时上面近无毛；叶轴长1~5厘米。花单生，长20~25毫米；花梗中部以上有关节，很少在中下部；花萼管状钟形，密被短柔毛，萼齿三角状；花冠黄色；旗瓣宽卵形或近圆形，瓣柄为瓣片的1/2，翼瓣长圆形，先端稍尖，瓣柄与瓣片近等长，耳不明显；子房披针形，无毛或疏生短柔毛。荚果披针形或长圆状披针形，扁、革质，长2.5~3.5厘米，宽5~6毫米，腹缝线凸起，顶端短渐尖。花期5月，果期6月。

二、生长习性

中间锦鸡儿种子成熟落地后，遇雨一般6~7天发芽出土。地上部分在幼小时生长缓慢，后期生长迅速。幼苗在第一、二年都属于营养期，此期主要生长根系，地上部分生长极为缓慢。第三年生长迅速，开始大量分枝，形成枝叶茂密的灌丛，条件好可开花结果，但一般均要在第四年以后才开始盛花。

中间锦鸡儿虽对水分的要求不严格，但在种子萌发和苗期必须有一定的水分条件。发芽早，落叶迟，在鄂尔多斯地区，4月中旬开始生长，5月中旬开花，6月开始结果，7月上中旬种子成熟，种子成熟后即爆裂，采种子要掌握这一规律，及时采种。11月上旬落叶，从萌芽到落叶经200天左右。生长量最大是5—7月，8月生长少，9月以后停止生长。

中间锦鸡儿为旱生灌木，主要生长在荒漠草原带、青干草原带的西部地区，枝条萌蘖能力强，生长旺盛，不耐涝，水分过多反而生长不良。其对土壤要求不严，轻微沙埋可促进生长，产生不定根，形成新植株；根系入土深度与生境、植株年龄有密切关系，一般株丛大的，根系入土深；生境干旱，地上部分较矮，枝条稀疏，根系入土也较深。其寿命长，一般在20年以上。

三、栽培技术

(一) 播种

中间锦鸡儿在丘间低地的沙质壤土和沙漠荒滩都能种植，直播、移栽均可建植，也可撒播、点播及免耕播种，大面积建植以直播为好。

1. 直播

直播在春、夏、秋季都可进行，但以春季抢墒播种或雨后抢墒播种最好，尤其在6—7月的雨季播种效果最佳，此时温度高，土壤水分充足，种子顶土快，有利于出苗。秋播时，不得迟于8月中旬，过迟不利幼苗越冬。沙地上不需要整地，在黏重土壤上需整地。条播行距1.5~2米，每亩播种1~1.5千克，播深3厘米，播后及时镇压，以利抓苗。据鄂尔多斯多年种植经验，飞播后用羊群踩踏覆土，在表土疏松，缓坡地段用树梢或其他器物拉划覆土，同样能起促进发芽出苗的作用。在丘陵沟壑地区直播时，可视地形情况，于上年秋季采用水平台、鱼鳞坑或小穴整地，距离2~3米，鱼鳞坑、小穴距离1~2米。

2. 育苗移栽

育苗应选择地势平坦、排水好、地下水位适中沙质轻壤土。育苗前一年，结合深耕整地施足底肥，并进行冬灌，第二年春季抢墒播种。育苗苗圃采用开沟条播的方式，沟宽10厘米左右，行距20~30厘米，播种量15~20千克/亩，覆土厚度以3厘米左右为宜，播后镇压，使种子和土紧密接触，利于种子吸水出苗。当苗高达25厘米时，即可出圃移栽。需要注意的是：育苗地在不十分干旱的情况下也不宜多灌水。

中间锦鸡儿耐旱喜沙，移栽易活，以翌年3月下旬至4月初或秋季休眠后移栽，成活率最高。移栽行距为2~3米，株距1米。移栽要选择根系发育粗壮的植株，大苗和根系过长的植株要截根截干，挖坑深度为50~60厘米。移栽时要选择湿土放入坑内，分层放土，分层踏实，移栽后穴面要用干沙或干碎土覆盖保墒，有灌溉条件的可移栽后灌水。

(二) 田间管理

中间锦鸡儿虽然有很强的耐旱能力和顽强的生命力，但幼苗期仍需加强管理，不论是育苗地还是移栽地、直播地，都应实行封育，禁止放牧等人畜危害，保证幼苗生长。建植后的第4年就进入抚育管理期，采取的主要措施是平茬。第一次平茬要在种植后第4年，以后每隔3年平茬1次。平茬应在种子采收后的秋末、初冬进行。平茬尽量齐地面截除地上部分，以利于新枝条萌发。平茬可复壮更新，延长寿命，从根颈萌生出更多的枝条，组成稠密的灌丛和较大的冠幅，获得优良青干草，提高产量。平茬时要注意兼顾生态环境，在风蚀沙化、水土流失的地区，应分年度、有计划、隔年、隔代轮换平茬，以防平茬后植被的生态防护功能的中断。中间锦鸡儿虫害主要有：草原毛虫类、盲蝽类、蛴螬、苜蓿夜蛾、小麦皮蓟马、叶蝉类，可用药剂防治。

（三）种子收获贮存

中间锦鸡儿种子，通常于 7 月中旬成熟，荚果容易自动裂开，使种子脱落地面，故种子要随熟随采，并在早晨带潮进行。种子易遭虫蛀，贮藏前要用杀虫药拌种，在干燥通风的条件贮藏 3 年，发芽率仍可达 63%。

四、主要价值

中间锦鸡儿根系发达，是重要的防风、固沙、保水植物，也是优质饲用植物，具有适口性好，营养价值高等特点，各类家畜均喜食。茎叶可做饲料，也可做绿肥、燃料。其枝条、根、花、种子均可入药，属补益类药。种子可榨油，出油率达 3% 左右，油渣可做牛、羊饲料，也可做肥料。茎秆可用做编织材料，树皮可做纤维原料，花是良好的蜜源。

第五节　杨柴

杨柴又名蒙古岩黄芪、踏郎、三花子等，系多年生落叶半灌木。其适应性很强，具有耐寒、耐旱、耐贫瘠、抗风沙的特点。它能在极为干旱瘠薄的半固定、固定沙地上生长。根蘖串根性强，喜欢适度沙压而且越压越旺，能忍耐一定风蚀。杨柴利用价值高，不仅是北方干旱地区草原建设的优良植物，而且是良好的饲用植物。

一、形态特征

杨柴的主根为圆锥形，入土深度 2~3 米，侧根主要分布在 15~70 厘米的土层内，上面长有根瘤。茎直立，多分枝，开展。茎高 1~2 米，小枝幼茎绿色，具纵条纹；老茎灰白色，皮条状纵裂，常呈纤维状剥落。单数羽状复叶，上部的叶具少数小叶，中下部的叶具多数小叶；托叶卵形，膜质，褐色，早落；最上部叶轴有的呈针刺状；小叶柄极短，条形或条状矩圆形，长10~30毫米，宽0.5~2毫米，先端尖或钝，具小凸尖，基部楔形，上面密布红褐色腺点，并疏平伏短柔毛，下面被稍密的短伏毛，枝中部及下部小叶矩圆形、长椭圆形或宽椭圆形，长10~35毫米，宽3~15毫米，先端锐尖或钝。总状花序，腋生，具花10~30朵，结果时延伸长可达30厘米（连同总花梗）；苞片甚小，三角状卵形，褐色；花紫红色，长15~20毫米；花萼钟形，被短柔毛，上萼齿2，三角形，较短，下萼齿3，较长，尖锐。果实是荚果，具1~3节，每节荚果内有种子一粒，荚果扁圆形，黄褐色，千粒重8.5~15克。

二、生长习性

杨柴在自然分布区多生长于流动沙丘的迎风坡中下部和丘间低地，萌蘖繁殖能力强，"一株可成林"，在外界生长条件不良的情况下，一部分植株伤亡时，以后有了生长发育的适宜条件，那些仍然活着的植株就加强形成分蘖，补偿前一期的损害。根系有丰富的根瘤，聚集成块状，固氮作用强。杨柴耐旱，但不耐涝，沙地含水率大于70%即生长不良致死。

杨柴整个生育期需要较高的温度，所以萌动较迟。一般4月中旬才开始萌动叶芽开放，4月下旬至5月初为展叶期，5月下旬叶全部展开。一般植株一年可抽4次枝，个别可抽出5次枝。6月上旬为花蕾出现期，中旬为第一次盛花期，此时正是营养生长的旺盛期。7月中旬出现第二次盛花期，果熟期在9月下旬至10月上旬间。10月中旬为叶变色期，11月上旬为落叶期。第一次盛花期形成的花少且易落，因而第一次花期形成的荚果也较少。

两年生植株经过冬季之后，前一年的枝条大部分枯死，翌年从芦头发出新枝，一般第二年以后的枝条不再枯死，最高可达175厘米，大量开花结实。四年生植株高平均达71.5厘米，最高达220厘米，此时进入结种盛期。其落花现象严重，相应的坐果率较低，据调查一般只有19.7%。

三、栽培技术

（一）整地

在沙地直播，杂草盖度低于20%则不必整地，高于20%则耙耱一次即可。在壤质土、黄土上直播，一定要精细整地，使地表细碎平整、干净无杂草。一般情况下，耕翻、耙耱的保苗数比只耕翻、不耙耱提高15.8%~27.5%。

（二）播种

1. 种子处理

大量采种的杨柴种子成熟度不一致，发芽率低。播前要清选种子，单种要去掉荚皮，混播可带荚皮、有条件的可根瘤菌接种或增产菌拌种。

2. 播种时间

杨柴的适宜播种期为5月中旬至7月下旬，雨季抢墒播种。播种量以每亩1千克为宜，也可因播种方法和地力条件适当提高播种量，最高不超过3千克。

3. 播种方法

杨柴可以直播，也可以育苗移栽、分株移栽和根段（15~20厘米）栽植。

（1）直播。大面积种植以直播为主，条播、撒播、穴播均可。一是压沟播种法。条播方式是先用镇压轮压出行距30厘米、深3厘米左右的播种沟，沟内播种，然后覆土（沙地自然覆土）。撒播方式是先撒播种子，再经压槽机镇压，一部分种子压入5~10厘米的"V"形槽内，另一部分压入地表。其作用类同畜群踏压，此法又叫压槽播种法。二是网形镇压播种法。主要是撒播，将种子撒播后，经网型镇压器镇压，使一部分种子直接压入土壤，另一部分种子由镇压器翻起的土壤覆土同时镇压。这种方法不仅适用于耕、耙过的土地，也适用于不经整地的平缓沙地。三是轻耙重压播种法。也是以撒播为主，将种子撒播后，用钉齿耙先耙埋种子，后重型镇压，使种子与土壤紧密结合，利于萌发，又不吊苗。此外，其种子形状为扁平的椭圆形，上有皱纹，种子不易发生位移，为飞播提供了有利条件，大面积可以选择飞播。

杨柴可以单播、混播或间种。由于杨柴播种两三年后才形成产量，为提高效益，可采用与沙打旺、紫花苜蓿、草木樨、蒙古冰草等混播，5年后杨柴生长旺盛，而其他牧草生产力自然下降。也可与柠条间种，柠条带间种杨柴，建立灌丛草场。

（2）育苗移栽。育苗应选择通气良好的沙土和沙质壤土，土壤太黏容易形成土壤板结，对出苗和生长不利。在鄂尔多斯地区一般在5月下旬至6月中旬均可播种育苗。播前选择土壤肥沃、灌水方便、排水良好、无恶性杂草的沙壤土上进行整地。结合耕翻施有机肥每亩3 000千克以上，施碳铵50千克，磷酸二铵15千克。播前一周整地平床，并进行杀虫杀菌处理，种子用0.5%高锰酸钾浸种24小时，播种量根据种子纯净度和发芽率确定，一般净度70%、发芽率60%的种子每亩播8千克左右，播种方式采用宽幅条播，行距5~10厘米，播幅20厘米，播

深 2~3 厘米，播后苗床要保持湿润，一般每亩保苗 5 万~8 万株；待苗长至 10~
15 厘米时，每亩追施尿素 10 千克，磷酸铵 5 千克，先溶化后随水灌溉。苗期杂
草为害严重，要及时清除，越冬时灌足冻水。

苗期管理与一般苗木相同，特别应注意的是节制灌水，提高苗木的抗逆性。
实践证明，苗圃要尽量采取多中耕少浇水的措施，以使苗木根系发达适应沙区环
境，否则会因环境突然变差而死亡。旱地苗木适应性强，可塑性大，灌水过多会
形成过旺过嫩的"大苗"，影响栽植成活率。只有苗木开始出现萎蔫时才进行灌
水，这样可以培育粗壮苗木，苗木木质化程度高，栽植后能经得起沙区的干旱条
件。这种抗旱性的苗木栽植后，即使数月不下雨，虽然生长量小，但能生存
下去。

杨柴苗根粗在 0.4 厘米以上，翌年春天即可出圃移栽，一般在育苗的第二年
4 月上中旬起苗入窖。起苗时要求主根长 20 厘米以上，侧根完整，未失水。苗
木入窖前为防止苗木霉烂，要对贮窖进行消毒，主要采用硫黄燃烧熏蒸、甲醛或
高锰酸钾熏蒸和福尔马林喷雾等方法。苗木入窖时先在贮窖内铺约 5 厘米厚的湿
沙，湿度以用手紧握无水滴为宜，然后把杨柴苗每 1 000 株扎成一捆，根部向下
竖立依次摆放，后用湿沙填满空隙。每平方米可放 2.5 万株左右，贮苗多时也可
用贮苗架分层存放，一般情况苗木可贮藏到 7 月底，注意苗木入窖必须在休眠期
进行，最好随起苗随入窖。

杨柴冷藏苗在 5—7 月均可移栽，最好选择在降水集中的时期移栽。在沙丘
的迎风坡 2/3 以下部位和低地进行穴植，每穴植苗 1~2 株，株行距一般为 3 米×
3 米，每亩约 70 穴，移植后按常规进行抚育管理。

（三）田间管理

大面积种植杨柴，一般不需要灌溉、施肥、锄草等，关键是度过抓苗关，而
且要注意防治病、虫、鼠害。常见的病虫害有白粉病、锈病、黑叶病、蚜虫、籽
蜂等。3~4 年时杨柴需平茬，有计划地平茬，不仅能更新复壮，而且能提高产草
量和利用率。据测定，平茬后当年萌条 30 根左右，高达 50~80 厘米，最高 1 米。

四、收获

杨柴种子产量低，且成熟不一致，因此采种要及时，随熟随采。一般每亩能
采收 5~10 千克优质种子。杨柴通常只作为打草场秋季刈割一次，调制青干草。
种植 5 年后一般每亩产青干草 200~400 千克。杨柴在花期刈割，与青贮玉米按

1：3混合青贮，可制作优良青贮饲料。杨柴不耐牧，再生性较差，下部茎易粗老，利用率低。

五、主要价值

（一）生态价值

杨柴具有耐干旱、耐高温、抗风沙等特点。对杨柴的叶解剖结构和耐旱特征研究结果表明，杨柴的耐旱能力强于柽柳、小叶锦鸡儿等。在-30℃低温和50℃高温下仍能正常生长（李爱平等，2010）。采用杨柴封沙育林，自然繁殖很快，即可利用天然下种，又可利用串根成林。杨柴枝叶繁茂，根系发达，在冬春大风频繁的季节，杨柴能够在很大程度上降低风速，增大地表粗糙度，减少风的吹蚀作用。使风沙流达到饱和而沉积在灌丛周围，从而可以就地固定和阻截外来流沙的前移。

杨柴具有较强的抗风蚀沙埋作用。随着沙量的增加杨柴仍可以旺盛生长，并形成灌丛沙堆，持久的发挥防沙阻沙的作用。与沙区其他灌木相比，防风固沙、阻沙作用更为明显。杨柴有自然串茎繁殖的特性，枝条沙埋后可形成不定根长出新枝条，扩大其定居范围，可使整个沙丘迎风坡为杨柴植株所覆盖。其水平根系发达，根系分布深度在30~50厘米，可以起到保持水土的作用。因此，杨柴是毛乌素沙地防风固沙、保持水土的主要植物种。

杨柴根上着生丰富的根瘤，利于改良沙地，并提高沙地的肥力。地上枯枝落叶多，可改良土壤。有分析测定表明：杨柴较之花棒、沙柳、沙蒿所形成的土壤结皮厚，杨柴14年形成的结皮层，沙柳需要60年才能达到（漆建忠，1982）。

（二）经济价值

杨柴经济利用价值高，枝叶牲畜喜食，农牧民把平茬的枝叶用作家畜的精饲料。它的各种营养成分含量比较高，接近于优质牧草苜蓿（表3-5）。种子含油率10.3%，含蛋白质32%，是很好的木本油料，油可食用。

表3-5 杨柴的营养价值 单位：%

生产期	状态	干物质	粗蛋白质	粗脂肪	粗纤维	无氮浸出物	粗灰分	钙	磷
营养期	绝干	100.0	16.3	3.8	25.0	47.0	7.9	1.18	0.35
	鲜样	22.0	3.6	0.8	5.5	10.4	1.7	0.26	0.08
	风干	87.0	14.2	3.3	21.8	40.8	6.9	1.03	0.30

（续表）

生产期	状态	干物质	粗蛋白质	粗脂肪	粗纤维	无氮浸出物	粗灰分	钙	磷
开花期	绝干	100.0	15.1	2.9	34.2	42.1	5.7	0.59	0.47
	鲜样	22.0	3.3	0.6	7.5	9.4	1.2	0.13	0.10
	风干	87.0	13.1	2.5	29.8	36.7	4.9	0.51	0.41
花果期	绝干	100.0	12.4	2.2	37.6	42.7	5.1	0.61	0.35
	鲜样	22.0	2.7	0.5	8.3	9.4	1.1	0.13	0.08
	风干	87.0	10.8	1.9	32.7	37.2	4.4	0.53	0.30

（三）观赏价值

杨柴返青早，在鄂尔多斯地区 4 月中旬左右返青，绿期长，高度适中，80～150 厘米。而且它具有无限开花习性，花期长，正好填补同一时间其他植物很少开花的空当，开花量大，整个株丛给人的感觉是以花为主，以叶为辅，观赏价值比较高。它自然造型好，不必修剪，管理非常方便；花期长，可作蜜源植物。

第六节　花棒

花棒学名细枝岩黄芪，又名花子柴、花帽和牛尾梢等，为豆科岩黄芪属落叶灌木。它是荒漠和半荒漠耐旱植物，可靠天然降水维持生命；喜光，耐严寒酷热；适于流沙环境，喜沙埋，抗风蚀，枝叶茂盛，萌蘗力强，防风固沙作用大，是沙坡头地区唯一在高大沙丘上生长的旱生灌木，树龄可达 70 年以上。主要分布于内蒙古、宁夏、甘肃、新疆等地。多年来，鄂尔多斯通过在乌审旗、鄂托克旗、伊金霍洛旗等地飞播取得良好的效果。

一、形态特征

花棒的主、侧根系均发达，主根长 8～15 米。茎直立，高 80～300 厘米，多分枝，幼枝绿色或淡黄绿色，被平伏短柔毛或近无毛，老枝皮亮黄色，呈纤维状剥落。托叶卵状披针形，褐色干质，长 5～6 毫米，中部以上彼此联合，早落。茎下部叶具小叶 7～11 片，上部叶具小叶 3～5 片，最上部的叶轴完全无小叶或仅具 1 片顶生小叶；小叶片灰绿色，线状长圆形或狭披针形，长 15～30 毫米，宽 3～6 毫米，无柄或近无柄，先端锐尖，具短尖头，基部楔形；表面被短柔毛或无毛，背面被较密的长柔毛。总状花序腋生，上部明显超出叶，总花梗被短柔毛；花少数，长 15~20 毫米，外展或平展，疏散排列；苞片卵形，长 1~1.5 毫米；具 2~3 毫米的花梗；花萼钟状，长 5~6 毫米，被短柔毛，萼齿长为萼筒的 2/3，上萼齿宽三角形，稍短于下萼齿；花冠紫红色，旗瓣倒卵形或倒卵圆形，长 14~19 毫米，顶端钝圆，微凹，翼瓣线形，长为旗瓣的一半，龙骨瓣通常稍短于旗瓣；子房线形，被短柔毛。荚果 2~4 节，节荚宽卵形，长 5~6 毫米，宽 3~4 毫米，两侧膨大，具明显细网纹和白色密毡毛。种子圆肾形，长 2~3 毫米，淡棕黄色，光滑。花期 6—8 月，果期 8—9 月。

二、生态适应性

花棒本身具有很多耐干旱特征，茎皮发达不断脱落，据调查，在茎干外部包着数层尚未剥落的茎皮，使茎干得到保护，即使沙面温度高达 50~60℃，茎干也不会灼伤。另外叶片富含水分，一般含水率为干物质的两倍以上，而且叶片内维管束又非常发达，利于水分的补充和养分的输送，同时叶及叶轴表皮细胞下有一层含有填充物的异形细胞，对叶肉起保护作用，有的类型叶片退化，仅留下绿色叶轴进行光合作用。据平罗县林业局调查分析，花棒栽植第二年到第三年春无天然有效降水的情况下，生长仍稳定，大部分干梢遇雨水后根茎部易形成不定芽，再生能力强（徐芸，2017）。据报道，土壤含盐量达 0.4%，两年生花棒高仍达 1.36 米，生长正常。这说明土壤含盐量达 0.4%，对花棒生长无影响（冯显逵，1982）。从其自然分布区看，分布区土壤均为偏碱性，土壤含水率过高会影响花棒生长。在黏土区，紧密，空隙小，土壤容重大，通气不良，花棒生长不良，不宜栽种花棒；而在土壤通气良好的沙土地区，花棒的生长与土壤容重大小不相关，土壤容重这一因子不影响花棒生长。

三、生长习性

种子发芽率高，易吸水生根快。花棒种子发芽率一般为 91%，最高为 94%。其发芽力持续期很长，第三年发芽率还在 47% 以上。花棒果实很轻且密，具柔毛可随风吹移，一旦遇雨很快吸水膨胀，两天后就开始扎根，10 天左右，根一般可以长到 10 余厘米，并开始长出侧根，待根深扎，其真叶才开始出土，利于干旱环境下生长发育。

萌蘖力强，具根瘤。据调查，花棒栽植后 2~3 年内，地上部分经冬季大多数枯死的情况下，翌年春季又从茎基新萌生幼苗，生长较前一年显然加快。一年生平均高 38.4 厘米，二年生 54.8 厘米，三年生 84.4 厘米，三年后地上部分再不枯死，但在其基部每年仍有萌条长出，使灌丛不断扩大，若经平茬萌条生长更旺，当年生萌条可达 2 米左右，萌条数也增多，更进一步扩大了灌丛，大灌丛的冠幅可达 5 米左右。花棒从苗期开始就具有根瘤，起固氮作用，使它能在瘠薄的沙土上生长。据观察其根瘤生长在当年生根上，根瘤形状变化多样，有圆形、柱形、分叉形等。

四、栽植技术

(一) 采种

从花棒的开花结实规律可以看出，虽然果期长，但前期由于花少、果亦少，因此无采种价值，只有在盛花期形成的果实较为集中。花棒不像其他豆科灌木，种子成熟后荚果立即开裂，种子散失，而是其荚果节间细缢，受外力作用，果实易从节间断落而丢失。因此，在大量果实成熟后，即荚果由绿色变为灰白色时，应及时组织人力来收，采集时应首先从沙丘迎风坡中上部的母树开始，因为那里风力较大，果实容易断落。采收时一般采用摘荚的办法，但此法效率低。在果实繁多的母树上，最好是地上铺布，用木棍敲击果枝，收集荚果，提高采收效率。然后晒干，通风贮藏，并防止霉变。

(二) 直播

由于花棒种子极易吸水，生根迅速，因而适宜直播。直接是一种既省劳力效果又好的方法。在鄂尔多斯地区，一般 4 月上旬至 7 月上旬直播。直播方式有条播、穴播和撒播。

1. 条播

可在沙丘的迎风坡条播，也可在丘间低地条播。迎风坡条播应沿沙丘等高线开沟，条播行应与主风方向垂直。条播沟距一般 2~3 米，每亩播种量 1~1.5 千克，播深 2~3 厘米。如果在沙漠地区的固定或半固定沙地条播，一定要在雨季前整地，这不仅利于保墒，保证种子发芽所需水分，而且可在杂草种子未成熟之前把杂草翻入土中，可增加土壤有机质，减少来年的杂草，利于苗期生长。如条播产苗较多，可就地间苗移栽，从而减少苗木运输成本，提高成活率。

2. 穴播

用锄或镐挖小坑，每坑播种子 4~6 粒，然后盖土，便于群体顶土出苗。一般穴播株距 1 米，行距 2 米，播深 2~3 厘米，每亩播种量 0.5 千克。

3. 撒播

裸种撒播靠自然覆土，往往因种子不被覆盖、被风吹至背风坡脚或被沙掩过深而影响出苗，因此一般出苗率较低。采用包衣种子撒播或飞播，既可以防止种子发生位移，又可以防止鼠害。调查表明，包衣种子比裸种撒播或飞播出苗率提高 15%~20%。

（三）育苗移栽

1. 育苗

由于花棒种子极易吸水，扎根，以真叶出土，顶土力差，因而在播种育苗时应防止土壤板结。另外花棒喜通气良好的沙地，不宜选择黏土地作为育苗地。在播前满足底水，等水渗入后，耙平表土，切断土壤毛细管，以利保墒。然后开沟播种，沟深 2~3 厘米，沟间距 30 厘米，每亩播种 5~8 千克，覆土后镇压。播种前裸种最好进行催芽处理，一般用 40~50℃温水浸种一天，然后混沙堆放，每天翻动一次，并洒水保温，等有 40%~50%种子裂开，即可播种。播期 4—6 月为宜。苗期管理可照常规，进行灌水、间苗、施肥、中耕、除草等，如果管理得当，平均亩产 3 万~5 万株。一年生苗即可出圃。

2. 苗木移栽

此法是常采用的一种方式。一般以春季移栽为主；在雨量较多的干旱草原地带沙区，可采用夏天雨季栽植；在风蚀沙压较轻的地区，可秋季栽植。移栽多采用高 50~90 厘米的 1~2 年生苗。在鄂尔多斯地区，只要土壤含水量不是太大，花棒可在迎风坡的各部位，以及丘间低地进行栽植；在背风坡，由于地形过陡，沙压严重不宜栽植；在丘间低地也应离开落沙坡（背风坡）脚 1~2 米，以免过度沙压而造成栽植失败。此外，花棒根系极为发达，如起苗损坏根系过多，严重影响成活率。据中国科学院沙漠所资料：留根 20 厘米成活率 52%，留根 30 厘米成活率为 69%，留根 40 厘米成活率达 70%。由此可以看出，花棒起苗时一定要使苗根留在 30 厘米以上才能保证成活率。另外深栽也是保证成活率的关键，因为在沙荒地区，土壤深层含水率高而稳定。有调查资料显示：在 30~40 厘米深，土壤含水率均高于 10%，而在 10 厘米深，其含水率仅为 5%左右，所以花棒栽植至少都应栽深 40 厘米左右。因沙区地形变化较大，一般应随地形变化进行块状栽植，其栽植行应与主风方向垂直，以起到防风、固沙作用，一般株行距 1 米×2 米或 1 米×1 米，以 2~3 行为一带，带距 3~4 米。可挖坑栽植，挖坑时注意扒去上面的干沙层。

五、主要价值

(一) 生态价值

花棒在瘠薄的沙地上能旺盛生长，有良好的改土效果，是防风固沙的先锋植物之一。花棒主、侧根都极发达，根伸至含水分较多的沙层后，以发展水平根系为主。成年植株根幅可达10余米，最大根幅可达20~30米，当植株被沙压后，还可形成多层水平根系网，扩大根系吸收水分面积，以适应生长需水。花棒根部韧皮发达，根的次生结构中有发达的木栓层，具有明显的适应干旱沙漠环境的内部结构。在含水率仅为2%~3%的流沙上，干沙层厚达40厘米时，它仍能正常生长。同时，花棒抗风蚀，一般1年生幼苗，能忍耐风蚀深度15~20厘米，壮龄植株可忍耐风蚀达1米。喜沙埋，越压越旺，一般沙埋梢头达20厘米时，仍能萌发新枝，穿透沙层，迅速生长。花棒沙埋后，不定根的萌发特别活跃，能形成新的植株与根系。

(二) 经济价值

花棒嫩枝稠密，花序长而繁茂，家畜适口性好，饲用价值大，是家畜喜食的饲用灌木。牛、羊、马喜食幼嫩枝叶和花，骆驼一年四季喜食。可以采收嫩枝鲜叶花序青饲或调制青干草后补饲。据测定，每亩3年生的幼林，年可采集鲜枝叶100千克，可供3个羊单位一年的补饲所需。幼嫩枝叶产量，在10年内一般随年龄的增加而增加，生长稳定后，产量开始逐年下降。花棒种实，可作家畜饲料，炒熟后可食用，也可加工成保健食品，还可以榨油食用。花棒在饲用、食用、油用上有很大潜力。

花棒是速生高产燃料灌木种，枝条坚硬，火力强而持久，适于平茬采伐，收获产量很高。株龄6~9年的平茬采伐量每亩2 000~5 000千克，即每年平均每亩生长量为356~583千克。6龄平茬后，次年新生株丛平均高达2.2米，冠幅2.6米，地径1.9厘米，相当于3~4龄株体。花期长达4~5个月，异花授粉，是很好的蜜源植物。幼嫩枝叶肥分含量高，木质化程度低，沤制易腐烂，可作绿肥压青，肥田增产。

到7月顶生长缓慢至停止，而侧生长加快，初生皮层胀裂呈条片状剥离，撕下皮层，稍加揉搓就是拉力大，韧度强的灰白色花棒麻。六龄花棒平茬后，次年萌发的新枝条即可采收麻皮，单株可采麻21克，每亩可采麻3~5千克。经平茬后，次年萌生的新枝仍能开花结实，单株在丰收年可采种1~1.5千克。

第七节　春箭筈豌豆

春箭筈豌豆又名春巢菜、大巢菜等，属一年生或越年生叶卷须半攀援性豆科草本植物。原产于欧洲南部和亚洲西部，现普遍种植于长江中下游、华北和西北诸省区，为栽培利用范围最广的饲草品种之一。其具有草质柔嫩，生物产量高，主根肥大，根瘤多，抗寒、耐酸、耐瘠薄等特点，是一种经济价值高，适应性广泛的优良牧草。同时作为绿肥作物，其具有固氮、丰富土壤氮素营养，增加土壤腐殖质的作用。

一、形态特征

主根肥大，根瘤多，呈粉红色。茎长 65~130 厘米，分枝多，匍匐向上斜生，呈半攀缘状。偶数羽状复叶顶端有卷须，小叶 4~10 对，基本对生；叶呈倒卵形，先端截形稍凹，有细尖，基部楔形；叶表疏生柔毛；托叶戟形。花生于叶腋，1~3 朵；花萼钟状，具 5 齿，披针形渐尖；花冠红色或蓝紫色。荚果长形，长 4~6 厘米，含种子 7~12 粒，成熟后荚果易裂开。种子圆形或略扁圆形，黑褐色或灰黑色，千粒重 55~60 克。

二、生长适应性

春箭筈豌豆喜凉爽干燥气候，不耐热，生长发育所需最低温度为 3~5℃。对土壤要求不严，但宜在沙壤土及排水良好的地方生长。苗期生长缓慢，进入现蕾期生长迅速，枝叶繁茂，很快覆盖地面，可以减少地面水分蒸发。根系入土较深，能利用土壤深层的水分和养分，因此抗旱能力较强。种子成熟，相对水分要求较敏感，多雨年份不利于种子高产。

三、栽培管理

（一）整地和底肥

春箭筈豌豆对前作要求不严，可安排在春种谷类作物之后。播种前须精细整地，为减少土壤水分损失，播种只进行浅耕耙糖，使土壤上虚下实，保蓄水分，为种子发芽创造良好的条件。底肥一般每亩施厩肥 1 500~2 000 千克，同时还应每亩施入过磷酸钙 20~25 千克。

（二）播种

春箭筈豌豆北方地区 4 月下旬至 8 月上旬均可播种，单播收种宜 4 月下旬播种。采用条播或穴播，行距 20~30 厘米，播种深度 3~4 厘米，如土壤墒情差，播深可适当增加。一般每亩播种量 4~5 千克。在大田生产中，春箭筈豌豆主要用作饲料和绿肥，可以采取不同的种植方式。一是单播，通常在用作绿肥时进行单播，以恢复地力，提高后作产量，扩大饲料来源。二是复种，为了充分利用地力，提高单位面积产量，在水肥条件充足时，实行麦茬地复种春箭筈豌豆。三是混播，春箭筈豌豆在用作饲草栽培时，可与其他青刈饲料作物混播，通常多采用与燕麦、大麦等混播。混播中春箭筈豌豆与各类作物的比例为 2∶1 或 3∶1，这一比例的蛋白质总收获量最高。

（三）田间管理

该草幼苗出土力较弱，播后应防止土壤板结，在播后 60~70 天内生长缓慢，应加强田间管理。

1. 杂草防除

春箭筈豌豆幼苗生长缓慢，应注意杂草防除，当苗高 2~3 厘米时进行第一次中耕，宜浅锄。此次中耕不仅能松土锄草，切断土壤表层毛细管，减少水分蒸发，而且还能达到防草保墒，促进根系发育，防止杂草压苗的效果。第二次中耕宜在分枝阶段，此时正是营养生长和生殖生长及根系伸长的重要时期，要深锄。此次中耕，有利于消灭田间杂草，破除板结，促进深根生长和向下深扎，使根系吸收水肥范围扩大。

2. 追肥

春箭筈豌豆苗期追肥，可每亩施入尿素 2~4 千克，在生长过程中对土壤磷的消耗较多，尤其在分枝期和收草后，需要大量的磷元素，要注意适时施磷肥，以增加产量。

3. 灌水

春箭筈豌豆在生长过程中，根据其各个阶段需水情况，进行科学灌水。早浇分枝水，第一次浇水应在植株 3~4 片叶时进行，此时浇水，可改善地上部分的群体结构，促进其次生根系的发育。晚浇分枝盛期水，分枝盛期需水肥较多，应及时灌水。需要注意的是利用再生草时，要等侧芽长出后再灌水，否则水分从茬口进入茎中，会使植株死亡。

4. 病虫害防治

春箭筈豌豆病虫害防治可采用以下农艺措施：一是与非豆科作物实行三年以

上轮作；二是铲除前茬作物残留和杂草，直接深埋沤肥；三是土壤深翻，消灭隐藏于土中的虫和蛹，减少病虫发生基数；四是发现病害，及时拔除病株，集中处理；五是科学灌水，及时排渍。

四、收获

牧草的收割季节是影响牧草营养物质产量的最大因素，多数情况下牧草的收割期在开花期前后，但不同牧草作物和同类牧草作物的不同品种的最佳收割期可能是不同的。试验表明，春箭筈豌豆最佳收割时期为开花盛期或结荚初期，此期营养价值和干物质产量均最优（王雁丽等，2016）。也有研究得出，燕麦与春箭筈豌豆混播时，春箭筈豌豆下部豆荚全充满时期是最佳刈割期（马春晖等，1999）。当做收种田时，70%荚果变成黄褐色时即可收割，收割时间宜在早晨露水未干时进行，随割随运，晒干脱粒。春箭筈豌豆刈割应注意留茬高度，以利再生，留茬高度不低于4厘米，以5~6厘米为好。春箭筈豌豆产草量和籽实产量均较高，一般亩产青草2 000~2 500千克，籽实产量为每亩125~200千克。

五、利用

春箭筈豌豆的营养价值很高，适口性较好，各类牲畜都很爱吃，可以青饲、调制青干草和利用籽实作精料。箭筈豌豆植物干物质含粗蛋白质15%~19%，粗脂肪1.55%~1.86%，粗纤维25.0%~27.5%，无氮浸出物30.50%~32.65%，灰分12.50%~14.55%。对比试验表明，燕麦+箭筈豌豆混播后收获的青干草亩产量、饲喂绵羊后的日增重和经济效益均显著高于单播燕麦（王文奎等，2002）。燕麦+箭筈豌豆混播和燕麦单播青干草饲喂陶赛特肉羊育肥试验结果表明，禾豆混播青干草营养成分优于单播燕麦青干草，在每只羊每天限饲混合精料0.5千克和青干草自由采食不限量的条件下，饲喂禾豆混播青干草的羊平均增重为13.32千克/只，饲喂单播燕麦青干草的羊平均增重为11.49千克/只，增重效果明显（王俊伶，2009）。此外，春箭筈豌豆籽实中蛋白质含量丰富，粉碎后可做精料用。但须注意饲喂方法，防止牲畜中毒。除采用浸泡、蒸煮等办法脱毒外，不能单独长期使用，喂量要控制适当。

春箭筈豌豆可丰富土壤中的营养物质，改良土壤，增加主要作物的产量。鲜草翻压量，水浇地每亩850千克，旱地每亩650千克；或者高产田刈割留茬一半，然后进行翻压，旱作地随翻随耱，肥田效果特别显著。

第八节　草木樨状黄芪

草木樨状黄芪，俗称马层子，为豆科黄芪属多年生草本，是北方地区较为重要的牧草，尤其在我国西北干旱地区广泛种植，可作为饲料、绿肥。它具有植株高大、根深耐旱、耐贫瘠的特性，是水土保持、土壤改良的优良草种。该品种的缺点是叶量较少，产草量不高。通过引种驯化，可改善茎叶比例，发挥其优良特性。1990 年内蒙古农牧业科学院从鄂尔多斯伊金霍洛旗境内的毛乌素沙地采集当地野生草木樨状黄芪种子，经多年栽培选育成为新品种——鄂尔多斯草木樨状黄芪。该品种于 2010 年经全国草品种审定委员会审定通过，登记为野生栽培品种，经多年推广，取得了良好的经济效益和生态效益。

一、形态特征

主根深长，较粗壮。茎多数由基部丛生，直立或斜生，多分枝，具条棱，被白色短柔毛或近无毛，高 30～50 厘米。单数羽状复叶，有 3～7 片小叶，长 1～5 厘米；叶柄与叶轴近等长；托叶三角形或披针形，基部彼此连合，长 1～1.5 毫米；小叶矩圆形或线状长圆形，长 5～15 毫米，宽 1.5～3 毫米，先端截形或微凹，基部渐狭，具极短的柄，两面均被白色柔毛。总状花序腋生，花小，长 5 毫米；苞片小，锥形，长 1 毫米；花梗长 1～2 毫米，连同花序轴均被白色短伏贴柔毛；花萼短钟状，长约 1.5 毫米，被白色短伏贴柔毛，萼齿三角形，较萼筒短；花冠白色或带粉红色，旗瓣近圆形或宽椭圆形，长约 5 毫米，先端微凹，基部具短瓣柄，翼瓣较旗瓣稍短，先端有不等的 2 裂或微凹，基部具短耳，瓣柄长约 1 毫米，龙骨瓣较翼瓣短，瓣片半月形，先端带紫色，瓣柄长为瓣片的 1/2；子房近无柄，无毛。荚果宽倒卵状球形或椭圆形，先端微凹，具短喙，长 2.5～3.5 毫米，背部具稍深的沟，有横纹；种子 4～5 颗，肾形，暗褐色，长约 1 毫米。花期 7—8 月，果期 8—9 月。

二、生长特性

草木樨状黄芪为广旱生植物，从森林草原、典型草原带到荒漠草原带都有分布。常作为伴生种出现在针茅、戈壁针茅荒漠草原区，也见于黄土高原丘陵、低山坡地及河谷冲积平原盐渍化的沙质土上或固定、半固定沙丘间的低地。在鄂尔多斯西南部毛乌素沙地、腾格里沙漠等地区，与柠条锦鸡儿及一年生沙生植物组成沙地放牧草场，较少见于砾质的草原化荒漠带。

草木樨状黄芪耐轻度盐渍化生境。根深长，较粗壮，茎由基部丛生，分蘗力强，分枝多，枝条细嫩。其生长状态常随环境而异，在干旱的生境，呈典型的旱生状态，叶量少；雨量充裕的年份，植株高大，叶量增多。中西部地区于5月返青，6月下旬至7月上旬现蕾，7—8月开花，8月中旬至10月上旬果实成熟。

三、栽培技术

（一）选地

鄂尔多斯草木樨状黄芪对土壤要求不严，除涝洼地之外，各种退化草地、覆沙地或平缓的丘间低地均可种植。试验表明，草木樨状黄芪用于流动沙地飞播，由于幼苗期根系生长速度较慢，适应不了干沙层的变化而枯死，幸存植株主要分布在平缓地和湿润的丘间低地，不能在流动沙丘上生长，但在半固定沙地，沙黄土地区以及未覆沙的梁地上飞播都是比较成功的（沈渭寿，1998）。

（二）种子处理

草木樨状黄芪种皮较硬。有研究指出，草木樨状黄芪种皮含有蜡质、油脂和果胶质；且种子小，种脐亦小并结构紧密。这种结构阻碍种子吸水，播种前必须进行种子处理。种子量大时，用碾米机碾一遍；种子量小也可把种子放在粗面水泥地面上，用木板轻擦。其目的主要是刮破种皮以利于种子萌发。

（三）播种

草木樨状黄芪春播、夏播、秋播均可，但北方地区播种时间不得晚于8月上旬。如果旱地直播，以6—7月雨季播种效果最好。播种量为1~1.5千克/亩。一般采用条播，播深1.5~2厘米，行距65厘米，播后镇压以利抓苗。飞播一般在6月初至7月中旬，飞播前要浅耕或重耙，飞播量为4.5~7.5千克/公顷。

（四）田间管理

草木樨状黄芪苗期生长缓慢，要尽可能除去杂草或减少原生植物的影响。播种当年严禁放牧，出苗不齐处及时补播。有条件的地区可在早春、生长盛期、越冬前进行灌溉和适量施肥。幼苗期视土壤板结和杂草生长情况，进行松土除草，出苗和返青期需水较多，应及时进行灌水。易积水地块，应及时疏沟排水，以防烂根。

四、主要价值

草木樨状黄芪适应沙质及轻壤质土壤，能够起到良好防风固沙作用，为沙区及风蚀梁地区水土保持草种。据在乌审旗和伊金霍洛旗调查，在油蒿、草木樨状黄芪、杂类草组成的群落中，每100平方米有草木樨状黄芪87~256丛，单丛最重735克，亩产鲜草17.5~210.7千克，占群落内草类产量总重的22.3%~88.0%。在风蚀梁地沙砾质土壤上组成草木樨状黄芪建群群落，每100平方米有205丛，亩产鲜草478.6千克，占总重量的85.6%。

草木樨状黄芪为中上等豆科牧草，植株高大，返青早，耐啃食，耐践踏。春季幼嫩时，为马、牛喜食，可食率达80%；山、绵羊喜食其茎上部和叶子。开花后茎秆粗老，适口性降低，可食率降为40%~50%。骆驼四季均喜食，为抓膘牧草。其营养成分见表3-6。

表3-6　草木樨状黄芪开花期营养成分　　　　　单位：占干物质%

生育期	粗蛋白质	粗脂肪	无氮浸出物	粗纤维	粗灰分	钙	磷
开花期	19.40	3.12	28.41	30.53	5.80	1.42	0.03
果后营养期	18.73	2.78	28.93	31.58	6.12	1.38	0.04

草木樨状黄芪具有较高的药用价值。《中国药典》记载，中药黄芪为豆科膜荚黄芪和蒙古黄芪的干燥根，为我国传统补气中药材。国内学者通过对黄芪属植物的调查研究发现，市面上大约有35种黄芪属植物可以作为黄芪的代用资源，草木樨状黄芪便是其中之一（赵明等，2000）。草木樨状黄芪全草入药，有祛风除湿、活血通络的功效，主治风湿性关节疼痛、四肢麻木、咳嗽。现代药理研究已证实，草木樨状黄芪对机体的免疫系统、心血管系统具有显著的改善作用，并且对抗衰老、抗病毒、抗肿瘤也有显著的治疗作用。

第九节　紫穗槐

紫穗槐，又称棉槐、紫花槐，豆科。紫穗槐属多年生落叶丛生灌木，原产于美国东北部和东南部，在我国已有70多年的栽培历史。它耐寒、耐旱、耐盐碱、耐瘠薄、抗风沙、易繁殖，在荒山、河岸、轻度盐碱地均可生长。紫穗槐用途广、经济价值高，系多年生优良绿肥，良好的水土保持植物，营养丰富的饲料植物和优良的蜜源植物。

一、形态特征

株高 1~4 米，枝叶繁密，小枝灰褐色，被疏毛，后变无毛，嫩枝密被短柔毛。叶多互生，奇数羽状复叶，长 10~15 厘米；有小叶 11~25 片，呈卵形或椭圆形，长 1~4 厘米，宽 0.6~2.0 厘米，先端圆形，锐尖或微凹，有一短而弯曲的尖刺，基部宽楔形或圆形，上面无毛或被疏毛，下面有白色短柔毛，具黑色腺点，幼叶被毛密，老叶毛稀。总状花序密集顶生或枝端腋生，花有短梗；苞片长 3~4 毫米；花萼长 2~3 毫米，被疏毛或几无毛，萼齿三角形，较萼筒短；旗瓣心形，紫色，无翼瓣和龙骨瓣；雄蕊 10，下部合生成鞘，上部分裂，包于旗瓣之中，伸出花冠外。荚果下垂，长 6~10 毫米，宽 2~3 毫米，微弯曲，顶端具小尖，棕褐色，表面有凸起的疣状腺点。花期 5—6 月，果期 9—10 月。

二、适应性

紫穗槐喜欢干冷气候，在年均气温 10~16℃，年降水量 500~700 毫升的华北地区生长最好。耐干旱能力很强，能在降水量 200 毫升左右地区生长。耐寒性强，在最低气温达-40℃以下，1 月平均气温在-25.6℃的地区都能生长。耐热性强，沙漠中沙面绝对温度达 74℃也能生长。耐盐碱，苗期在含盐量 0.3%左右土壤能正常生长，1 年生以上苗木在土壤含盐量 0.5%时能正常生长，耐盐程度仅次于柽柳、沙枣。具有较强的耐淹能力，一般浸水 1 个月也不会死亡。对土壤要求不严，但以沙质壤土为好。喜阳光，耐荫蔽，在郁闭度 0.8 的林下仍能茂盛生长。荒丘沟沿、壕边、三滩（河滩、沙滩、盐碱滩）、堤坝、公路铁路旁、房屋前后等荒地均可栽培，生长寿命达 30 年以上。

三、栽培技术

（一）育苗技术

1. 种子处理

紫穗槐荚果，荚壳极难脱离，故一般带荚播种。但因种荚坚硬有蜡质，种子未经处理直播不易吸水，出苗迟，所以播前应进行种子处理，经处理的种子可提前 10 天左右发芽。种子处理可采用热水浸种法和破皮浸种法。

（1）热水浸种法。播前备 2 份开水加 1 份凉水，水温约 70℃，将种子倒入水中搅拌，使种子受热均匀，自然冷却后，浸泡 1 昼夜，然后捞到袋里或筐内，用清水冲淋 1~2 次，以去掉鞣质。浸泡过的种子放在温暖处催芽，保持湿度和温度，催芽 3~5 天，等种皮开裂露芽即可播种。也可将种子浸泡一昼夜，用清水冲淋后直接播种。

（2）破皮浸种法。把种子倒在磨盘上摊平，厚 4~5 厘米，进行碾压，使种皮破裂，然后除去果皮，用 45~50℃的温水浸泡 1~2 昼夜，捞出后稍干即播种。

2. 育苗方法

（1）播种育苗。选择地势平坦，土层深厚肥沃，水源充足，排水良好，向阳，土壤透气性好的沙壤质地块作为苗圃地。在秋季进行深耕、整地，施足底肥，每亩施农家肥 2 000~3 000 千克。第 2 年春季土壤解冻后开始播种，播前深翻 30~40 厘米，平整地面，做东西向苗床或苗垄。用苗床播种时每床 6 行，行距 15 厘米。大垄育苗可采用双行条播，播幅 3~5 厘米，行距 15~25 厘米，覆土厚度 1~1.5 厘米，播量为 3~4 千克/亩。播后浇足水，注意保墒，促进出苗。

（2）扦插育苗。若种子不足或在盐碱地上可以插条育苗，以获得丰产壮苗。扦插土壤要疏松，扦插前须先浇水，注意使插条芽眼朝上，插入泥土后压实，插毕要保持土壤湿润。春、夏、秋均可进行扦插，尤以春季地温稳定在 10℃时扦插成活率高。选用秋末落叶后一年生以上，粗度在 1~1.5 厘米以上的无病虫害的枝条，剪成 20 厘米左右的小段，保持两个节间，下端斜切，上端削平，扦插前用水浸泡 2~3 天，以保证生根率。采用垄插或沟插，株距 8~10 厘米，行距 45 厘米。

（3）压根育苗。压根繁殖的立地条件与扦插繁殖相同，在春季选择较粗壮根进行压根育苗。紫穗槐根发芽力强，遇疏松湿润、富含腐殖质的土壤，便可生根发芽。将定植 3~4 年的紫穗槐在早春萌动前挖出，分成 2~3 个根一丛，按株行距 40 厘米×60 厘米进行定植。

3. 苗期管理

（1）间苗。紫穗槐播种后 5~6 天开始出苗，8~9 天苗出齐。出苗后半个月左右，当幼苗长出 3~4 片真叶时，开始间苗。间苗按"间小留大，间弱留强"的原则一次定苗，株距为 4~5 厘米。大垄双行育苗时，可按三角形留苗。当年苗高达 50 厘米，可满足出圃要求。

（2）灌溉。根据幼苗生长的不同时期，合理确定灌溉的时间及灌水量。播种前一天（扦插前）先对苗圃地灌足底水，播种后（扦插后）及时浇 1 次透水。幼苗早期应小水漫灌，以防冲走覆土或冲倒幼苗。间苗后要立即灌溉，以填实苗根孔隙。此后应经常保持土壤湿润，一般每 10~15 天灌溉 1 次，做到地表充分墒情，不板结，可促进幼苗良好生长。株高生长停止时，应立即停水，促使苗木木质化，利于越冬。

（3）松土除草。定苗后，要抓好松土除草。为了使苗生长粗壮，结合松土除草，每亩施用尿素 5 千克。松土除草每隔 10~15 天进行 1 次，最好在灌溉或雨后进行，以免苗圃地土壤板结和滋生杂草。除草可用化学药剂。播种前可以喷洒可分解的草甘膦，也可用安三唑（杀草强）。播种后可用乙草胺等进行除草。

（4）苗木出圃。苗木出圃时，必须严格分级，确保苗木质量。合格苗木要达到苗高 50 厘米，地径 0.5 厘米以上，根系长 18 厘米以上，侧须根发达。起苗前一天傍晚要浇透水，以利起苗，提高造林成活率。

（二）苗木移植

紫穗槐植苗一般在秋季地冻前和春季化冻后进行。以采条为主的紫穗槐林，株行距以 1.5 米×1.5 米为宜，以培育编织条子和肥料为目的紫穗槐林，株行距 1.2 米×1.5 米。紫穗槐萌芽力强，易栽易活，可采用低截干定植法和插条造林法。截干定植法即起苗时切干，切干高度以保留一个可以发芽的节为度。切干苗选择壮苗，主根截留 20 厘米左右，侧根适度修剪。打好地穴，穴径 50 厘米，深 30 厘米，每穴栽植 2~3 株，覆土与茬口平，踏实，栽后浇水保墒。在低湿地区，如河边、渠边，土壤水分条件好的造林地，可采用插条造林法。最好在秋季落叶后，用 1 年生条做插穗，直径为 0.5 厘米以上，长 30~40 厘米，丛状定植，每穴 3~4 株，此法产量高、见效快。

（三）抚育管理

在紫穗槐移植的第 1 年，平茬后要进行松土、锄草、施肥、浇水，以促进幼苗良好生长。第 2 至第 3 年在平茬后扩大树盘，可为多萌条、多产壮苗打好基础。水肥条件好的地块每年可进行两次平茬，以利多采条，增加收益。盐碱洼地的紫穗槐林，因其具有较强的抗涝抗盐碱性，可作为盐碱地的绿肥作物，定植后隔 1 年平茬 1 次。山坡丘陵的紫穗槐林，为更好发挥保持水土作用，可沿水平等高方向，采取隔带采条进行平茬。风蚀沙荒地的紫穗槐林，为发挥防风固沙作用，保留 40%左右不平茬作防护带，采用隔带、隔行轮割的方法进行平茬，可适当减少平茬次数。土壤贫瘠的紫穗槐林，第 1 次平茬后，需停 2 年再进行采条，以此缓解地力，积累养分，有利于更好的生长。

四、采种

紫穗槐种子在 10 月成熟采摘。一年生枝条很少开花结实，当年收割的新生条不宜收种，两年以上的枝条生长粗壮，结实多。为了采种，必须有计划地选留母株，每墩选留 20~30 枝，第一年不收割，第二年秋采种。种子采收后，放在阳光下摊晒，除去杂物，每日翻拌几次，5~6 天晒干后，即把干净种子装袋贮藏。种子一般发芽率为 50%~70%。

五、利用

（一）生态建设

紫穗槐生长快，生长期长，萌蘖性强，根系广，枝叶繁密，是涵养水源，保持水土的优良牧草。用于公路、铁路边坡绿化，可以截留雨量，降低雨水对边坡的冲刷强度，保护路肩、边坡。特别是在陡坡和高填方路段栽植，对减少水土流失有着明显的效果，既可保护公路边坡又可以美化环境减少污染。紫穗槐郁闭度高，抗风力强，侧根发达，分级较多，横向延伸能力强，不易生病虫害，是防风固沙紧密种植结构的先锋植物种。据在毛乌素沙地东南部试验研究，两年生紫穗槐，地表粗糙度提高到 4.47，5~50 厘米地表风可降低到旷野的 13.4%~62.1%，小气候和土壤等生态条件改善，而林内 2 米沙层平均含水量可达 2.06%（周心澄，1985）。

（二）改良土壤

紫穗槐具有根瘤，是高肥效高产量的"铁杆绿肥"。据分析，每 500 千克紫穗槐嫩枝叶含氮 6.6 千克、磷 1.5 千克、钾 3.9 千克。紫穗槐可一种多收，不与粮争地，当年定植秋季每亩约收青枝叶 500 千克，种植 2~3 年后，每亩每年可采割 1 500~2 500 千克青枝叶。紫穗槐叶量大，根瘤菌多，增加土壤肥力，一株 2 年生的紫穗槐有根瘤 300~400 个，在有机质缺少的沙荒地上，种植紫穗槐 5 年，有机质可增加 5 倍多。可减轻土壤盐化，种植紫穗槐 5 年或施紫穗槐绿肥 2~3 年，地表 10 厘米土层含盐量下降 30%以上。

（三）饲用

紫穗槐叶量大且营养丰富，含大量粗蛋白质、维生素等，是营养丰富的饲料植物。据测定，紫穗槐每 500 千克风干叶含粗蛋白质 12.8 千克、粗脂肪 15.5 千克、粗纤维 5 千克，可溶性无氮浸出物 209 千克（黄鹤羽，1983），粗蛋白质的含量为紫花苜蓿的 125%、豆粕的 200%、胡枝子的 196%。干叶中必需氨基酸的含量为赖氨酸 1.68%、蛋氨酸 0.09%、苏氨酸 1.03%、异亮氨酸 1.11%、组氨酸 0.55%、亮氨酸 1.25%。此外，紫穗槐的粗蛋白质、粗脂肪、粗纤维等含量高于沙柳，两种灌木都作为蛋白饲料应用，紫穗槐的饲用价值高于沙柳（崔瑞梅，2013）。新鲜饲料虽有涩味，但对牛羊的适食性很好，粗加工后可成为猪、羊、牛、兔、鱼、家禽的高效饲料。

（四）其他用途

紫穗槐枝条粉碎后也是培养食用菌的优质原料。研究表明，紫穗槐屑代替部分木屑栽培香菇，对香菇菌丝生长速度影响不大，基本可以达到纯木屑栽培的产量水平。紫穗槐栽培香菇的适宜配方为紫穗槐 58%、硬杂木屑 30%、麸皮 10%、石膏 1%、生石灰 1%（彭学文等，2016）。紫穗槐叶微苦、凉，具有祛湿消肿功效，主治痈肿、湿疹、烧烫伤。花具有清热、凉血、止血作用。果荚含油 8.7%~22%，种子含油 10%~15%，可榨油，并可提取香精和维生素 E。二年生以上植株开花吐粉时间长，且吐粉充足，是优质的蜜源植物。枝条柔韧细长，干滑均匀，直立匀称，是编织制作工艺品、造纸和生产人造纤维的好材料，直立单株经整形培植，树形美观，可作为景观植物。

第十节　胡枝子

胡枝子系豆科胡枝子属多年生草本，直立半灌木或灌木，别称胡枝条、扫皮、随军茶，具有抗旱、耐寒、耐贫瘠等特性，是优良的水土保持品种。其适口性好，粗蛋白质和脂肪含量高，返青早、枯黄晚、绿期长，是改良干旱、半干旱退化草地和建设人工草地的优良饲用型灌木，同时也是栽培食用菌的理想菌材。另外，它还具有药用等多方面用途。

一、形态特征

根系发达。茎直立，植株高 1~3 米，多分枝，通常丛生，老枝条灰褐色，嫩枝黄色或绿褐色，有条棱，被疏短毛；芽卵形，长 2~3 毫米，具数枚黄褐色鳞片。羽状复叶，具 3 小叶；托叶 2 枚，条形；小叶质薄，卵形、倒卵形或卵状长圆形，长 1.5~5 厘米，宽 1~2 厘米，先端钝圆或微凹，具短刺尖，基部近圆形或宽楔形，全缘，上面绿色，无毛，下面色淡，被疏柔毛，老时渐无毛。总状花序腋生，较叶长，常构成大型、较疏松的圆锥花序；总花梗长 4~10 厘米；小苞片 2，卵形，长不到 1 厘米，先端钝圆或稍尖，黄褐色，被短柔毛；花梗短，长约 2 毫米，密被毛；花萼长约 5 毫米，5 浅裂，裂片通常短于萼筒，上方 2 裂片合生成 2 齿，裂片卵形或三角状卵形，先端尖，外面被白毛；花冠红紫色，极稀白色，长约 10 毫米，旗瓣倒卵形，先端微凹，翼瓣较短，近长圆形，基部具耳和瓣柄，龙骨瓣与旗瓣近等长，先端钝，基部具较长的瓣柄；子房被毛。荚果斜倒卵形，稍扁，长约 10 毫米，宽约 5 毫米，表面具网纹，密被短柔毛。花期 7—9 月，果期 9—10 月。

二、生长适应性

胡枝子根系发达，生长迅速，分蘖能力强。胡枝子直根系生长 50 天入土深达 30 厘米，100 天后深达 50 厘米，生长 2 年后达 100 厘米，多年生植株根系可达 140 厘米（孙启忠等，2001）。侧根系也较发达，沿水平方向发展，呈网状密集分布于 10~15 厘米的表土层内。其再生性很强，每年可刈割 3~4 次。

胡枝子耐旱、耐寒、耐瘠薄、耐酸性。对土壤适应性强，在夏旱和秋旱十分严重的条件下，有效含水量小于 10% 的土层内，都能表现出良好的长势，可耐 -45℃ 的绝对低温，能在土壤有机质小于 5 克/千克，水解氮小于 5 毫克/100 克的花岗岩流失区白沙土层中生长，也能在非常瘠薄的红黏土网纹层中生长（杨艳生等，1994）。胡枝子种植在 pH 值 4~6 的酸性土壤中产量最高。

三、栽植技术

（一）直播

胡枝子直播在 6 月中下旬较为理想。此时风沙小，温度较适宜，墒情好，有利于出苗。且生长期长，到秋末小苗可长到 5~6 厘米，根深 13~20 厘米；第二年地上部分长到 30~40 厘米，根深 60 厘米左右。直播宜条播或穴播，而且播后等雨比雨后播种好。直播行距 20~30 厘米，平缓地段可扩大到 40 厘米。为减少鼠害，可在播前进行种子催芽处理，使之早发芽出土。

（二）育苗移栽

1. 育苗

育苗地选中性的沙质壤土为好，碱性地发芽率低，湿地育出的苗容易烂根。选好的地块施底肥 3 000~4 000 千克/亩，要深翻，一般不浅于 25 厘米，翻后作床或畦，待播种。一般在 4 月下旬至 5 月上旬播种，播种前要进行种子处理。播前 3 天用 50~60℃的热水浸种 24 小时后捞出，放箩筐内，在保持一定温度和湿度的条件下催芽，当种皮裂开 1/3 时即可播种。一般采用开沟条播，按 20~30 厘米开播，覆土 0.5~1 厘米，每亩播种量 2 千克。胡枝子出苗前后生长缓慢，播后半个月才能出土，幼苗竞争力比较弱，因此要及时除草。

2. 移栽

苗木经过苗圃一年的培育后，第二年春季或秋季选取粗 0.5~1 厘米的萌条，距地面 10~15 厘米处将苗木主干截断，进行根部修剪蘸浆后，用草蒲包裹运往造林地。在有水土流失的坡地，采用水平沟，水平阶整地进行栽植。采取穴植，规格为 30 厘米×30 厘米，穴深 30~50 厘米，穴距 100 厘米，每穴植苗 1~2 株，栽后踩实、浇水并覆土保墒。

四、管理与收获

胡枝子用作饲草，要适当的施肥，在施足底肥的基础上，后期施肥以复合肥为主，要勤施、薄施，每次施肥控制在 5 千克/亩左右。胡枝子营养生长期粗蛋白质含量最高，但是由于产草量较低，不宜刈割；随后粗蛋白质含量减少，纤维含量显著增加，而且开花后基部叶片开始脱落，营养价值变低，综合干草产量和营养成分含量变化，应在孕蕾期收割利用（马敏，2015）。

作为培养食用菌原料，在 11 月底进行刈割，此时生物产量高，也有利于翌年的萌发和生长。有研究表明，第 1 次平茬时间为植苗造林后第 1 年初冬或早春，与植苗造林后第 2 年进行平茬相比，单位面积萌条产量增加 152.1%（刘立波等，2012）。

胡枝子用于生态建设，直播后 3~4 年，植苗后 2~3 年需进行平茬，促进其生长发育。其后，每隔两年平茬一次。适宜平茬的季节是 12 月至翌年 1—2 月。留茬高度以略高于地面 1~2 厘米，或与地面平为佳。平茬后要及时用土将"茬口"培上，以利于萌发枝条。

五、主要价值

（一）保持水土

胡枝子是一种速生灌木、枝叶茂密、覆盖度大，在地埂、梯田、截水沟等处种植胡枝子，3 年后覆盖度可达 60%，4 年后可达 90%，能有效截留雨水，发达的根系相互交错，盘结土壤，能固土保水，防止土壤冲刷。试验资料分析表明，在一次降水 49.3 毫米的情况下，4°~5°坡耕地有胡枝子防冲带比一般垄作时减少地表径流 89.1%，减少土壤冲刷量 95.7%；在一次降水 32.8 毫米的情况下，种植胡枝子防冲埂，比未种植胡枝子的裸露地埂径流量减少 38.4%，土壤冲刷量减少 51.6%。1986 年 7 月 27 日，拜泉县境内降 69.2 毫米的暴雨，由于通双小流域内有梯田埂均种植胡枝子，雨后发现，田埂完好无损，而近邻未种胡枝子的小流域田埂被暴雨冲溃十分严重（刘修圣等，2000）。

（二）改良土壤

种植胡枝子后，使土壤的理化性状得到显著的改善，孔隙结构合理，有机质含量大大增加，提高了林地生产力，是优良的伴生树种。杜国坚等（1998）分析了马尾松和胡枝子的混交林土壤变化情况。混交 1 年后，在 0~40 厘米土层中，林下栽植胡枝子的土壤有机质、全氮、全磷、水解氮、速效磷、速效钾等比马尾松纯林分别增加 38.28%、26.75%、20.41%、25.33%、17.84% 和 22.66%；土壤微生物数量比纯林多 30.65%；马尾松混交林苗木平均树高比松纯林高出 5 厘米，地径大出 0.02 厘米。

（三）用作饲料

胡枝子为很好的饲用灌木，鲜嫩茎叶丰富，带有花序或荚果的干茎是马、牛、羊、猪等家畜的优质青饲料，是家畜冬春的优良贮备饲料（表3-7）。氨基酸的含量平衡，不同生长期的叶片氨基酸含量均比沙打旺高。单宁含量低，动物食后不易患膨胀病。

表 3-7　胡枝子营养成分　　　　　单位：占干物质%

部位	生育期	粗蛋白质	粗脂肪	粗纤维	无氮浸出物	粗灰分	钙	磷
全株	分枝	13.40	4.70	25.10	49.80	7.00	1.18	0.20
叶	开花	17.00	5.90	15.80	53.40	7.90	1.94	0.26
茎	开花	4.00	0.90	49.60	43.20	2.30	0.34	0.51
全株	开花	14.10	3.60	24.70	51.30	6.30	1.22	0.26
全株	苗期	10.40	2.40	22.30	57.20	7.70	1.19	0.17
全株	结果	16.40	1.80	24.40	51.40	6.00	0.96	0.17

（四）菇木树种

胡枝子还是一种优良的菇木树种。其每千克木屑可生产鲜菇 1.25～1.38 千克，菇的产量比在杂木屑上栽培增长 60% 左右，经济效益提高 80% 以上，且胡枝子木屑香菇出菇早，前期产量高，菇形好。据报道，浙江省缙云县林业局朱寿庚、吴陈贤主持的科研项目"胡枝子袋装香菇及其配套造林技术"获得国际香菇研讨会暨新技术新产品展示会金奖（吕唐镇，1995）。

（五）药用

胡枝子性苦，微寒，具有很高的药用价值。其根、花入药，性味平温，有清热理气和止血的功能；根茎花全草入药有益肝明目、清热利尿、通经活血的功能；根为清热解毒药，治疮疗、蛇伤等。

第十一节　红豆草

红豆草是多年生豆科红豆属植物的总称。该属有 120 余种，多为野生种。本文是指普通红豆草，又称驴食豆、驴喜豆和圣车轴草。它具有高产优质、抗逆性强、早熟速生及改良土壤等优良性状，适于干旱、半干旱地区种植。红豆草家畜采食不得臌胀病，对苜蓿蠊甲有抗性，饲用价值高。其花色粉红艳丽，有"牧草皇后"之称。近年来北方地区栽培面积逐步增加。

一、形态特征

深根型牧草。根系发达，主根粗壮，直径 2 厘米以上，平均入土深 3～6 米，最深可达 15 米；侧根随土壤加厚而增多，着生大量块状根瘤，根系的 70% 以上分布在 40 厘米的土层内。茎直立，中空，绿色或紫红色，高 50～130 厘米，分枝 5～15 个。第一片真叶单生，其余为奇数羽状复叶，小叶 7～17 片或更多，卵圆形、长圆形或椭圆形；叶背边缘有短茸毛，托叶三角形。总状花序腋生，明显超出叶层，长 15～40 厘米，有小花 40～75 朵，蝶形，粉红色、红色或深红色，十分美丽。荚果半圆形，扁平，黄褐色；果皮粗糙有凸形网状脉纹，边缘有锯齿，成熟后不易开裂，内含肾形绿褐色种子 1 粒。种皮光滑，长 2.5～4.5 毫米，宽 2.0～3.5 毫米，厚 1.5～2.0 毫米，千粒重 15～25 克，带壳干荚重 18～36 克，硬实率不超过 20%。

二、优良特性

红豆草抗旱能力强，性喜温凉、干燥气候。与苜蓿比，抗旱性强，抗寒性稍弱。红豆草能在年降水量 200 毫米的半荒漠地区生长，在干旱地区适宜栽培利用。只要在种子发芽、植株孕蕾至初花期，土壤上层有较足水分就能正常生长。

红豆草具有较强的抗寒能力，能适应早霜、深秋降水、缺肥贫瘠土壤等不利因素。对温度的要求近似苜蓿，生活 2 年以上，春季气温回升 3~4℃时，即开始返青再生。一般春播的红豆草，播后 7 天左右出苗，出土后 10 天左右出现第一片真叶，以后大约每隔 5 天长出一片真叶。

红豆草对土壤要求不严格，可在干燥瘠薄、土粒粗大的砂砾、沙壤土和白垩土上栽培生长。它有发达的根系，主根粗壮，侧根很多，播种当年主根生长很快，第二年分布在 50~70 厘米深土层以内，侧根重量占总根量的 80% 以上，在富含石灰质的土壤、疏松的碳酸盐土壤和肥沃的田间生长极好，适宜 pH 值为 6~7.5。红豆草不适应沼泽地、排水差的重黏土土壤，水淹没 24 小时以上，根部开始腐烂，植株死亡。

三、栽培技术

（一）土壤与耕作

红豆草对土壤要求不严，大多数土壤上生长发育良好，比紫花苜蓿的适应范围广。在旱作地区，通常在前茬作物收获后，结合秋耕深翻每亩施用有机肥料 2 500~3 500 千克，过磷酸钙 20~30 千克作底肥，翌年种植。红豆草不宜连作，如果连作，则易发生病虫害，生长不良，产量不高；更新时，间隔 5~6 年后方能再种。红豆草茬地肥效高，增产效果明显，在草田轮作中有重要作用，是燕麦、大麦、玉米、高粱、小麦等禾谷类饲料及农作物良好的前作。

（二）播种

红豆草种子是带荚播种，发芽最低温度为 2~4℃，一般在 4 月中旬至 5 月初进行播种。种子田要播种国家或省级牧草种子标准规定的 Ⅰ 级种子，每亩播种量 1.5~2.0 千克。收草地播种 Ⅲ 级以上的各级种子均可，每亩用量 2.5~3.0 千克。该草虽然籽粒大，但它是子叶出土植物，播种时覆土要浅，适宜播种深度为 2~4 厘米。干旱、半干旱地区在春季土壤解冻后及时抢墒播种，如土壤墒情过差时，也可在初夏雨后播种，播种后一定要镇压接墒，以利出苗。在有浇水条件的地块，春、夏、秋三季都可播种，秋播不应迟于 8 月中旬，否则幼苗越冬不好。不论牧草地或种子田，播种方法都用单播、条播，播种行距为种子田 30 厘米、收草地 20 厘米。

（三）田间管理

出苗前要防止土壤板结，苗期要及时锄草、中耕松土。红豆草虽然抗旱，但对水分反应比较敏感，据报道，生长第二年红豆草，在前 1 年灌足冬水的条件下，亩产青草1 250千克。生长期灌水 1 次，亩产鲜草1 750千克，灌水 2 次亩产鲜草2 250千克，即每灌 1 次水可增产鲜草 500 千克。播种当年的草地要严加管护，防止人畜进入损害幼苗。干旱多风地区，冬季要镇压，防止土壤水分蒸发，预防根颈受旱、受冻，提高越冬率。冬季严禁放牧，防止牲畜刨食根颈，造成越冬死亡。越冬后的草地，要在早春萌生前进行耙地保墒。生长期间，草层达不到利用高度时，严禁提前刈割或放牧，以免损伤生机，影响以后产量。每次刈割或放牧后，要结合行间松土进行追肥，每亩施磷酸二铵 7.5~10 千克，增产效果显著。灌区在每次利用后，要结合追肥灌溉，尤其冬灌是提高翌年产量的关键。

种子田在开花初期，应将蜂箱运往田间四周，促进蜜蜂传粉，提高种子产量。春季萌生前，收集残茬焚烧，消灭病虫害，是提高产量的重要农业技术措施。种子田在开花期，可用 1：20 的过磷酸钙溶液喷洒植株进行根外追肥 2~3 次，对提高种子产量、加速成熟都有重要作用。

四、收获

（一）留茬高度

红豆草的再生枝条是从根茎上萌发，留茬高度对再生草产量影响不大，留茬高并不能增加再生草，反而降低头茬草产量。因此，在生产上大面积收割时，应尽量放低留茬高度，以增加牧草总产。张卫东等（2005）于盛花期进行了 5 厘米、10 厘米、15 厘米不同留茬高度试验，结果表明，留茬高度对红豆草再生产草量影响不大，以 5 厘米留茬高度产量略高。

（二）收草

收草地不论用作青饲或调制青干草，均应在盛花期进行收获。需要指出的是红豆草的耐刈割性较紫花苜蓿弱，播种当年只能利用一次，若第二年刈割 4 次以上或每隔 1 月利用一次时，虽然当年可收获较高产量，对越冬也无明显影响，但到翌年生长季，植株较为稀疏；若将第一次刈割期推迟到盛花期，以后每隔 30~40 天刈割一次，一般 1 年刈割 2~3 次，则对寿命和越冬均无影响；开花前刈割和秋季放牧对越冬有不良影响。秋季最后一茬再生草可在土地封冻后放牧利用。生长季结束前 30 天停止刈割或放牧利用，播种当年不宜放牧。

（三）收种

红豆草花期长，种子成熟很不一致，成熟荚果落粒性强，小面积可分期采收，大面积在 50%~60% 的荚果变为黄褐色时，于早晨露水时一次收割，收割工作要在短期内完成。

红豆草属典型的异花授粉植物，其雌蕊较长，柱头超过花药，雌雄蕊成熟时间不一致，雄性先熟，因而自花不育，即使人为控制自花授粉结实后，其后代的生长也会显著减退。在自然状态下，结实率较低，一般只在 50% 左右。

红豆草不论收草还是收种，利用 4~5 年后即可翻耕。茬地翻耕比紫花苜蓿容易，土壤较疏松，根腐烂快。翻耕宜在夏季高温季节进行，秋季翻耕，根不易腐烂，影响翌年播种。旱作地区在头茬收籽后即可进行及时伏耕，秋耕，蓄水保墒，提高后作产量。灌区可在二茬草刈割后翻耕，并及时灌水促进腐烂。翻耕深度以 18~22 厘米为宜，过浅容易再生。

五、主要价值

（一）饲用

红豆草作饲用，可青饲、青贮、晒制青干草等。青草和干草的适口性均好，各类畜禽都喜食，尤为兔所贪食。与其他豆科不同的是，它在各个生育阶段均含很高的浓缩单宁，可沉淀在瘤胃中形成大量持久性泡沫的可溶性蛋白质，使反刍家畜在青饲、放牧利用时不发生膨胀病。红豆草与紫花苜蓿比，春季萌生早，秋季再生草枯黄晚，青草利用时期长。饲料用途广泛，营养丰富全面，蛋白质、矿物质、维生素含量高，1 千克草粉，含饲料单位 0.75 个，含可消化蛋白质 160~180 克，胡萝卜素 180 毫克（表 3-8）。收籽后的秸秆，鲜绿柔软，仍是家畜良好的饲草。调制青干草时，容易晒干，叶片不易脱落。红豆草干物质消化率高于苜蓿，可达 75% 以上。红豆草种子中粗蛋白质含量近 40%，是与大豆营养相似的优良饲料。

表 3-8　红豆草不同生育期的营养成分　　　　　单位：占干物质%

生育期	粗蛋白质	粗脂肪	粗纤维	无氮浸出物	粗灰分	钙	磷
孕蕾	21.08	2.08	20.82	20.82	9.02	1.62	0.427
盛花	18.15	2.20	2.20	30.42	6.40	1.05	0.315

（续表）

生育期	粗蛋白质	粗脂肪	粗纤维	无氮浸出物	粗灰分	钙	磷
结荚	19.62	1.74	1.74	28.14	4.73		
成熟	16.89	1.30	1.30	34.17	5.17	1.34	0.177

红豆草的一般利用年限为 5~7 年，从第五年开始，产量逐年下降、渐趋衰退，在条件较好时，可利用 8~10 年，生活 15~20 年。种子产量一般为 40~100 千克/亩。

（二）肥田

红豆草作肥用，可直接压青作绿肥和堆积沤制堆肥。一般亩产鲜草 1 500~3 000 千克，每亩可提供氮素 7.5~15 千克，折合硝酸铵 22~43 千克。茎叶柔嫩，含纤维素低，木质化程度轻，压青和堆肥易腐烂，是优良的绿肥作物。根茬地能给土壤遗留大量有机质和氮素，改善土壤理化性质，肥田增产效果显著。2~4 龄每亩鲜根量一般为 1 400~2 300 千克，相当于 9.8~16.1 千克氮素，加上根系和根瘤的不断更新，以及枯枝落叶，增加的氮素就更多。根系分泌的有机酸，能把土壤深层难溶解吸收的钙、磷变为速效性养分并富集到表层，增加了土壤耕作层的营养元素。因此，红豆草是中长期草田轮作的优良作物。

（三）保土、蜜源及观赏

红豆草根系强大，侧根多，枝繁叶茂盖度大，种植第 1 年即可覆盖地面。护坡保土作用好，在风蚀和水蚀严重的斜坡地仍产量高，是很好的水土保持植物。据研究，其拦蓄径流量比农作物高 50% 以上，减沙量比农作物高 70%；在紫花苜蓿、红豆草、沙打旺、白三叶等 6 种豆科牧草中，红豆草生物量处在第 2 位，拦截径流量能力处在第 1 位。红豆草一年可开两次花，总花期长达 3 个月，含蜜量高，花期一箱蜂每天可采蜜 4~5 千克，每亩产蜜量达 6.7~13 千克，在红豆草种子田放养蜜蜂还可提高种子产量，是很好的蜜源植物。红豆草花序长，小花数多，花色粉红、紫红各色兼具，开放时香气四溢，引人入胜，可在道旁庭院种植，是理想的绿化、美化和观赏植物。

第四章 禾本科牧草种植技术

第一节 羊草

羊草属禾本科多年生根茎型牧草，为旱生或中旱生禾草，又名碱草，具有喜温耐寒，抗旱，耐碱等特性。羊草产量高、蛋白质含量高、适口性好、再生力强、持绿期长、叶量多，是一种优质高产的牧草资源，有"牲口的细粮"之美称。羊草对改善我国北方生态环境和盐渍化土地治理具有重大意义。羊草在鄂尔多斯地区广泛分布，形成强大的根网，起到防风固土、净化空气、防燥、抗污染等作用。

一、形态特征

根颈发达，下伸或横走，根深可达1~1.5米，主要分布在20厘米的土层中。茎秆直立，疏丛状或单生；株高30~90厘米，一般2~3节，生殖枝3~7节。叶鞘光滑，位于节间基部的叶鞘常残留呈纤维状；有叶耳，叶舌截平，纸质；叶片灰绿色或黄绿色，长7~14厘米，宽3~5毫米，质地较硬，干后内卷，上面及边缘粗糙或有毛，下面光滑。穗状花序直立，长12~18厘米，宽6~10毫米；穗轴坚硬，边缘有纤毛，每节有1~2个小穗，小穗长10~20毫米，含5~10朵小花；颖锥状，边缘有微纤毛；外稃披针状，无毛，第一外稃长8~11毫米。颖果长椭圆形，深褐色。

二、生长特性

羊草根系分蘖能力强，穿透土壤向周围辐射延伸，纵横交错，形成强大的根网，使其他植物不易侵入，具有较好地防止水土流失功能。羊草根系具有固氮螺菌，不形成根瘤却有很强的寄主专一性，活力强，固氮效率几乎与豆科根瘤菌相等。

羊草适应性广泛，多生于开阔平原、起伏的低山丘陵、河滩及盐碱低地，喜湿润的沙壤土或轻黏壤质土，干旱板结时生长受到抑制。耐盐碱能力强，是非盐植物中耐盐碱性较强的植物之一，能生长在总含盐量为 0.1%~0.3% 的土壤中。对土壤 pH 值的适应范围较小，对强酸不能适应，喜在偏碱性的条件下生长，最适 pH 值 7~8。羊草适于在年降水量 300~600 毫米的干旱或半干旱、半湿润的地区生长，在年降水量 250 毫米的地区仍生长良好；在湿润年份茎叶茂盛，不易抽穗，干旱年份能正常生长，能抽穗结实；不耐淹，长期积水会大量死亡。羊草为喜温耐寒的北方型牧草，能忍耐−42℃低温，在冬季−40.5℃ 可安全越冬，生育期可达 150 天。

羊草既可以进行有性繁殖，也可以进行无性繁殖。有性繁殖主要是利用羊草种子进行繁殖，无性繁殖则主要利用羊草根茎生长点、根茎节、根茎芽等无性繁殖器官生长的新芽形成地上新枝，组成新的草丛。在自然生境中以无性繁殖为主，有性繁殖为辅；在人工种植条件下，往往是前期以有性繁殖为主，后期以无性繁殖为主。在营养生殖的同时，也进行生殖生长。中、轻度羊草退化草场，通过切断根茎和松土施肥，就可更新复壮。人工播种羊草，建立羊草人工草地，可以利用 20 年以上。

三、栽培技术

（一）选地和整地

羊草根系发达，适应性广泛，选地不严。除贫瘠的沙地、岗地、低湿内涝地和重盐碱地外，多数土地均可种植，但以土层深厚、有机质丰富的壤土和沙壤土最好。退化草原和退耕还草地都适合羊草的栽培，也适于在堤坝、路基坡面、鱼塘四周种植，以保持水土。羊草种子细小，苗期生长缓慢，播前必须精细整地，才能苗全苗壮。土壤要细碎深厚，墒情要适宜，播种前一年要进行深翻、耙平、镇压，并施好基肥。第二年春播时，再进行耙耱，破碎土块，平整地面。

（二）种子处理和播种

羊草种子成熟不一致，发芽率较低，又多秕粒和杂质，播种前种子要进行清选，经风选、筛选和晒种后，根据种子发芽率，确定播种量。从天然草场上采收的野生羊草种子，发芽率能达到 30%~40%，在一般耕地上，可播种 2.7~3.3 千克/亩；若在退化的羊草草场上播种，则为 2~2.3 千克/亩。播种期要根据当地的自然气候和土壤墒情而定：春播 3 月下旬或 4 月上旬抢墒进行；春旱不严重，可在 4 月中、下旬播种；夏播于 5 月下旬或 6 月上旬进行；秋播不得迟于 8 月下旬；如无灌溉条件，鄂尔多斯地区在 6 月中旬至 7 月中旬雨季播种为好。行距 15~30 厘米，以 30 厘米单条播为好，覆土 2~3 厘米。播后及时镇压，以利出苗。羊草与苜蓿、沙打旺、野豌豆等作物混播，能提高其产量、品质及土壤肥力。

（三）无性繁殖

羊草根茎有生长点、根茎节、根茎芽等，是重要的无性繁殖器官，在水分、温度、土壤肥力等条件适宜时，就能良好发育，长出根茎芽，实现无性繁殖。人工种植，可将羊草根茎分成小段，长 5~10 厘米，每段有 2 个以上根茎节，按一定的行距埋入开好的土沟内，即可成活发芽。进行无性繁殖的羊草，成活率高，生长快，产草量高，是建立羊草草地的快速途径。

（四）田间管理

1. 杂草防除

羊草苗期生长缓慢，植株细弱，竞争力低，易受杂草控制，应在播前或播后及时消灭杂草，以播前除草效果最好。除草可采用人工除草、机械除草、化学药剂除草。人工除草和机械除草都要抓住时机，在羊草已扎根且杂草尚在幼小时进行。当羊草长出 2~3 片真叶时，用齿耙耙地灭草率可达 80% 以上。2~3 年后，随着羊草密度的增加，杂草将逐渐减少，对高大的阔叶杂草（如灰菜、苍耳）可用除草剂防除。

2. 施肥

羊草利用年限长，产草量高，需肥多，必须施足底肥。基肥一般施腐熟的厩肥 2 500~3 000 千克/亩，土壤贫瘠的沙质地和碱性较大的盐碱地，多施一些有机肥料，不仅能提高土壤肥力，改善土壤结构，还能缓冲土壤酸碱性，对羊草生长更为有利。与此同时，施磷酸二铵 10~13 千克/亩，播种时施尿素 7~10 千克/亩作种肥。以后每隔 3~4 年，结合松土进行施肥，应以氮肥为主，一般施氮肥 1 千克，可增产青干草 11 千克左右。增施磷肥和硼肥可提高结实率、增加种子产量和提高种子品质。

3. 更新复壮

羊草为根茎型禾草，生长到第 5~6 年，根茎纵横交错，形成坚硬草皮，通气性变差，产量降低，因此要适时切断根茎，促进无性繁殖，实现更新复壮，使羊草草群保持较长时间高产。方法可采用圆盘耙或缺口重耙将根茎切断，或使用浅耕机械，通过犁铧切断根茎。有研究证实，对于退化的羊草地通过垂直切根增加分株，切根深度并非越深越好，切根深度为5厘米，在切根间距为30厘米时，更新复壮后产量最高，切根效果最好（张佳良等，2017）。

四、收获

羊草一般以8月下旬至9月中旬刈割为宜。刈割时间的早晚不仅影响青干草的产量和品质，也影响草群组成的变化。刈割过早，会长出新芽，消耗根茎中的营养物质，造成冬季根部营养物质积累不足，影响越冬和第二年羊草的产量，且易造成杂草大量侵入；刈割过晚，青干草品质和营养价值下降。一般留茬高度5~8厘米，有利于翌年生长。收割时应选择晴朗天气进行，刈割后晾晒一天即可用人工或机械制成草条，使之慢慢阴干，然后将草条集成大堆，使其含水量降至15%左右便可收贮。羊草地采收种子一般在7月下旬至8月上旬。

五、利用

羊草叶量多、营养丰富、适口性好，草食畜禽一年四季均喜食，农牧民常说："羊草有油性，用羊草喂牲口，就是不喂料也上膘。"羊草可用于青饲、青贮和调制青干草，但主要用于调制青干草。羊草花期前粗蛋白质含量一般占干物质的11%以上，分蘖期高达18.53%，且矿物质、胡萝卜素含量丰富，每千克干物质中含胡萝卜素49.5~85.87毫克。羊草调制成青干草后，粗蛋白质含量仍能保持在10%左右，且气味芳香、耐贮藏。羊草产量高，增产潜力大，在良好的管理条件下，一般产青干草200~500千克/亩，产种子10~25千克/亩。

第二节　无芒雀麦

无芒雀麦又名光雀麦、无芒草、禾萱草，为禾本科多年生根茎型草本植物，具有品质好、营养价值高、适口性好、耐寒抗旱、易栽培等优良特性。它对气候与土壤的适应性较强，根部蔓生地下茎，再生力很强，能有效固定沙丘和防止水土流失，是草地生态工程建设的优先植物，在我国大面积栽培已有50多年的历史。

一、形态特征

根系发达，短根茎。茎直立，圆形，疏丛生，具5~7节，高30~50厘米。

叶片淡黄色，长而宽，一般5~6片叶，表面光滑，叶缘有短刺毛，无叶耳，叶舌膜质，短而钝。圆锥花序，长20~30厘米，较密集，花后开展。穗轴每节轮生2~8个枝梗，每枝着生2~6枚小穗，小穗近圆柱形，由6~12个花组成，长15~25毫米；小穗轴节间长2~3毫米，生小刺毛。颖披针，具膜质边缘，第一颖长4~7毫米，具1脉，第二颖长6~10毫米，具3脉；外稃长圆状披针形，长8~12毫米，具5~7脉，无毛，基部微粗糙，顶端无芒，钝或浅凹缺；内稃膜质，短于其外稃，脊具纤毛；花药长3~4毫米。颖果长圆形，褐色，长7~9毫米。

二、生长适应性

无芒雀麦地下根部生长较快，能进行无性繁殖，侵占能力强。播种当年根入土可达20厘米，生长第2年根系产量可达800千克/亩，根系多分布在5~15厘米土层里。早春播种的无芒雀麦当年可长出一级根茎，并有个别根茎末端芽穿出地表形成新枝。第2~3年根茎和根茎枝发达，由于根茎枝的生长，从第三年起播行即不明显。

无芒雀麦抗寒能力强，冬季最低气温-30~-28℃的地方能安全越冬。在有雪覆盖的东北地区的北部，-40℃低温下，越冬率仍达83%，是北方高寒地区耐寒性较强的牧草。它属中旱生植物，耐水淹，持续时间可达50天。无芒雀麦种植4年后，根茎变细变短而瘦弱，整个草地生产力呈下降趋势，需要更新。由于这种特性，影响到种子产量和质量，以第二年最高，第三年下降，第四年更低。

三、栽培与管理

（一）选地与整地

无芒雀麦适应区域广泛，对土壤要求不严格，适于在排水良好而又肥沃的壤土上生长，轻沙土壤也能生长，但不耐盐碱和酸性土壤，对于强酸、强碱和低湿地不宜种植。最好选用土层深厚、排水良好、中等肥力以上的沙壤土。无芒雀麦根系发达，要求土壤疏松，最好是秋翻地，随之耙碎土块，耙平地面，以减少水分蒸发。如无秋翻地，春翻时应在播种前翻耙整地。

（二）播种

无芒雀麦既可春播也可夏播，主要根据当地土壤墒情和降水情况而定。如在4月末至5月初多有一次透雨，可在雨后播种。如有灌溉设施，也可在4月末播种。播种量依据种植目的而定，单播采草地，播种量 1.2~1.3 千克/亩，种子田播种量 0.6 千克/亩，混播草地按单播草地播种量的 80%~90%。播种方法用条播机播种为宜。采草地行距 30 厘米，采种田行距 40 厘米，播深 2 厘米，播种后应及时镇压。无芒雀麦与苜蓿混播，建立混播放牧地，二者生长较协调。试验表明：苜蓿+老芒麦、苜蓿+披碱草混播组合中，其生物产量及二者的协调性和持久稳产性均低于苜蓿+无芒雀麦混播组合（包乌云，2013）。

（三）施肥

由于无芒雀麦可利用年限较长，为了持续高产和稳产，施足底肥十分重要。可在翻地时同时施入农家肥 1.5~2 吨/亩，或磷酸二铵 13.3 千克/亩；播种时施尿素 6.1 千克/亩。生长 3~4 年后，可结合松土切根追施复合肥 13.3~16.1 千克/亩。试验结果表明，播种时施磷肥 10 千克/亩作种肥，播种当年产草量比不施肥提高 1.7 倍，第 2 年仍可提高 1 倍，两年合计增产青干草 330 千克/亩。

（四）田间管理

秋翻地第二年播种无芒雀麦时，应进行播前除草，否则苗期生长缓慢，容易受杂草抑制。除草可用人工拔除或 2，4-D 除草剂防治。混播草地一些可食的低矮杂草不必防除，如有高大杂草（如苍耳、灰菜）要及时防除。无芒雀麦草地生长第 4~5 年时，根茎积累盘结，易结成絮状草皮，致使土壤表面坚实，有碍土壤蓄水透气，有机质分解缓慢，产草量下降。为此，可在早春或第二次收割后，用重耙或深松犁进行耙地松土，改善土壤的通透性，促进生长，复壮草群。

四、收获

无芒雀麦的再生性很强，一般一年可收割两茬，第一茬在抽穗期收割，第二茬可在 8 月末至 9 月初收割；混播草地水肥条件良好，一年可刈割 3~4 次。留茬高度 3~5 厘米。调制优质青干草，选天气晴朗 5 天以上的时间，突击抢收，根据茎叶水分蒸发情况，及时翻晒积堆，防止暴晒过久而失去绿色。当茎叶含水量达 17%~18% 时，就可以积大堆码垛或打捆，经自然风干后，含水量达 14% 时，即可入库贮存。种子成熟后，颖壳呈赤褐色，籽实开始硬固，即可立即收割，风干后及时脱粒。若种子成熟后不适时收割，一旦遇到狂风暴雨，将会造成自然落粒而减产。

五、利用

无芒雀麦是草食家畜最喜食的牧草，茎秆脆嫩，叶片宽长柔软，茎少叶多，营养丰富。营养期粗蛋白质含量占干物质的 20.4%，抽穗期粗蛋白质含量达 16%。无芒雀麦青饲、青贮和调制青干草均适宜。其根系发达，并有短根茎，较耐踩踏，是建立人工牧场的理想牧草。无芒雀麦寿命较长，每年施肥灌溉可生长 12~13 年，这是许多禾本科牧草所不及的。

第三节　披碱草

披碱草系禾本科多年生疏丛型草本植物，又名野麦草、直穗大麦草。在干旱草原带、荒漠草原带、草原化荒漠带内到处可见，能有效防止水土流失。披碱草具有营养价值高，适口性好，消化率高的特点，属中上等品质牧草，在我国水土条件差的西部地区广泛栽培。它分蘖较多，产草量高，对土壤适应性广。建植人工披碱草地，是解决高寒地区牧草季节供求不平衡，促进草牧业持续稳定发展的有效措施之一。

一、形态特征

须根系，颇发达，多集中在 15~20 厘米的土层中，根深可达 110 厘米。茎直立，疏丛状，株高 70~85 厘米或更高，具 3~6 节，基部各节略膝曲。叶鞘无毛，包茎，大部越过节间，下部闭合，上部开裂；叶片披针形，扁平或内卷，上面粗糙，呈灰绿色，下面光滑；叶缘具疏纤毛，叶舌截平；叶下表皮细胞呈长砖形，细胞壁有细密皱折；叶上表皮细胞呈齐尖梭形。穗状花序，直立，长 14~20 厘米，先端部生 2 小穗，上部小穗排列紧密，下部较疏松；含 3~5 小花，全部发育；颖披针形，具短芒；外稃背部被短毛，芒粗糙，成熟时向外展开；内稃与外稃几乎等长。颖果呈椭圆形，褐色，千粒重 2.8~4 克。

二、生长适应性

披碱草的根系发达，可以充分吸收地下水分；叶片具旱生结构，在干旱时卷成筒状，可减少水分蒸发，干旱条件下仍可获较高的产量。在年降水量 250~300 毫米的地区生长良好，但苗期抗旱能力稍差。披碱草的分蘖节距地表较深，大多分布在距地表深 3 厘米以下，能抗御低温侵袭，在-41.2℃的低温地区，仍能安全越冬，适合于高寒地区栽培。披碱草耐盐碱，可在 pH 值为 7.6~8.7 的土壤上良好生长。在多风沙地区仍能保苗生长。当年实生苗只能抽穗，生长第二年一般 4 月下旬至 5 月上旬返青，6 月中旬至 7 月下旬抽穗开花，8 月中下旬种子成熟，全生育期 102~120 天。

三、栽培技术

（一）整地与施肥

披碱草对土地要求不严，耐瘠薄，能适应鄂尔多斯地区各类土壤，但更喜欢湿润和排水良好的土壤。播种时需要秋翻整地，以减少土壤中水分蒸发。播前打碎土块，平整土地，疏松表土，精耙细糖。生荒地要深耕，耕层不浅于 18~25 厘米，草要翻入土中，草垡要打碎、盖严，以利压青分解。翻耕前每亩施入腐熟的有机肥 1 000~1 200 千克，也可播种时施入种肥。

（二）播种

1. 播前准备

披碱草种子具长芒，播前应特别注意处理种子，不经处理种子易结成团，不易分开，致使播种不均匀，故播种前要去芒。一般采用断芒器或环形镇孔器滚轧断芒。

2. 播种期

披碱草春、夏、秋三季均可播种。如有灌溉条件或春墒较好，可以春播，以清明前后为宜。如果春墒不好，又无灌溉条件，最好夏季雨季播种，雨季抢墒播种比春播出苗快，易保全苗。

3. 播种方式和播种量

大面积草田可采用条播或撒播，播种量每亩 1.5~3 千克；种子田需条播，可适当少播，每亩播种量 1~2 千克，行距 15~30 厘米，以防过密影响种子产量。播深 3~4 厘米，播后镇压，以利保墒出壮苗。披碱草初期生长缓慢，播种当年产量不高。为了提高当年产量，改进牧草质量，常常与麦类、豆类等一年生作物间作、混播。

（三）田间管理

披碱草苗期生长缓慢，幼苗长出第 3 片真叶时，进行一次中耕除草，以消灭杂草和疏松土壤，促进良好的生长发育。拔节期根据雨水情况及时灌溉。翌年可在雨季每亩追施尿素或硫酸铵 10~20 千克。披碱草病害较少，常见的有秆锈病，主要症状是叶、茎、颖上产生红褐色粉末状疱斑，后期变为黑色，即病菌夏孢子堆和冬孢子堆。预防方法主要是合理施肥和灌水，也可用药剂进行防治。披碱草易遭鼠害，抽穗开花期恰是幼鼠长牙之时，常咬断茎秆，造成缺苗，此时，应在田间投放灭鼠毒饵或采取鼠铗等及时灭鼠。披碱草生长2~4年产量最高，5年后产量开始下降，故从第4年开始要松土、切根和补播，以更新复壮。

四、收获

在旱作条件下，一般每年刈割一次，霜前一个月收割。水肥条件好时，一年可割2次。第一次可在抽穗期，第2次在霜前一个月进行，刈割时间不可太晚，以免影响越冬。其留茬以8~10厘米为好。披碱草播后第2~3年，株高可达1.3米左右，平均亩产青干草250~300千克。披碱草结实性良好，籽实产量高，通常每亩产籽50千克左右。种子田收割要及时，当有40%~50%穗变黄时，就应立即收割，否则种子会大量自然脱落，影响收种量。

五、利用

披碱草分蘖多，叶量大，开花前茎秆细嫩，枝叶茂盛，含粗灰分少，各个生长季节粗蛋白质含量变化幅度小，直接饲喂家畜营养价值高。披碱草质地较柔软，易于调制青干草，以营养价值最高的抽穗期刈割最具优势。青草收割后，要及时晒干、上垛，注意防止霉烂。调制好的披碱草青干草，颜色鲜绿，气味芳香，适口性好，马、牛、羊均喜食，是冬春优质保膘牧草。绿色的披碱草青干草制成的草粉亦可喂猪。

第四节　青贮玉米

玉米按照收获器官和用途可分为三大类：籽粒玉米、鲜食玉米和青贮玉米。目前，有关青贮玉米的定义国内尚不统一，基本认为青贮玉米是在乳熟期到蜡熟期收获，将果穗和茎叶全部用于饲喂动物的玉米。青贮玉米在畜牧业生产中占据重要位置，发达国家在畜牧业生产中非常注重青贮玉米的生产，我国随着经济的快速发展，青贮玉米生产持续快速发展，种植面积不断扩大，青贮量不断增加，加工利用水平不断提高。青贮玉米因具有产量高、生产周期短、营养丰富、适口性好等特点，被称为"饲料大王"，是生产奶、肉等畜产品最重要的饲草来源。大力发展青贮玉米，对调整优化种植结构，提高农业综合效益，增加种养收入具有重要意义。

一、青贮玉米品种

用于青贮的玉米的品种除要求具有良种的一般特性外，还要求具有耐密、高秆、中后期生长快、生物量高、早熟等特性。青贮玉米品种很多，下面介绍几种较常见的优良品种。

（一）科多8号

'科多8号'为中国科学院通过细胞工程技术选育而成的第三代青贮玉米新品种，具有分枝多穗、根系发达、抗旱、抗倒、持绿度强、适应性强、青贮产量高等特点。株高300~350厘米，属中晚熟品种。一般耕地均能种植，粗蛋白质含量8.6%，一般地块鲜秸秆产量5 000千克/亩以上，高产地块鲜秸秆产量7 000~8 000千克/亩。该品种因有分枝，播种量应比其他品种少，手播2.5千克/亩，机播2千克/亩。一般亩保苗4 000~5 000株。

（二）科青1号

'科青1号'由中国科学院遗传与发育生物学研究所选育。生育期145天，出苗至青贮110天。叶片数24片，叶宽13~14厘米，叶鲜重占全株鲜重的19%，株高350~420厘米，茎秆粗壮。持绿性强，抗倒伏，抗大斑病、小斑病。品质好，适口性好。鲜秸秆产量6 000~8 000千克/亩。播种量3~4千克/亩，种植密度4 000~5 000株/亩。

（三）高油647

'高油647'为中国农业大学育成的晚熟优质青贮玉米杂交种。株高330厘米，穗位190厘米，叶片数21片，籽粒橙黄色、马齿形，长筒形果穗，不秃尖，穗轴白色，千粒重305克。籽粒含油量8.0%，比普通玉米高50%。蛋白质含量12.9%，赖氨酸含量0.34%，粗淀粉含量70.8%。高抗大斑病、小斑病、丝黑穗病、茎腐病和黑粉病，同时具有较强的抗旱性和保绿性，属于活秆成熟类型。种植密度5 300株/亩左右。秸秆产量鲜重8 562.5千克/亩。抽雄吐丝后的30~35天是制作青贮的最佳时期。

（四）中农大青贮67

'中农大青贮67'由中国农业大学选育。出苗至籽粒成熟133天。幼苗叶鞘浅紫色，叶片绿色，叶缘青色。株型半紧凑，株高293~320厘米，成株叶片数23片。果穗筒形，穗长21~25厘米，穗行数16行，穗轴白色，籽粒黄色、硬粒型。高抗小斑病、大斑病和矮花叶病，中抗纹枯病、丝黑穗病。全株中性洗涤纤维含量 41.37%，酸性洗涤纤维含量 19.93%，粗蛋白质含量 8.92%。秸秆产量鲜重 4 513 千克/亩，干重 1 253 千克/亩。适宜密度 3 000~3 300 株/亩，注意防治丝黑穗病、纹枯病。

（五）农大 108

'农大 108'由中国农业大学育成。春播生育期 120 天，夏播生育期 108 天。株高 260 厘米，穗位 105 厘米，穗长 20 厘米，穗粗 4.9 厘米，穗行数 16~18 行，行粒数 40 粒，千粒重 300 克，出籽率 85%，籽粒马齿形，质地半硬。根系发达，茎秆坚韧，具有较强的抗倒伏、耐旱、耐涝、耐贫瘠能力，抗大斑病、小斑病、丝黑穗病、褐斑病、青枯病等多种病害，活秆成熟。籽粒产量 614.3~748.5 千克/亩，鲜草产量 3 848 千克/亩。

（六）奥玉青贮 5102

'奥玉青贮 5102'由北京奥瑞金种业股份有限公司选育。出苗至籽粒成熟 130 天。幼苗叶鞘紫色，叶片深绿色，叶缘青色。株型半紧凑，株高 305 厘米，成株叶片数 22~23 片。果穗筒形，穗长 23 厘米，穗行数 18 行，穗轴白色，籽粒黄色、半硬粒型。高抗小斑病、丝黑穗病和矮花叶病，中抗大斑病、纹枯病。全株中性洗涤纤维含量 42.77%，酸性洗涤纤维含量 21.42%，粗蛋白质含量 9.43%。秸秆产量鲜重 4 827 千克/亩，干重 1 313 千克/亩。中等以上肥力土壤栽培，适宜密度为 3 000 株/亩。该品种要注意控制种植密度，防止倒伏。

（七）中北青贮 410

'中北青贮 410'由山西北方种业股份有限公司选育。出苗至青贮收获 111 天。幼苗叶鞘紫色，叶片绿色，叶缘青色。株型半紧凑，株高 309 厘米，穗位 143 厘米，总叶片数 17~19 片。果穗筒形，穗长 21.2 厘米，穗行数 14~16 行，穗轴白色，籽粒黄色、硬粒型。抗大斑病、小斑病和丝黑穗病，中抗纹枯病、矮花叶病。全株中性洗涤纤维含量 42.74%，酸性洗涤纤维含量 20.93%，粗蛋白质含量 8.32%。秸秆产量鲜重 4 373 千克/亩，干重 1 347 千克/亩。中等以上肥力土壤栽培，适宜密度为 4 500~5 500 株/亩。

（八）辽单青贮 625

'辽单青贮 625'由辽宁省农业科学院玉米研究所选育。出苗至籽粒成熟 136 天。幼苗叶鞘紫色，叶片深绿色，叶缘青色。株型半紧凑，株高 272 厘米，成株叶片数 23 片。果穗筒形，穗长 23 厘米，穗行数 14~16 行，穗轴白色，籽粒黄色、半马齿形。高抗小斑病、大斑病，抗矮花叶病，中抗丝黑穗病和纹枯病。全株中性洗涤纤维含量 40.58%，酸性洗涤纤维含量 17.66%，粗蛋白质含量 7.47%。秸秆产量鲜重 4 040 千克/亩，干重 1 260 千克/亩。中等以上肥力土壤栽培，适宜密度春播和夏播分别为 3 500 株/亩、4 000 株/亩，注意防治纹枯病。

（九）京早 13 号

‘京早 13 号’由北京市农林科学院玉米研究中心选育，生育期 92 天，株高 240 厘米，穗位 95 厘米。穗长 15 厘米，无秃尖，穗粗 5.0 厘米，穗行数 16~18 行，穗粒数 500 粒左右。籽粒黄色，半硬粒型，千粒重 300 克左右，平均穗粒重 150 克左右。籽粒粗蛋白质含量 11.25%，含油量 4.47%，赖氨酸含量 0.36%。在中高肥水条件下，夏播产籽粒 450~500 千克/亩，春播 600 千克/亩左右。高抗大斑病、小斑病、矮花叶病毒病及粗缩病。成熟时青枝绿叶腰中黄，秸秆蛋白质含量 9.2%，粗纤维素含量 40.8%，青贮消化率高。春播 6 月中下旬播种，3~4 叶定苗，留苗 4 000 株/亩左右。

二、栽培技术

（一）选地与整地

青贮玉米种植密度大，地上部分干物质产量高，对地力、肥水要求较高，应选择地势平坦、土层深厚、肥力较好地块。前茬不限，应轮作，不宜连作，否则会因某种营养元素不足造成低产，也会引发病虫害。一般在春季翻地、整地、培垄，耕翻深度可根据土壤情况而定，一般深比浅好，以 20~30 厘米为宜。整地要精细，主要是将翻耕后的土地整平耙细，达到地平、土碎、墒足、地净的标准。

（二）播种

播种是抓全苗、匀苗，取得高产的关键。选用籽粒饱满整齐和发芽率高的优良种子，播种前晾晒 2~3 天，用种衣剂包衣和植物生长调节剂拌种。可春播和夏播，春季土壤 10 厘米耕层地温稳定在 8℃以上，田间持水量达到 60% 时等距点播或穴播，播深 4~5 厘米。青贮玉米种植密度大，如果出苗不整齐，中后期欺苗现象往往比较严重，会导致群体茎秆产量降低，品质下降，因此要做到播种深浅一致、覆土均匀、镇压及时。

青贮玉米种植密度一般要比粮用玉米增加 1/3 或更多，每亩 7 000 株左右。

具有分枝性青贮玉米品种，应比单秆品种减少播种量，手播时 3 千克/亩，机播时 2 千克/亩。采用机械收获时，要考虑行距，一般采用 60 厘米等行距种植，也可采用 80 厘米+40 厘米宽窄行播种，以利于田间通风、透光，提高水肥利用率和抗倒能力，实现高产。为了延长青贮料的供应时间，可分期播种，间隔时间一般为 15~20 天。

（三）田间管理

1. 间苗定苗

玉米长出 3~4 叶时要及时间苗，将小苗、弱苗、杂苗拔除，长到 4~6 叶时进行定苗，苗不足时要及时补苗。青贮玉米根据品种不同，选择适当的留苗密度，具体密度要根据品种的分蘖特性、田块的肥力水平而定，分蘖力强的品种苗距留大一些，地力水平高的地块苗距可以小一些。

2. 杂草防除

杂草和玉米争夺阳光和空间，还会消耗土壤中的水分和养分，并且是某些病原和害虫的越冬与寄主场所。杂草过多，严重影响青贮玉米产量，并且会导致玉米多种虫害发生，要及时清除玉米地中的杂草。除草可采用人工除草和化学除草。人工除草可以使土壤疏松，增加土壤中的氧气含量，从而促进土壤中微生物的生长，进而增加土壤中有机质的含量，还可以提高化肥的效率。一般定苗后进行 2 次中耕除草，第二次除草要蹚得深一些。化学除草要采用玉米专用除草剂，而且要选择适宜的使用时期，播种后至出苗前用拉索乳油等除草剂进行土坡封闭，在植株封垄前及时铲除，可以取得铲除杂草和培土防倒的双重效果。

3. 施肥

青贮玉米种植密度较大，生育期间对肥料的要求很高，为确保产量，要适当增施氮磷肥。在中等肥力的地块上，整地时每亩深施优质农家肥3 000~4 000千克、磷酸二铵 10 千克作底肥。播种时每亩施用复合肥 10 千克做种肥。拔节期要追肥，每亩追施碳酸氢铵 35 千克。在吐丝后追第二次肥，每亩追施碳酸氢铵 15 千克，以防早衰。

4. 灌溉

虽然玉米喜半干旱气候，但是对水分较为敏感，不同阶段的玉米对水分的需求量不同，在开花期，通常每株玉米每天的需水量为 2 千克左右，这一时期要对玉米进行灌溉。在花期后视旱情还应浇 1~2 次水，以保证收获期植株青秆绿叶，但后期浇水应防止大水漫灌，一般维持田间持水量在 70%即可。

三、收获

成熟度对青贮玉米的干物质产量和营养品质影响很大，短期收割非常重要。最适收割期是在授粉后40天、乳熟后期至蜡熟前期，含水量为60%~68%时，这种理想的含水量在半乳线阶段至1/4乳线阶段出现（即乳线下移到籽粒1/2至3/4阶段）。若在饲料含水量高于68%或在半乳线阶段之前收获，干物质积累就没有达到最大量；若在饲料含水量降到60%以下或籽粒乳线消失后收获，茎叶会老化而导致产量损失。如果青贮玉米能在短期内收完，则可以等到1/4乳线阶段收获；如果需1周或更长时间收完，则可以在半乳线阶段至1/4乳线阶段收获。

在青贮玉米收割时，应注意提高收割质量。青贮玉米的收割部位应是茎基部距地面5~8厘米处，因为靠近地面的茎基部比较坚硬，即使青贮发酵后奶牛等家畜也不愿食用，而且坚硬的基部最易损伤切碎机刀具。另外，收割部位较低时，易使植株带泥，而带泥的植株进行青贮时，将杂菌等也一起带入，会影响青贮质量。大面积青贮玉米都采用机械收获，有单垄收割机械，也有同时收割6条垄的机械，随收割随切短随装入拖车当中，装满后运回青贮窖装填入窖。小面积青贮玉米地可人工收割，把整棵的玉米秸秆运回青贮窖附近，切短填装入窖。

第五节　燕麦

燕麦系一年生禾本科植物，具耐贫瘠、营养价值高、饲用品质好等特点，是优良的粮饲兼用作物。通常分为有壳燕麦（亦称皮燕麦）和无壳燕麦（亦称裸燕麦）两种。皮燕麦主要用于生产饲草和籽实精饲料，通常称为饲用燕麦。由于其适应性强，适于凉爽湿润的地区生长，特别是在高纬度或高海拔地区已成为最主要的栽培牧草，在家畜饲养上有着广泛的应用。裸燕麦可粮、饲料和饲草兼用，主要用于粮食和保健食品。由于其蛋白质含量高，淀粉含量低，与其他谷物食品相比，具有饭后抑制血糖浓度上升和调整胰岛素的功效，常被用作糖尿病患者的治疗食品。燕麦是一种古老的农作物，早在2 000多年以前就有文字记载，在世界上种植面积仅次于水稻、小麦和玉米等粮食作物，位居第7位。

一、形态特征

燕麦须根系，入土深可达1米。秆直立，高70~150厘米，丛生，分蘖较多。苗期叶片表面被白粉，呈淡绿色；叶鞘无毛；叶舌膜质；叶片长7~20厘米，宽

5~10厘米。花序圆锥形顶生，开展，长达25厘米，茎10~15厘米。穗轴直立或下垂，下部各级分枝较多，小穗着生于分枝顶端；小穗长15~22毫米，含1~2小花，小穗轴不易脱节；颖质薄，卵状披针形；外稃质坚硬，具短芒或无芒，内稃与外稃近等长。颖果长圆柱形，长约10毫米，黄褐色。种子千粒重25~35克。

二、生长适应性

燕麦种子发芽的最低温度为2~4℃，最适温度为15~25℃，幼苗能耐-3℃低温，成株在-6℃以下受冻害，不耐热，对高热特别敏感，开花和灌浆期如遇高温则影响结实。抗旱性不强，是需水较多的作物，尤其是在开花和灌浆期。在抽穗前后要求相对湿度在57%~68%。对土壤酸碱性适应能力较强。燕麦有冬性和春性之分，冬性燕麦生育期长，一般在200天左右，主要在南半球的冬季种植。春性燕麦主要在北半球种植，生育期一般在75~125天，株高60~160厘米，有些品种可高达200厘米以上，播种时期对产量的影响较大，宜早播。

三、栽培技术

（一）品种选择

品种是影响产量和品质的重要因素，高产品种可以提高青干草产量20%以上，而且茎叶比也不同，产量越高，叶量越丰富，其青干草产量和品质越高。高秆品种在同等条件下其种子和饲草产量分别比矮秆品种高18%和29%，但高产的同时也会带来植株倒伏，影响产量和品质，而矮秆品种即使在加大播种量时也不易倒伏。在高海拔、生长期短的地区，宜采用早熟品种，以充分利用有限的水热资源获得尽量多的生物产量。

（二）选地与整地

燕麦不宜连作，在合理轮作的基础上，选用豆类、玉米、甜菜、马铃薯等前茬。选择较为湿润、耕层深厚、地势平坦、土质疏松肥沃的壤土或沙壤土地块。整地应做到早、深、细，形成松软细绵、上虚下实的土壤条件。

（三）播种

1. 播期

因地区和播种目的不同而异，一般早春土壤解冻10厘米左右时即可播种。鄂尔多斯地区燕麦播种期一般在4月初至月末，最佳播种期为清明前后，最迟不宜超过谷雨。旱地要根据降水情况，抢墒播种，抓苗是旱地燕麦高产的一项主要措施。

2. 播种方式

燕麦播种要做到深耕、细耙、镇压。镇压后采用机械或人工开沟，下种要深浅一致，播种均匀，播后糖地使土壤和种子密切结合，防止漏风闪芽。一般采用条播，不宜撒播。行距 15~20 厘米，播深 5~6 厘米，播种量 10~15 千克/亩，燕麦宜与春箭箬豌豆等豆科牧草混播。与豆科牧草混播，可以充分利用禾本科和豆科牧草在利用光照资源和土壤养分方面的互补性，豆科可以固氮，而禾本科喜氮肥，所以往往混播草地的产量均高于其各自单播，而且品质较单播燕麦高。特别是箭箬豌豆具有卷须，其单播易倒伏，下部叶片易枯黄脱落，降低了产量和品质。而与燕麦按各 50% 播种量混播时，可以缠绕在燕麦茎秆上向上生长，叶片保留得好，两者生育期相宜，均能在最佳刈割期收获，箭箬豌豆茎秆柔软、叶片多，蛋白质含量高，适口性好，可以提高整体的营养水平。研究表明，混播青贮能显著增加肉羊体重和日增重（曾植虎等，2011）。

此外，复种也是一种提高效益的好方法。乌兰察布市瑞田现代农业有限公司在内蒙古农牧科学院的技术支撑下，采用大麦复种燕麦的方法，取得了良好的经济效益。大麦具有早熟、生育期短，营养价值与燕麦相近的特点，通过复种，在一个生产周期内的产量大大提高。通过测产，大麦亩产青干草 500 千克，燕麦亩产青干草 500 千克，合计亩产青干草达 1 吨。

（四）田间管理

1. 杂草防除

在整个生育期要中耕除草 2~3 次，三叶期中耕松土除草，要早除、浅除，提高地温，减少水分蒸发，促进早扎根，快扎根，保全苗。拔节前进行 2 次除草，中后期要及时拔除杂草。面积较大可采用化学除草剂。需要注意的是燕麦对除草剂敏感，在生长期间，尽量不用，如必须使用，应在四叶期至五叶期进行，并严格控制剂量。

2. 施肥灌溉

燕麦需水量较高，在生长期要及时浇水，尤其在三叶期、拔节期要进行浇水。一般燕麦第 1 次浇水应在三叶期至四叶期，此时是决定产量的关键时期，此时浇水可每亩追施尿素 5~8 千克。第二次灌水应在拔节期，在分蘖末期到拔节期幼穗分化进入小花分化阶段，此时是决定产草量的关键时期，此时浇水有利于穗粒数增多，如果发现叶片颜色变浅，可结合灌水每亩追施尿素 2~3

千克。

3. 病虫害防治

总体讲，要遵循预防为主，综合防治的基本原则。从整个生态系统出发，优先使用农业措施、生物措施，创造不利于病虫害滋生，但有利于各类天敌繁衍的环境条件。具体主要采用以下几种方法：一是引种时应严格进行植物检疫，不得将有害的种子带入或带出；二是选择优良品种，优质种子，合理间作、轮作；三是清除前茬宿根和枝叶，实行秋季深翻，减少虫口基数。必要时可适当采用药剂防治。

四、收获

单播燕麦生产青干草的最佳收获期为抽穗期，此时产量高，品质好，可调制优质青干草。但是，如同其他一年生禾本科牧草一样，结实期后刈割，草的品质明显下降，基本属于秸秆的水平，与其他秸秆类粗饲料相比非常相似。燕麦再生能力强，两次刈割能为畜禽均衡提供青饲料，第一次刈割适当提早，留茬 5 ~ 10 厘米，刈割后 30 天即可刈割第 2 次，比抽穗期只刈割 1 次产量和品质高。马春晖等（2001）研究表明，燕麦与箭筈豌豆混播，最佳刈割期为燕麦蜡熟期，箭筈豌豆在结荚期，此时，单位面积粗蛋白质含量最高，中性洗涤纤维和酸性洗涤纤维相对含量较低。

五、利用

（一）青饲

青刈燕麦茎秆柔软，叶片肥厚，细嫩多汁，叶量丰富，适口性好，各种家畜喜食，尤其是大家畜喜食。燕麦茎叶中难以消化的粗纤维含量比较少，干物质消化率可达 75% 以上，而可消化纤维、粗纤维、粗脂肪和粗蛋白质等含量高于其他作物，是奶牛等家畜的优良青饲草。

（二）调制青干草

燕麦青干草是优质的禾本科牧草，现已进入国产商品化阶段。将抽穗期燕麦刈割成条带，晾晒，根据当地情况进行机械翻晒，3 ~ 5 天后，水分降至 16% 左右，即可以捡拾打捆，运回仓库进行储藏，或在库房进行草捆二次加压，便于长途运输。燕麦青干草也可制成草粉、草颗粒、草块、草砖、草饼，供家畜食用。草食家畜饲喂燕麦，对于提高粗饲料利用效率、维持乳蛋白率、抑制代谢病、延长奶牛产奶时长、降低饲养成本、增加产奶量、增加日增重等方面有重要作用，已成为奶牛等草食家畜养殖重要的青干草之一。另外，燕麦中钾含量平均低于2%，能防止奶牛发生产乳热，因此较苜蓿青干草更适合于饲喂围产期奶牛。

（三）制作青贮

燕麦草制作青贮，可以最大限度地保持原有青绿特性，提高营养价值。其青贮草粗蛋白质消化率高于青贮玉米。谢小峰等（2013）研究表明，以燕麦草青贮替代全株玉米青贮饲喂奶牛能够提高其产奶量和经济效益。在乳熟期刈割，用拉伸缠绕膜生产青贮，其营养成分见表4-1。

表 4-1　捆裹青贮燕麦营养成分　　　　　　　　单位：占干物质%

干物质	粗蛋白质	粗纤维	粗灰分	钙	磷	代谢能
95.87	7.270	32.320	5.770	0.350	0.093	8.150

（四）籽实利用

燕麦籽实蛋白质含量高于其他小麦和玉米，并且脂肪含量也高，膳食纤维含量高，是各类家畜的优质精料，特别适合饲喂赛马，能量高而不易长膘。由于燕麦早熟，完成生育期所需积温少，在高寒、生长期短的地区，积温不能满足玉米籽实的成熟，精料主要通过种植燕麦来解决。燕麦籽实蛋白含量可在14%～15%，最高可达19%，明显高于小麦和水稻，含有丰富的必需氨基酸，高于小麦和水稻，是非常好的精饲料（表4-2）。

表 4-2　燕麦籽实与其他粮食中必需氨基酸含量比较　　　单位：毫克/100 克

籽实名称	缬氨酸	苏氨酸	亮氨酸	异亮氨酸	蛋氨酸	苯丙氨酸	色氨酸	赖氨酸
燕麦粉	962	638	1345	506	225	860	212	680
小麦粉	460	247	790	351	168	529	123	277
籼稻粉	415	292	664	243	150	355	118	295
粳稻粉	391	286	632	246	128	338	121	257

第六节　甜高粱

甜高粱属禾本科一年生草本植物，是粒用高粱的一个变种，又称糖高粱、芦栗、甜秆等。它除具普通高粱的一般特征外，其茎秆富含糖分，营养价值高，植株高大，生物产量高，光合作用极强，而且耐干旱，耐贫瘠，耐盐碱，享有作物中的"骆驼"之美誉。目前，鄂尔多斯种植甜高粱较少，但它对土壤肥力要求不高，与青贮玉米相比，更具节约耕地、投入少、效益高的特点，如果能大面积推广，必将大有前途。

一、形态特征

须根系，由初生根、次生根和支持根组成。茎直立，株高3~5米，一般有1~5个分蘖枝，单株分蘖数最多可达24个，茎髓中贮存大量糖分。叶为互生叶，由叶鞘，叶片和叶舌组成，叶片长50~135厘米，宽6~13厘米。圆锥花序，籽粒为颖果，果实颜色有白色、浅黄色、粉红色、棕色、红褐色等，其颜色随品种不同有较大差异。

二、生长特性

对土壤的适应性很广。在土地肥沃，有机质含量高，土壤结构好的沙质壤土种植产量最高，黏性土壤往往造成出苗困难，沙性土壤易出现脱肥早衰。土壤pH值在5.5~8.5均能正常生长，在土壤含盐量为0.5%~0.9%条件下能正常生长，盐碱地种植甜高粱，不仅能获得高产，还能改良盐碱耕地。

既抗旱又耐涝。根系发达，根深可达50厘米，根数是玉米的2倍，根的表皮层存在着重硅酸，在根成熟时，形成一个完全的硅柱，这使得它在干旱期间仍然有足够的机械强度以防止根系的损伤。茎叶表面有一层白色蜡粉，干旱时可以减少水分的蒸腾和蒸发，有利于降低水分消耗。在水涝时，植株的根、茎、叶有通气组织，茎叶表面的蜡粉层在遇水淹时能防止水分渗入茎叶内部，遇到涝灾，只要田间积水不淹到穗部，且持续时间不过长，对其发育和产量的影响都不会太大。

甜高粱系喜温牧草，全生育期要求较高的温度，发芽最低温度8~10℃，当5厘米地温达到12~13℃时播种较为适宜。播种到籽粒成熟所需积温品种不同而异，一般在1 500~2 000℃。属于短日照作物，光照对其生长发育起主导作用，光合效率高，产量高。昼夜温差大，白天光照强的地区更利于甜高粱的栽培，更利于其养分的积累。分蘖能力强，随着收割次数的增加，分蘖数量成倍增加，再生性要明显好于青贮玉米。株高80厘米之前长势缓慢，株高达到100厘米以上时生长速度超过玉米。

三、栽培技术

(一) 整地

与其他作物相比，甜高粱籽实较小，要保证出苗率，播前整地要细，要进行秋季深耕整地，墒情要好，按土壤肥力施用适量农家肥。

(二) 播种

1. 播期

一般北方地区播种期在 4 月下旬至 5 月上旬，鄂尔多斯地区应在 5 月 10 日左右播种。播种过早，地温低，种子在土壤中滞留的时间过长，容易粉种；播种过晚，易造成生物量降低或贪青晚熟乃至不能成熟。种子播前要进行发芽试验，以确保发芽率。

2. 密度与深度

适当密种，行距为 15~30 厘米，更能很好地控制地面杂草。在干旱地区种植行距可加大到 70~100 厘米。播种量依发芽率和土质情况而定，瘠薄的旱地 0.5~1 千克/亩，较肥沃的旱地 0.6~1.5 千克/亩，水浇地 1~2.5 千克/亩。黏土播深为 2~3 厘米，沙性土播深为 5 厘米。

3. 播种方式

可以是人工播种，也可是机播，如果采用机播，由于播量小，必须要精量播种。另外，还要进行倒茬轮作，以提高和稳定产量。

(三) 田间管理

1. 补苗定苗

出苗后展开 3~4 叶时可以进行间苗，但不宜定苗，为移苗补栽苗有一定的预备苗。5~6 片叶时，若还缺苗断条，在植株较密的地方选健壮的植株，可进行坐水带土移苗补栽。补苗后对其偏施肥水，促其迅速赶上正常苗，此时按密度要求定苗。及时定苗，可以减少水分、养分消耗，促进幼苗稳健生长。

2. 施肥与灌溉

甜高粱是耐贫瘠作物，但要获得高产量和高效益，必须合理施肥，以满足其生长发育要求。播种时每亩地的氮肥用量不要超过 3 千克，肥料要距离种子 5 厘米或在种子下面 5 厘米，以免烧苗。第 2 次施肥最好在苗高 20~40 厘米时施入，以后刈割后苗长到 20~40 厘米高时最好能追肥，分次施用氮肥，不但使植物的生长比较均匀，还能防止氮肥流失。孕穗、抽穗灌浆期是甜高粱需水最敏感的时期，应及时灌溉，但浇水不宜过多，过多不利于蹲苗。

3. 病虫害防治

甜高粱最常见的病害是黑穗病。在大田中，随时发现随时拔除，越早越好，深埋或火烧，以免传播感染。轮作倒茬是防治黑穗病的有效措施，但必须进行 3 年以上轮作才能有效。也可以在播种前进行药物拌种，用 50% 多菌灵可湿性粉剂按种子重量的 0.3%～0.5% 进行均匀施药。由于甜高粱糖度高，更易受蚜虫为害。此外，害虫还有玉米螟、黏虫等，必要时可用药剂防治。

四、收获

甜高粱作青绿饲料，一年可收获两次，头茬在 7 月中旬或株高至 130～150 厘米收割，刈割留茬高度 15～20 厘米，若留茬过低，就会出现根部脱水枯死现象，阴雨天气禁止刈割，避免烂根现象发生，收割后 1～3 天内及时施肥和浇水。第二茬在 9 月下旬左右早霜来临之前收获。若用来作青贮饲料，宜收割一次，在 9 月下旬左右早霜来临之前收获，此时甜高粱茎秆中含糖量高，纤维含量低，制作青贮饲料品质较好。

五、利用

（一）青饲

甜高粱营养丰富，各种营养成分含量均优于玉米，甜脆爽口，适口性好，没有不良气味。拔节期甜高粱粗蛋白质含量 16.8%、蔗糖 6.8%、钙 0.43%、磷 0.41%、中性洗涤纤维 55%、酸性洗涤纤维 29%，而带穗玉米分别为 8.1%、2.8%、0.23%、0.22%、51% 和 28%。由此可以看出甜高粱粗蛋白质、蔗糖、钙、磷含量约为带穗玉米的 2 倍。甜高粱每亩产量达 10 000 千克左右，带穗玉米约 5 000 千克，产量比玉米高出 1 倍。甜高粱茎叶比为 1∶1，茎秆汁液含量 50%～70%。甜高粱做青饲料的最佳时期是拔节后期到抽穗期，因为此时不仅生物产量最高，而且茎叶多汁，粗纤维含量少，家畜易于消化，氰化物含量较低，不会引起家畜中毒。茎叶是饲喂奶牛、肉牛和羊的优质饲草，草鱼也喜食其宽大的叶片。

甜高粱的青绿叶片中含有氰糖苷，在生长阶段被水解后产生有毒物质氢氰酸，家畜食用后有中毒危险，特别是喂用早期生长阶段的青苗更危险。为防止发生中毒，青饲甜高粱时，应注意以下三点：一是株高达到 1 米以上再进行青饲；

二是不空腹饲喂；三是与其他青料搭配饲喂。

（二）青贮

甜高粱青贮与玉米青贮一样，就是在厌氧条件下通过发酵将青贮原料中的碳水化合物（主要是糖类）变成以乳酸为主的有机酸的过程。甜高粱青贮后可以长时间保存而营养成分不会流失，而且有较好的适口性。它能促进家畜消化腺分泌活动、增强动物免疫力，提高消化率，防止便秘，比青贮玉米更具优势。据报道，初产母羊补饲青贮甜高粱秸秆，比饲喂青贮玉米秸秆母羊的繁育率高出12.5%，母羊泌乳力、羔羊总增重分别高出 3.93 千克和 9.71 千克（李兵，2001）；用青贮甜高粱饲喂奶牛比青贮玉米饲喂每头奶牛产奶量增加 2.19 千克/天，用青贮甜高粱饲喂 3~5 月龄羊比饲喂青贮玉米每只多增重 2.01 克/天，2~3岁龄羊每只多增重 29.27 克/天（李春喜，2014）；用青贮甜高粱饲喂肉牛比用青贮玉米饲喂肉牛每头多增重 470 克/天（张元来，2014）。也有研究表明，甜高粱和全株青贮玉米混贮后可以提高全株玉米的总糖含量，弥补甜高粱淀粉含量不足的缺点，营养价值全面（韩润英等，2014）。

（三）其他用途

甜高粱可用来酿酒、生产乙醇、造纸等。每公顷甜高粱可生产酒精度60%白酒 3 吨。每 1.3 吨甜高粱茎秆生产乙醇后的干渣，可以生产出 1 吨的高档纸浆，造纸过程不需要漂白，减少了对环境的污染。甜高粱产糖量是甜菜的 1.3 倍，制糖后的残渣可被重复用来造纸。甜高粱还可作为应急作物，在发生干旱、洪涝或其他灾害后种植，可以降低自然灾害造成的损失。

第七节　墨西哥玉米

墨西哥玉米又名大刍草，为禾本科黍属一年生草本植物，因植株形似玉米而得名。原产于中美洲的墨西哥和加勒比群岛以及阿根廷，我国于 1979 年从日本引入。该品种遗传性能稳定，具有适应性强、耐酸、耐碱、耐热、抗病虫害的特点。墨西哥玉米栽培技术简易，生长期长，产量高，营养丰富，消化率高，是适宜各类畜禽及鱼类的上佳牧草。

一、形态特征

须根发达。丛生，茎粗，直立，直径 1.5~2 厘米，高约 300 厘米；分蘖力强，每兜可分蘖 20~30 株。叶片披针形，叶面光滑，茎脉明显；叶长 70~90 厘米，叶宽 8 厘米。花单性，雌雄同株，雄花顶生，圆锥花序，多分枝；雌花穗状花序，多而小，从单株 6 节以上的叶丫中生出，每节雌穗 1 个，每株 7~10 个，每穗 4~8 节，每小穗有一小花。单穗 4~8 个颖果，成稀疏串珠状排列；种子长椭圆形，成熟时呈麻褐色，壳质坚硬；千粒重 75~80 克。

二、生长适应性

墨西哥玉米出苗后 20~30 天内，长出前 5 叶前生长缓慢，5 叶后开始分蘖，分蘖至拔节期生长加快。它耐热不耐寒，种子发芽最低温度为 15℃，生长最适宜的温度为 25~35℃，能耐受 40℃ 的持续高温，不耐低温霜冻，气温降至 10℃ 以下停止生长，0℃ 时植株死亡。

墨西哥玉米分蘖性、再生性强，生物产量高。每丛有 30~60 个分枝，最多可达 90 个分枝，有极强的再生能力，1 年可割 7~8 次。单棵鲜草可达 11 千克，鲜秸秆产量可达10 000千克/亩左右，同样面积所产的粗蛋白质相当于普通玉米的 4~5 倍。

墨西哥玉米需水较多，喜湿润，适宜种植在水源方便、有灌溉条件的土地上。对土壤的要求不严，适宜 pH 值 5.5~8 的微酸或碱性土壤。不适宜低洼涝地，不耐淹，成株水浸泡 48 小时左右即死亡。生长期 180~230 天。

三、栽培技术

（一）选地与整地

墨西哥玉米适合各类土壤，适宜在平原、丘陵等各种土壤条件下种植。最好选择土层深厚、养分充足、保肥保水、排灌方便的壤土或沙质壤土地种植。一般应在前茬作物收获后进行深翻土地，耕翻深度 18~22 厘米，结合翻地每亩施2 000千克底肥，翻地后做好耙地保墒工作。

（二）播种

1. 播期

墨西哥玉米播种不宜过早，当 5~10 厘米土层地温达到 15℃ 以上才可播种。鄂尔多斯地区应在 4 月下旬至 5 月上旬播种。

2. 种子处理

墨西哥玉米种子发芽率低，要进行播前处理。种子用 25~30℃ 清水浸泡 6~8

小时，置于 0.1%~0.15%高锰酸钾稀释液中浸 12 小时取出，再置于 25~30℃温湿环境中催芽，种子催芽至露白即可播种。此法可有效预防种传病害。

3. 播种方法

墨西哥玉米可直播，也可育苗移栽，但以育苗移栽的成活率和产量最高。直播用种量为 0.5~0.75 千克/亩，育苗移栽用种量每亩为 3.5~4.5 千克。

（1）直播。多采用条播，行株距 50 厘米×30 厘米、40 厘米×40 厘米或 60 厘米×40 厘米均可；若作种子田，行株距应加大到 100 厘米×50 厘米。穴播株距 50 厘米×50 厘米，每穴播种子 2~3 粒。播深 2 厘米，播后镇压，最好覆塑料薄膜增温保墒。

（2）育苗移栽。利用薄膜拱棚保温育苗，用苗床和营养钵育苗都可以，但以营养钵育苗最好。育苗移栽能够充分利用有效积温，延长生育期，提高产量，可适当早播，早春气温回升到 12℃时即可播种。苗床育苗是在温床上均匀播种后盖细土、灌水或洒水保持床上湿润的育苗方法。用营养钵育苗时要选用直径 3~4 厘米的塑料小营养体。营养土配方为：沙质壤土 2/3，腐熟有机肥 1/3，每立方米土中掺入 1 千克过磷酸钙，充分拌匀后装钵，每钵播种子 1 粒。当苗高 20~30 厘米、有 4~5 片真叶时移栽到大田中，移栽行距 50 厘米×50 厘米，每穴 1 株，移栽后浇定根水。

（三）田间管理

1. 杂草防除

墨西哥玉米苗后 30~50 天内易受杂草为害，需及时中耕 1~2 次，除草要尽可能在幼苗期及杂草开花前，每次刈割后最好也要中耕除草。中耕不仅可以消灭杂草，还可以疏松土壤，促进土壤通气，促进根系发育，对幼苗生长有利。中耕铲蹚可以起到较好的除草效果，利用锄、犁铲蹚宜浅，一般控制在 3~5 厘米，避免伤根压苗。杂草严重的地块，采用化学药剂除草。

2. 施肥

墨西哥玉米喜肥，土壤水肥条件越好，增产效果越明显，充足的肥料供应，能大幅提高产量。基肥对墨西哥玉米起着非常关键的作用，应以农家肥为主，使用时期不同，肥效有明显差别，上一年耕翻时施入基肥比第二年播种时施入效果好。一般每亩施农家肥 2 000~3 000 千克，如果每亩再施入 30~35 千克磷肥效果更好。苗期、生长期、拔节期每亩追施 5~10 千克氮肥。每次刈割后，每亩追施氮肥 5~10 千克。

3. 灌溉

墨西哥玉米整个生长期都要保持土壤相对湿润，灌溉时间应根据墨西哥玉米生长需要和土壤水分状况确定，定苗后遇天气干旱、土壤干燥等情况，结合追肥灌水。分蘖期、拔节期和每次刈割后，根据雨水情况灌溉。一般地，当田间持水量降到40%以下时，要及时灌溉。灌溉量以保持土壤水分达到最大保持量的60%~70%，即30厘米土层湿透不积水。无论喷灌还是漫灌，都要保持浇水均匀。

四、刈割

墨西哥玉米株高长到1米时可第一次刈割利用，以后每隔20~30天刈割一次。刈割第一次留茬高度10~15厘米，以后每次刈割应比原茬稍高1~1.5厘米。注意不能割掉生长点（即分蘖处），否则影响再生，降低产量。刀口要割成斜面，以免雨水停留在割口上霉变。忌雨天刈割，以免烂根。刈割后第二天可施肥浇水。

五、利用

墨西哥玉米高产优质，草质柔软，青饲、青贮和调制青干草均适宜。牛、羊等可直接青饲，鸡、鱼、鹅等要切碎后再喂。其茎叶品质优良，营养丰富，风干物含干物质86%，粗蛋白质13.8%、粗脂肪2%、粗纤维30%、无氮浸出物72%、赖氨酸含量0.42%，营养价值高于食用玉米。据报道，投喂22千克鲜草可养出1千克草鱼（敖礼林，2008）；用它饲喂奶牛，产奶量比普通玉米高4.5%~5%（石传林，2002）。需要注意的是：单喂墨西哥玉米鲜稞，因含水分高，易引起家畜拉稀，也不符合营养物质的综合平衡的要求，采用60%的墨西哥玉米鲜稞配苜蓿草粉、玉米、麸皮、米糠等，可取得良好的饲喂效果。

第八节　苏丹草

苏丹草也称野高粱，为禾本科高粱属一年生植物，原产于非洲的苏丹高原。我国于20世纪50年代开始引种，现全国各地都有栽培。苏丹草有高度适应性，具抗旱、高产、质优、适口性佳、再生性强的特点，是牛、羊和鱼等草食动物的优质饲草，在畜牧业和渔业生产中发挥着举足轻重的作用。

一、形态特征

须根，根系发达入土深，根系1/3分布在50厘米以内的土层，1/3分布在56~125厘米土层，其余部分则深入土层126~200厘米。茎直立，呈圆柱状，高2~3米，粗0.8~2.0厘米；侧枝多，主要由近地表几个茎节产生分枝，一般1株有15~25个分枝，最多40~100个。叶7~8片，宽线形，长60厘米，宽4厘米，色深绿，表面光滑；叶鞘稍长，全包茎，无叶耳。圆锥花序，较松散，分枝细长，每节着生两枚小穗，一枚无柄，为两性花，能结实，一枚有柄，为雄性花，不结实，结实小穗颖厚有光泽。颖果扁卵形，籽粒全被内外稃包被；种子颜色依品种不同有黄、紫、黑之分，千粒重9~15克。

二、生长特性

苏丹草对土壤要求不严，无论沙壤土、微酸土壤，还是盐碱土均可种植，但不宜种植在沼泽土和流沙地上。根系强大，入土很深，能利用土壤深层的水分和营养。抗旱能力极强，干旱季节刈割会停止生长，但雨后很快恢复再生，在降水量仅250毫米地区种植仍可获得较高产量。

苏丹草为喜温牧草，不耐寒。种子发芽最低温度8℃，最适温度为20~25℃，在适宜的温度条件下，播后4~5天即可出苗，7~8天即达全苗。幼苗遇低于3℃的温度即受冻害或完全冻死，成株在低于12℃时生长变慢。苏丹草为喜光植物，在充足的光照下，分蘖增加，植株高大，叶色浓绿，产量高，品质好。

苏丹草对水肥反应良好，分蘖能力强。进入分蘖期后的整个生育过程中能不断分蘖，而且从分蘖开始，生长速度加快，一昼夜能生长5~10厘米，这期间施肥灌水可获高产。苏丹草再生力强，再生来源于分节、腋芽和保留生长点的分蘖枝，生育期100~120天。

三、栽培技术

（一）整地与底肥

一般灌溉方便，达到"齐、松、平、碎、净、墒"的要求就可以耕播。春播时应在头一年秋季进行翻耕，耕深在20厘米以上，第二年春季耙压之后播种。夏播苏丹草，前作物收获后随即耕翻和耙压，及时播种。结合耕翻整地每亩施用1 500千克厩肥作底肥。

（二）播种

1. 播期

一般在 4 月下旬至 6 月，当表土 10 厘米处地温达 12~14℃即可开始春播，为保证整个夏季能持续生产青绿饲料，应采取分期播种，每期相隔 20~25 天，最后一期播种应在重霜前 80~100 天时进行。

2. 播种方法

多采用条播，播种量主要根据土壤水分条件而定。土地干旱，宜采用宽行条播，行距 45~60 厘米，播种量 1.5~2 千克/亩；土壤水分条件好，宜采用窄行条播，行距 30 厘米左右，播种量 2~2.5 千克/亩。播种深度一般为 3~4 厘米，播后应镇压，以利出苗。苏丹草消耗地力较大，不宜连作，也是多种作物的不良前作，前作、后作最好是豆类和麦类。在牧草轮作中，苏丹草宜安排在青刈大豆、青刈麦类或苜蓿之后。苏丹草可与豌豆、豇豆、扁豆、野大豆等混播。这能相互促进，提高产量和品质，但这些豆科作物再生性差，故混播时要以苏丹草为主，每亩增播豌豆 2.0~2.5 千克，或豇豆 1.0~1.5 千克为宜。

（三）田间管理

1. 杂草防除

苏丹草幼苗细弱，竞争力不如杂草，出苗后要及时中耕除草。株高达 10~15 厘米时，应中耕除草一次，以后视杂草生长情况及土壤板结情况进行中耕，刈割后要进行一次中耕除草，必要时采用除草剂。

2. 施肥

苏丹草植株高大，叶片面积大，产量高，需肥量大，特别对氮肥反应敏感。在分蘖至孕穗期生长迅速，需肥较多。当生长缓慢，叶色黄淡时要及时追肥和灌水。每次施尿素 7.5~10.0 千克/亩，过磷酸钙 10~15 千克/亩。每次刈割之后，当返青生长时，都应相应追肥一次，将肥料深埋于根际，然后灌水。

3. 灌溉

苏丹草在各地区都适应灌溉，提倡小水漫灌，直到浸透为止，喷灌效果更好。刈割后最少间隔 1 天进行灌溉，这样有利于苏丹草的伤口愈合，禁止刈割后马上灌溉，以免引发其伤口感染。

4. 病虫害防治

苏丹草的病害常见的有褐斑病，又叫普通叶斑病，要注意早期发现后，提早刈割，对产量不会受到影响。为害苏丹草的害虫，一般常见的有蚜虫，在春天少雨的情况下极易发生，在营养期为害最大，它的幼虫或成虫刺吸幼叶嫩茎的汁液，使幼叶、嫩茎干缩枯萎，停止生长。病害可用药剂防治，可选用 70% 代森锰锌可湿性粉剂 600 倍液、50% 多菌灵可湿性粉剂 1 000 ~ 1 500 倍液、70% 甲基硫菌灵可湿性粉剂 1 000 ~ 1 500 倍液，每亩喷药液 75 ~ 100 千克，间隔 7 ~ 10 天再喷 1 次。

四、收获

苏丹草可分期刈割饲用，不同刈割时期，营养成分含量发生变化。调制青干草和青贮的苏丹草要在圆锥花序开放前或 10% 的茎上圆锥花序开放时刈割；用作青饲的苏丹草要在株高 70 ~ 100 厘米时第一次刈割，隔 30 ~ 50 天进行下次刈割。肥水充足，管理良好，刈割间隔时间可缩短，增加刈割次数，反之，间隔时间要延长，减少刈割次数。留茬高度一般 8 ~ 10 厘米，当然刈割留茬高度不是一个绝对值，实践证明刈割留茬高度在 4 ~ 10 厘米时，对苏丹草的生长影响不大。一般早期刈割品质好，产量低，延迟则品质差，产量高，但总产量则相差不多。

五、利用

(一) 青饲

苏丹草为牛、羊、马、猪、兔、鱼的优良青绿多汁饲料（表 4-3）。苏丹草有机物瘤胃消化率显著高于苜蓿，作为夏季利用青饲料，可维持奶牛较高产量。幼嫩鲜草打浆或粉碎喂猪，可占日粮的 30% ~ 50%。苏丹草在株高 70 ~ 100 厘米时粉碎喂鱼，效果最好，此时利用率可达 95%。

研究证实，利用苏丹草喂鱼，能提高肉质质量，降低成本，进而提高养鱼效益。生产 1 千克鱼，若单用粮食饲料，需耗 2.3 千克以上的蛋白质含量为 3.3% 的饲料，而辅之以苏丹草养鱼，则不到 1.7 千克，同时鲜草转化为鱼类的粪便肥水，可促进鱼的生长，在同样的鱼池面积和管理条件下，通过种植苏丹草养鱼可提高经济效益 30% 以上（黄玉德，1990），因而被誉为"养鱼青饲料之王"。需要注意的是细嫩的苏丹草不宜进行收割饲喂，因为细嫩植株氢氰酸含量较高，株高达 50 ~ 60 厘米时，氢氰酸含量大大下降，稍加晾晒一般不会再有中毒风险。

表 4-3　苏丹草的营养成分　　　　单位：占干物质%

生育期	粗蛋白质	粗脂肪	粗纤维	无氮浸出物	粗灰分
抽穗	15.3	2.8	25.9	47.2	8.8
开花	8.1	1.7	35.9	44.0	10.3
结实	6.0	1.7	33.7	51.2	7.4
花前青干草	12.5	1.7	29.1	46.0	10.7

（二）青贮

苏丹草青贮，在孕穗至开花期刈割，要边割、边运、边贮，在 2~3 天内贮完。早期刈割的鲜草，要晒 1~2 天，水分降低到 50%~60% 时再青贮，也可掺入草粉、叶粉、糠麸等干物混贮。与豆科牧草混播的苏丹草青贮，可获得品质优良的青贮料。

（三）调制青干草

选择持续晴朗天气刈割，割下就地晾晒，一般经 4~5 天即可。晚期刈割的苏丹草，也可搁起来，码堆立晒，晒到生长点幼嫩部分干枯，变成暗褐色时运回贮藏。苏丹草青干草，是牛、羊、鹿的优良储备饲料，整喂或切短喂都好。与豆科作物混播的苏丹草青干草，也可粉碎喂猪。

第九节　高丹草

高丹草是饲用高粱不育系为母本、苏丹草为父本杂交育成的一年生禾本科牧草。饲用高粱和苏丹草在生物学特性上有较大不同，二者在亲缘关系上有一定距离，但无明显的生殖隔离，能自由授粉且能产生正常发育的后代，二者杂交的后代通常称为高丹草。它结合了双亲的优点，不仅具有苏丹草分蘖性强、抗病性好、营养价值高的特性，还拥有高粱抗旱、耐盐碱、高产量的优点，种间杂交优势极强。其生物产量比高粱和苏丹草高 50%，粗蛋白质含量比苏丹草高 40%，消化率比苏丹草高 15%。

一、形态特征

根系发达，须根系。植株高大粗壮，2~3 米，长相似高粱。叶多质嫩，叶色深绿，褐色中脉，表面光滑，叶片宽线形，长达 62 厘米，宽约 4 厘米。穗形松散，圆锥花序，疏散形，单性花，没有雄蕊。果实为颖果，种子扁卵形，偏小，颜色粉红，千粒重依不同的品种而异，一般 10~20 克。

二、生长适应性

高丹草喜温不耐寒，耐热，抗旱性极强。在干旱情况下，高丹草通过增长根系，增加根系重量，提高根冠比等形态特征来保持植株的吸水能力，表现出比苏丹草更强的抗旱能力。干旱季节如地上部分因刈割而停止生长，雨后即很快恢复再生。在降水量适中或有灌溉条件的地区可获得高产。

高丹草光周期敏感，营养生长期长。即使是在日照长度较短的季节提前播种，也能表现出很好的晚熟特性，营养生长期要比普通非光周期敏感品种长 4~6 周，如适期刈割，还能获得更长的利用时间。

高丹草分蘖能力强。分蘖数一般为 20~30 个，分蘖期长，可持续整个生长期。茎秆甜而多汁，叶量丰富。灌溉条件下，鄂尔多斯地区可刈割 2~3 次，亩产鲜草 6 000~9 000 千克，刈割后植株再生能力强，生长速度快，在水肥条件好的地块更能表现其增产潜力。

三、栽培技术

（一）选地与整地

高丹草对土壤要求不严，沙壤土、重黏土、微酸性土壤和盐碱土均可种植。但在过于瘠薄的土壤和盐碱土壤上种植时，应注意合理施用农家肥。高丹草种子较小，故要求整地细致，做到土地平整、土壤细碎，最好能进行秋耕除茬或春翻，翻后耙耱平整。

（二）播种

由于高丹草主要是利用茎叶作饲料，所以对播种期无严格限制，当表土 5~10 厘米处温度达 12~14℃时即可播种，最适合的土温是 16℃或更高。鄂尔多斯地区宜春播，也可以夏播。青饲可以分期播种，以延长利用时间。播种方法采用条播或穴播，一般情况下，作青贮或调制青干草时，行距 30~40 厘米，青饲时行距 20~30 厘米，播深 3 厘米左右，播种后及时镇压，以利出苗。每亩用种子 1.0~1.5 千克。可用 24 行小麦播种机，隔一行堵一行播种，此时的行距 30 厘米左右。为了提高产量和品质，减少养分消耗，高丹草可与多年生或一年生豆科牧草混播。

（三）田间管理

1. 间苗与除草

通常在 3~4 片真叶时进行间苗，苗高 10 厘米左右时定苗。高丹草苗期生长慢，苗高 10~15 厘米时应注意中耕除草。也可用 0.5%的 2，4-D 类除草剂喷雾除草 2~3 次，用以消灭阔叶类杂草。当出现分蘖后，即不再怕杂草为害。

2. 施肥与灌溉

高丹草根系发达，生长期间需要从土壤中吸收大量营养，因此播前应将土壤深耕，施足有机肥，种肥应包括氮、磷肥，氮肥用量 3.5~5.5 千克/亩。一般情况下，土壤水分较充足时，苗期不用灌水，以便蹲苗。但作青饲利用时，为了促进禾苗分蘖和生长，定苗后结合追肥灌水 1 次，从拔节至抽穗期，可根据降水情况进行 1~2 次灌溉。每次刈割后应及时灌溉和追施速效氮肥。

四、收获

高丹草一年可以刈割 2~3 次，早期刈割可获品质优良的牧草。研究发现，高丹草在细嫩时期的粗蛋白质含量高达 20%，但在接近成熟时的粗蛋白质含量仅为 7%，甚至更低（房丽宁，2001）。经测定分析，高丹草的株高、干物质积累以及粗蛋白质产量的变化随生育天数的增长，均在抽穗期达到最大值（李源等，2011）。因此，综合生物量和营养价值两个因素，高丹草青饲的适宜刈割期是抽穗至初花期，即播种后 6~8 周，植株高度达到 100~150 厘米，此时的干物质中粗蛋白质含量最高，粗纤维含量最低，可开始第一次刈割。再次刈割的时间以 3~5 周后为宜，间隔过短产量会降低。由于高丹草抽穗至初花期水分含量达 80%~85%，此时直接青贮，会造成营养物质随汁液渗出而降低营养价值，且青贮草丁酸增加，降低青贮草的品质。因此，用于青贮的高丹草多在种子乳熟至蜡熟期刈割。

五、利用

（一）青饲

高丹草青饲消化率、营养价值高，适口性好。其茎秆表皮呈淡褐色，叶片中脉和茎秆髓部都是褐色的，褐色中脉特性与亲本相比，提高了牧草消化率，可消化的纤维素和半纤维素含量增加，而难以消化的木质素含量降低 40%~60%，消化率大幅度提高，同样的饲喂量可获得更高的收益，这一特性在消化率普遍不高的暖季型牧草中尤其可贵。鲜草中约含粗蛋白质 3.54%、粗脂肪 1.54%、粗纤维 3.03%，均高于亲本，是一种高产优质的牧草。高丹草鲜草水分含量高，茎秆富含汁液，生长到 200~250 厘米，茎秆仍较脆嫩，调制的青饲料，色、香、味和适口性均较好，可满足不同草食动物的营养需要。研究表明，高丹草与苜蓿青草饲喂奶牛，奶牛的泌乳量、乳脂率和乳蛋白含量均比传统饲喂方式明显要高（李翔宏等，2009）。

高丹草为上佳养鱼青饲料。随着生活水平的提高，人们对低脂肪高蛋白鱼肉的需求越来越大，而用饲料喂鱼，成本较高，发展种草养鱼，以青饲料代替精饲料是减少投入降低成本的有效措施。有人曾将高丹草和苏丹草在同一鱼塘内饲喂，结果鱼先吃高丹草，吃完后再吃苏丹草，高丹草的茎可以吃光，而苏丹草的茎秆却留下来。由此可以看出，高丹草喂鱼其适口性超过了苏丹草。

高丹草青饲要防止中毒。它是以高粱为母本的杂交种，高粱幼苗包括再生苗都含有浓度较高的氰苷，动物采食新鲜茎叶易造成氰化物中毒，当氢氰酸含量每千克超过 200 毫克时，会对动物产生毒害。刘建宁等（2011）对高丹草氢氰酸含量的动态变化研究表明，当高丹草株高生长到 120 厘米以上时，合理利用则不会引起家畜中毒。此外，不同品种间氢氰酸含量差异较大，内蒙古农业大学正在积极开展低氢氰酸新品种的选育研究。

（二）青贮

随着规模化养殖业的发展，加工贮存高丹草对调节饲草的平衡供应显得十分重要。高丹草为高大禾本科牧草，水溶性碳水化合物含量高，较易青贮，加工青贮能够很好地保持其青绿多汁的营养特性。青贮高丹草具有营养丰富、气味芬芳、适口性好，消化率高的优点。据测定，将蜡熟期收获的高丹草切短后直接青贮，经过 42 天发酵后，青贮高丹草的干物质含量达到 28%，粗蛋白质含量为 10.8%，酸性洗涤纤维含量为 42%，中性洗涤纤维含量为 68%。

另外，混合青贮也是苏丹草调制的一种好方法。研究表明，苜蓿与高丹草混合青贮可以互相弥补各自营养成分的不足，促进乳酸菌发酵，显著提高青贮饲料中乳酸菌含量，降低 pH 值。并得出当高丹草与苜蓿青贮质量比为 7：3 时，混贮饲料的营养价值最高，青贮品质最好（薛祝林等，2013）。

第十节　老芒麦

老芒麦又名垂穗大麦草或西伯利亚碱草，是禾本科披碱草属多年生疏丛型植物、自花授粉异源四倍体物种。它耐旱、抗寒、适应性强，在高海拔的严寒地区、干旱贫瘠土地上能够适应生存。其分蘖力强，叶量丰富，生物产量高，粗蛋白质含量高，适口性好，是披碱草属牧草中饲用价值最高的一个品种。近年来，老芒麦逐渐成为青藏高原乃至北方地区的优良栽培品种。

一、形态特征

根系发达，呈须状。茎直立或基部稍倾斜，株高 60~120 厘米，最高的可达 150 厘米，具 3~5 节，下部节呈膝曲状。叶鞘光滑或生疏柔毛；叶舌短、膜质；叶片扁平，两面粗糙或下面平滑。穗状花序，疏松弯曲而下垂，长 17~27 厘米，宽 6~15 毫米；穗轴边缘或具小纤毛，一般每节有 2 个小穗，每小穗有 4~5 朵小花，长 13~19 毫米，呈灰绿色或稍带紫色。外稃披针形，背部粗糙、无毛至全部密生微毛，上部具明显的 5 脉，脉粗糙，顶端具长芒，粗糙，反曲，长 8~18 毫米。内稃与外稃几乎等长，先端 2 裂，脊上全部具有小纤毛，脊间被稀少而微小的短毛。颖披针形或条状披针形，长 4~6 毫米，脉明显而粗糙，先端渐尖或具长 3~5 毫米的短芒。颖果长扁圆形，易脱落，种子千粒重 3.5~4.9 克。

二、生长适应性

老芒麦抗寒性强，适应寒冷的气候条件，幼苗可耐 -3 ~ -4℃ 低温，能在 -40℃ 低温和海拔 4 000 米左右的高寒地区安全越冬。翌年返青较早，具有一定的耐湿性。对土壤要求不严，在全氮含量 0.3% 以上，全盐含量不超过 0.6%，pH 值为 7~9 的土壤上也能生长，但在有机质丰富的肥沃土壤上生长最好。分蘖力强，播种当年有分蘖枝 20~44 个，再生力中等，寿命约 10 年。

三、栽培技术

（一）播种

老芒麦春播、夏播或秋播均可。一般多在 4—6 月播种，如遇干旱也可在 6—7 月雨季进行。播前要翻耕土地并施入农家肥，一般每亩施农家肥 1 500~2 000 千克。播前再经耙耱，土壤墒情适宜即可播种。因种子具长芒，流动性差，播前须去芒。人工草地一般播种量每亩 1.5~2 千克，种子田每亩 1~1.5 千克，播深 3~4 厘米，行距 15~30 厘米。也有试验表明，老芒麦播种密度 411~929 株丛/米²，播种行距 24~31 厘米，草产量和种子产量均达到最优

（祁万录等，2006）。老芒麦播后要镇压，适宜与紫花苜蓿、沙打旺等豆科牧草混播。

（二）田间管理

老芒麦在苗期生长缓慢，易受杂草抑制，甚至引起死亡，苗期要注意中耕除草。有灌溉条件者，可于分蘖、拔节、孕穗期及刈割后进行灌溉，并配合施适量的氮、磷肥，可大幅度提高产草量。种子田应在分蘖期用中耕除草或化学除草剂除草。试验表明，老芒麦产草量不仅与生态因子有关，而且与生育年龄密切相关，生育第三年地上生物量最大，第四年严重退化（吴勤，1992）。因此老芒麦人工草地在生育第三年后应着手采用复壮措施，以保持牧草供给的稳定性、平衡性。其措施主要是在春季牧草返青前灌溉、松耙，分蘖至拔节期时可在雨后追施氮肥。种子田在利用 3~4 年后，可耕翻改种其他牧草或作物，也可作放牧场或刈割草地用。

四、收获

老芒播种当年禁止刈割，第二年开始可以放牧或刈割。王生文等研究表明，每年刈割 2 次，不仅干物质产量和粗蛋白质产量最高，而且品质最好。刈割期为始花期，刈割留茬高度 4~6 厘米。种子田和刈割草地刈割后不能在秋季放牧利用。当穗状花序下部种子成熟时及时收获种子。

五、利用

（一）青饲

老芒麦叶量大，叶量占50%以上。适口性好，牛、羊、马等均喜采食。产量高，一般每亩产鲜草2 000~3 000千克。利用率高，消化率达80%。营养丰富，盛花期营养成分含量为：粗灰分5.70%，粗脂肪1.82%，粗纤维28.29%，粗蛋白质7.44%，干物质93.59%，磷0.15%，钙2.94%（景美玲等，2017）。在孕穗期刈割供青饲或青贮用，可单独青贮，也可与其他牧草混合青贮。老芒麦还具有耐践踏、耐牧等优点，可以建立人工割草地或放牧地。

（二）调制青干草

在抽穗期刈割摊晒，可调制成优质青干草，是牧区和半农半牧区冬春老弱病畜和役畜的补饲草料。7—8月刈割青干草后，还可长出高20~30厘米的再生草，是冬季牛、羊等牲畜抓膘和保膘的优质草。老芒麦也可以制成草粉喂猪、兔和鱼。

（三）果园土壤管理

生草栽培是果园土壤管理的方式之一。老芒麦种植于果园，可有效控制土壤养分流失，减少土壤冲刷量，减少果树果实病虫害的发生。众所周知，有机氮的矿化是土壤氮素的有效化过程，其矿化速率是土壤供氮能力的一个重要指标。老芒麦根系较浅，对浅层土壤氮素矿化作用较强。白龙等（2015）试验表明，在0~15厘米土壤中，老芒麦土壤氮素矿化作用显著强于苜蓿和自然生草。

第十一节　碱茅

碱茅为禾本科碱茅属多年生草本植物，是改良盐碱土地的优良先锋植物和发展草地农牧业的优良草种。它具有耐盐碱、抗寒、耐旱的特点，而且再生性强，抗践踏和刈割，一次种植可利用5年以上，春季返青早，生长快，秋后营养生长期长，枯黄晚，为早春、晚秋保膘的好牧草，是盐碱植被中饲用价值较高的优良牧草之一。碱茅用来改良盐碱地，发展畜牧业生产有着较高的生态效益、经济效益和社会效益。

一、形态特征

多年生密丛型禾草。须根致密，秆丛生，直立或基部膝曲上升，高60~100厘米，具2~3节，基部常膨大。叶条形，扁平或内卷，上面微粗糙，下面近于平滑，长3~7厘米，宽2~3毫米；叶鞘平滑无毛；叶舌干膜质，长1~1.5毫米，先端半圆形。圆锥花序开展，长10~15厘米，每节有3~5个分枝，分枝及小穗柄微粗糙。小穗长圆形，灰紫色，长3~6毫米，含5~7朵小花。颖顶端有纤毛状细裂齿，第一颖长1.0毫米，具1脉，第二颖长1.5毫米。具3脉。外稃先端钝或截平，其边缘及先端均具不整齐的细裂齿，具不明显5脉，基部被短毛，长1.5~2.0毫米。内稃等长或稍长于外稃，脊上微粗糙。花药长0.5~0.8毫米。

二、生长特性

碱茅性喜湿凉，极耐寒冷、盐碱，二年以上的碱茅根系庞大，株丛繁茂，返青早枯黄迟，适口性强，营养价值高，又具有肥田改土的良好效果。碱茅播种当年生长缓慢，分蘖枝多为营养枝，苗高一般在 20 厘米左右，水肥良好的地块也可以达到 60 厘米以上，当年一般不开花结实，不能形成经济产量；二年生的碱茅到 7 月中旬种子成熟期苗高 70 厘米左右，分蘖数在 25 个以上。第二或第三年干草产量达到高峰，第四年以后一般产量呈下降趋势。在土壤 pH 值 9.0~10，表土含盐量 1.65% 的土壤上能正常生长，分蘖力很强，播种第二年就可以形成基部直径 4~7 厘米的草丛。野生碱茅一般生长在湿润的盐碱土上，在遇到干旱时分蘖较少。在鄂尔多斯地区，3 月末或 4 月初返青，5 月下旬至 6 月初开花，6 月下旬至 7 月上旬种子成熟，种子落粒性较强。

三、栽培技术

（一）播种

最好选择低湿平坦的盐碱地种植，季节性临时积水的低洼盐碱地或碱斑地亦可种植，在不能存留雨水的凸状龟背形碱斑地不宜种植。碱茅发芽温度要求较低，一般为 10~15℃。播种适宜期可考虑气候、土壤状况和杂草情况而定，一般大面积机械播种在春季或秋季播种，若人工播种亦可在 6 月、7 月雨季播种，鄂尔多斯地区不宜晚于 8 月上旬，以免影响越冬。每亩播种量 1.5~2.5 千克，播种深度 0.5~1.0 厘米，播后重镇压，以利出苗。碱茅种子小，千粒重仅 0.13 克，顶土能力弱，必须精细整地后才能播种，播种要求土壤疏松和水分充足，以保证良好出苗和扎根。小面积种植时可人工撒播，也可以垄作，沿等高线方向起垄，起垄后在垄沟撒种或垄上点种，播种后灌水，使地面一直保持湿润，待出苗后，可视土壤水分状况，减少灌水次数。大面积播种时用碱茅播种机播种，行距 20 厘米，播种后镇压。碱茅不会坏种，即第一次降水不出苗，再待以后降水，甚至当年不出苗，第二年仍然可以正常出苗。

（二）田间管理

碱茅播种后 10 天出苗，幼苗非常纤细，既不抗旱又不耐杂草，种植当年有时会有碱蓬生长，可用除草剂 2，4-D 丁酯除草；同时必须加强保护，防止牲畜践踏。由于碱茅抗性好，尤其抗盐碱能力极强，生长第二年即成为优势种，田间管理主要是灌水和施肥。4 月初灌返青水，于 10 月底灌越冬水，在生长季节视碱茅的生长状况和生长期间的天气状况进行灌水。要获得较高产量，应增加投入，在碱茅拔节期追施氮肥，尿素施肥量为 10 千克/亩，施肥结合灌水进行。因为拔节期吸收养分速度快、数量多，是需要氮肥的关键时期。施氮肥可促进碱茅的生长和分蘖，使其生长健壮，耐盐、抗盐性能增强。施氮肥不仅可增加碱茅种子和干草产量，而且可提高碱茅干草的粗蛋白质含量，从而改善了碱茅的饲草品质。另外，摘除花穗可促进分蘖，提高产量10%左右，种子成熟时应分批分期及时采收。

四、收获

刘割时期是影响割草地单位面积产量和干草品质的一项重要因素，为了增加干草收获量和提高品质，必须适时刘割。不同刘割时期和留茬高度影响碱茅干草产量和粗蛋白质产量，综合考虑当年割草地产量和干草的营养物质含量以及对下一年草地产量的影响，宜在开花期刘割。碱茅作为割草利用，应避开阴雨天及时刘割晾晒，因碱茅为密丛型禾草，不便于人工刘割，以割草机刘割为宜。留茬过低当年产量虽高，但会降低下年产草量，适宜的留茬高度以6厘米左右为好。碱茅再生草产量较低，可放牧利用。

五、利用

（一）生态建设

碱茅茎繁茂叶，根系庞大发达，性喜湿凉，极耐低温，有最早返青最迟枯黄的特点，增加了对地表覆盖的作用，增加了植物蒸腾作用，减少了地表蒸发，控制了地下可溶性盐分迁移到表土层。再加上雨水或灌溉淋洗作用，播种当年的碱茅草生长到最旺时期，可以比相邻的同类不种碱茅地脱盐率高很多。碱茅庞大发达的根系和茂盛的茎叶增加了土壤中的有机质，增强有益微生物的活动，改善了土壤的通透性，因此种碱茅草可以高速低耗地改良盐碱地，能将盐碱土地资源从盐碱危害中解救出来，提高土地的质量，改良土壤，为人类造福。在盐碱荒地上种植碱茅，增加绿色植物覆盖，减少盐碱飞扬，净化环境，加速良性循环。在盐碱地种植试验表明，种植碱茅一年后土壤含盐量从1.2%下降到0.9%，土壤理化性质得到了明显的改善，土壤有机质由0.2%增加到0.4%，土壤空隙度明显增加（张玉霞等，2002）。

（二）刘割

碱茅叶量大，茎叶柔嫩，营养丰富（表4-4），适口性好，消化率高，牛马羊猪喜食。结实期草质变粗硬，但刘割调制的干草质地较好，是优良的饲草。管理保护好的碱茅二年生以后产草量稳定，一般亩产鲜草1 600~2 100千克，亩产干草 350~450 千克。高耐盐碱的碱茅草可以充分利用大面积弃耕盐碱荒地，更替那些品质差的耐盐土植物，为发展畜牧业提供优质饲草。二年生以上的碱茅草地在良好的管理灌水条件下，第一茬草加上第二茬草，1.5 亩地可以保证一只羊冬春所需的饲草。

表 4-4　碱茅不同生育期营养成分　　　　　　　　单位：占干物质%

生育期	粗蛋白质	粗脂肪	粗纤维	无氮浸出物	粗灰分	钙	磷
拔节	24.00	4.07	30.34	25.20	16.40	0.54	0.80
抽穗	18.52	3.78	35.86	30.84	11.00	0.20	0.51
初花	13.72	3.67	33.75	47.25	10.92	0.32	0.31
盛花	7.95	2.64	45.60	47.83	9.22	0.09	0.18
乳熟	7.26	3.33	41.00	47.59	10.30	0.36	0.22
成熟	4.88	2.72	44.03	46.69	11.07	0.20	0.14

（三）放牧利用

碱茅早春萌发早，晚秋凋萎迟，是比较理想的放牧型牧草。不同放牧时间影响碱茅的生长速度。放牧应该避开碱茅危机时期，也叫牧草"忌牧时期"，以利牧草再生。4 月下旬至 5 月上旬开始放牧较好，过早、过迟都对草地产生不良影响。碱茅春季刚返青后，幼苗较小，被家畜采食后，严重影响其再生能力，降低牧草的产量，对碱茅危害较大。放牧过迟，牧草粗老，适口性、营养价值降低，采食率也会降低。年度间由于气候条件的不同，开始放牧时期应酌情掌握。在第一次放牧以后，一般间隔 20~25 天，草层恢复，可以第二次放牧。以后牧草再生能力变弱，放牧间隔时间需延长。在生长季结束前 30 天停止放牧较为适宜。如果停止放牧过迟，没有足够的贮藏养料时间，养料不能满足越冬和下一年春季萌生需要，会影响第二年牧草产量。

第十二节　冰草

冰草系禾本科冰草属多年生绿丛草本植物。冰草属植物我国共有 15 个种，鄂尔多斯有 4 个种、1 个变种，分别是冰草、根茎冰草、沙生冰草、沙芦草和毛沙芦草。冰草属于优等牧草，具有抗旱、耐寒、耐碱、耐践踏、寿命长、分蘖能力强等特性。其营养丰富，消化率高，草质柔软，适口性良好，各种家畜四季均喜食，而且返青早，冬季地上部分保存良好，为冬春饲草缺乏季节重要的饲草。它是一种打草和放牧兼用型牧草，已广泛驯化栽培作为草地补播草种。

一、形态特征

须根稠密，外具沙套。秆细，成疏丛或密丛，基部节膝曲，光滑，有时在花序上被柔毛，高 15~75 厘米。叶鞘紧密裹茎，粗糙或边缘微具短毛；叶舌膜质，顶端截平而微有细齿，长 0.5~1 毫米；叶片质较硬而粗糙，边缘常内卷，长 4~18 厘米，宽 2~5 毫米。穗状花序较粗壮，矩圆形或两端微窄，长 1.5~7 厘米，宽 7~15 毫米，穗轴生短毛，节间短，长 0.5~1 毫米；小穗紧密平行排列成 2 行，整齐呈篦齿状，含 3~7 小花；颖舟形，脊上或连同背部脉间被密或疏的长柔毛，第一颖长 2~4 毫米，第二颖长 4~4.5 毫米，具略短或稍长于颖体之芒；外稃舟形，被有疏密的长毛或明显被有稀疏柔毛，边缘狭膜质，被短刺毛，第一外稃长 4.5~6 毫米，顶端芒长 2~4 毫米；内稃与外稃略等长，先端尖且 2 裂，脊具短小刺毛。花果期 7—9 月。

二、生长适应性

冰草能够适应多种恶劣的生存环境，根茎芽多数在生殖枝基部产生，耐干旱，耐寒冷。幼茎和幼芽长在叶鞘总苞片内或在留茬下，预防生理性干旱，植株之间贴得紧，可以减少水分蒸发，保护器官，避免遭受高温的危害；气候严重干旱时期，冰草叶片卷曲，防止水分蒸发，甚至变黄或萎蔫，植株停止生长，呈现"假死"现象，避免干旱造成的危害。分布于荒漠区内的冰草是最抗旱的，对水分很敏感，短期水淹、对植株生长发育和产量有良好的影响，长时间积水起副作用。冰草是多年生禾草中较耐寒品种之一，株丛的分蘖节包皮、茎包皮以及枝条相互紧贴起到隔热保温作用，成龄株丛寒冷或霜冻均不会造成大量死亡，能忍受冬春的低温，能耐 -45℃ 极端气温，但是芽和幼苗的抗寒性较差，往往遇到低温而造成死亡。冰草寿命 20 年或更长。马玉宝等（2008）在旱作条件下对冰草进行了研究，各类冰草均表现较好的抗性，抗寒越冬率高，抗旱抗病虫。

三、栽培技术

冰草生态幅度广，喜生于草原地带，分蘖能力和再生性强，返青早，枯黄迟，利用时间长，是改良天然草地和建立人工草地或放牧地的一种很有潜力的优良牧草。冰草适于在干旱草原地区或沙湿区直播或天然草场补播，鄂尔多斯地区因春季墒情不好，旱地春播不易全苗，应在 7—8 月趁雨季抢墒播种。播种方式以条播为宜，每亩播量 1.5~2 千克，行距一般在 30 厘米左右，播深 2~3 厘米。冰草具有一定的落粒性，掉落下的成熟种子，在秋初适宜的温度、湿度条件下，容易萌发长成新植株，从而能扩大群丛并延长寿命，补播极易成功。

四、利用

（一）饲用

冰草是刈-牧兼用型牧草，茎叶柔软，适口性好，营养成分较高（表 4-5）。冰草在生长发育过程中，营养价值和适口性都会发生较大的变化，在孕穗期营养价值和产草量达到最佳结合点，因此，应在孕穗期刈割。云锦凤等（1989）认为，冰草放牧利用不能早于拔节期，刈割利用不得晚于开花期，前者不利于生长，后者不利于营养品质。

表 4-5　冰草不同生育期营养成分 单位：占干物质%

生育期	粗蛋白质	粗灰分	粗脂肪	粗纤维	无氮浸出物	钙	磷
返青	24.30	10.09	5.53	22.38	32.67	2.05	0.60
拔节	19.60	7.61	4.25	29.67	30.70	2.17	0.43
抽穗	18.64	7.61	4.17	31.20	34.96	0.92	0.44
开花	10.59	5.03	3.87	35.95	40.86	0.42	0.27
结实	10.64	5.65	3.04	36.23	37.71	0.09	0.22
成熟	8.51	4.98	2.64	33.50	43.26	0.07	0.18

（二）生态修复

冰草可以进行生态恢复和生态治理，在已退化草原，可以种植冰草来恢复。比如，矿山采挖后的生态恢复，以及修建公路时破坏的道路两旁来进行护坡绿化。冰草对沙地有良好的适应性，是优秀的防风固沙植物。对于鄂尔多斯乃至北方风沙严重的地区，种植冰草来固化沙化土壤是良好的选择。

第五章　其他牧草种植技术

第一节　优若藜

优若藜为藜科优若藜属丛生半灌木，种源丰富，造林容易，成本低，见效快，可防止草场沙化、退化，是建立立体人工、半人工草场的理想乡土多年生旱生树种，具有较高的生态效益。同时，该品种营养丰富，大小家畜均喜食，也可作为饲用植物栽培，具有较高的经济价值。其广泛分布于我国新疆、内蒙古、宁夏、陕西北部。在鄂尔多斯多见于伊金霍洛旗、杭锦旗、鄂托克旗和鄂托克前旗的荒漠草原地区，也出现在荒漠地带。

一、形态特征

主根粗壮，侧根发达，根系分布于 50 厘米土层，深达 2 米。株高 60~80 厘米，最高可达 2 米；茎基部木质，茎上分枝多，多集中在上部，被星状毛，色黄绿。叶为宽披针形，长 3~5 厘米，宽 0.4~2 厘米，基部楔形至圆形，全缘，互生，两面均有白色星状毛。雌雄同株异花，花小，雄花为穗状花序，数个雄花成簇密集于枝的顶端；雌花聚生于叶腋，花管倒卵形，长约 3 毫米，裂片长为管长的 1/3，果期管外两侧的中、上部各有两束长毛，下部则有短毛。胞果圆形或倒卵形，密生白色茸毛。

二、优良特性

优若藜适应范围广。除低洼盐碱地和流动沙丘外，其他地段均可生长，可生长于戈壁、沙漠、干旱山坡、固定沙丘、沙地、黄土丘陵、沟谷及干河床等地段，并可形成大面积优若藜群落。

优若藜抗旱、耐热、耐寒。在降水量 200~250 毫米地区生长良好，抗旱试验测定表明，连续干旱 124 天，成活率为 97%，绿色茎叶 100%，反复干旱 2 次后成活率为 93%（赛希雅拉，2012）。据在四子王旗调查，年平均降水量只有 117.9 毫米的脑木更苏木，平均降水量 133.9 毫米的卫井苏木也有天然分布的优若藜（付聪明等，1990）。可耐受 45℃ 高温，-40℃ 低温下能安全越冬。

优若藜种子发芽力强、吸水快，出苗后生长快。温度在 4℃ 左右时，土壤水分适宜，种子很快萌动，25℃ 条件下 8 小时即可发芽。据在鄂托克旗半荒漠区观察，优若藜在早春 4 月下旬播种，3 天后出苗，7 天出齐。出苗一个月后生长加快，当年株高达 60~70 厘米，分枝 1~3 个，能开花结实。二年生的优若藜株高达 80~120 厘米，可形成枝叶繁茂的灌丛（胡琏等，1989）。

三、栽培技术

优若藜种子小而轻，在荒漠草原区直播多失败，常采用育苗移栽法，早春将种子浅播于苗床，入冻前或翌年把苗移栽于大田。

（一）育苗技术

1. 选地与整地

优若藜育苗地最好选择在排灌良好的轻沙壤土地上，重壤土、盐碱地不宜做育苗地，pH 值 7.5~8.2 为宜。育苗前精心整地，整地应清除杂草、石块、地平土碎，在播种的前一年秋季深耕灭茬，做到深耕细整，加厚活土层。育苗地要根据土壤的肥力状况适当施入腐熟的有机肥或化肥，结合施肥再浅耕一次。

2. 种子处理

优若藜胞果密生白色绒毛与籽粒常粘在一起，影响其播种品质，所以播种前要晒种，然后用碾子轻轻碾压，过筛处理（15 毫米孔径铁筛）使种子与绒毛等杂物分离。播种前 6~8 小时用冷水拌种，并经常翻动，约 2 小时后，种子吸足水分膨胀，混拌一倍左右的湿润沙土，拌匀后播种。

3. 播种

育苗播种以 4 月中旬至 5 月上旬为宜。在播种前浇足底水，待水渗到能开沟时播种。沟深为 1.5 厘米，将种子均匀撒在沟内，覆土厚度为 1 厘米，轻轻镇压。土壤含水量高，播种效果好，不能等苗床白背后再播种。采取宽幅条播，播幅 6~10 厘米，行距 21 厘米，播量 0.5~1.0 千克/亩，出苗后应注意中耕培土以获壮苗。

4. 抚育管理

播后要保持苗床湿润，一般 3 天开始出苗，7 天苗齐。在出苗后 1 个月时间内要适当控制浇水，抓紧松土、除草、间苗。当苗高达 4 厘米，进行第一次除草，主要除垄背草。当苗高达 5~6 厘米时进行间苗，同时松土除草，主要除苗间杂草。间苗要均匀，原则上留 1~2 类苗，拔掉 3 类苗、并生苗、多头苗。间苗的同时，对保留下的苗木，尽量把基部的分枝芽或小侧枝抹掉。在 6 月中旬至 7 月初，需要及时进行一次灌水，待土散后深锄一次。在 7 月中旬进入速生期，此时根系已基本形成，给生长创造了条件，一般需第二次灌水，速生期大约持续 50 天。当年生优若藜在 8 月中旬有的开始开花，这一时期也是苗木木质化阶段，管理上要减少或不灌水。

（二）移栽技术

1. 整地

影响优若藜成活率的主要因素是水分条件的限制，移栽前必须细致整地，改变土壤结构、理化性能，起到蓄水保墒的作用，给幼苗创造生长的有利条件。为此，最好提前一年整地，在伏天进行，深耕 25 厘米，并把一次，清除杂草石块，做到地平土碎。建植防护林应选择沙壤土或沙土地，根据不同地形带状或穴状整地。株行距一般为 1 米×1 米，按规格 30 厘米×30 厘米挖栽植穴，呈"品"字形排列，为保土壤墒情，随挖坑随栽植。作为割草地株行距一般为 0.5 米×1 米。

2. 移栽方法

春秋两季均可移栽，春季植苗可在 4 月初，秋季植苗可在 10 月中下旬进行。在雨季 7—8 月也可定植。植苗时的苗木处理可采用截干法和不截干法两种。土壤墒情较差又无灌溉条件的地方宜采用截干法，即将地上枝剪掉，留茬 7~10 厘米，以减少水分蒸腾利于成活。移栽前最好测定含水率，只要在 8% 以上均可移栽。如土壤墒情良好，又有灌溉条件，可采用不截干植苗。植苗时，坑内倒水 1/2 时将苗木放入，填表土一半后提苗，使苗木根系舒展，之后踩实，再填土至地表后踩实，栽植后苗坑深 10~15 厘米，易蓄水保墒，可起到提高苗木成活率的作用。

四、种子采收

优若藜为雌雄同株单性花植物，其花序着生枝梢的叶腋处，雄花着生于上部，当种子成熟时雄花已脱落，由雌花序替代着生于枝梢，十分便于采种子。此外，优若藜种皮极薄，易创伤其环形胚，故不宜采用割取枝条碾打的方法采收，应采用手捋的方法较为适宜，随捋随放入袋中。用该方法采种，既不损伤种子又减少杂质。采收后应将种子摊放在通风良好的地方阴干或晾干，每天翻动，以防发霉。分枝多寡和种源有关，采集幼苗的种子时尽量选择分枝少的植株。

五、利用

（一）生态治理

优若藜是荒漠地区极抗旱、防风固沙和保持水土的优良植物之一。其冠幅大，栽植第 2 年，植株高达 80~120 厘米，株丛直径 60 厘米，形成大而茂密的植丛。主根和侧根非常发达，主根入土深达 1 米，侧根分布广泛，根冠较大，可从土壤深层吸收水分，在土层中形成纵横交错的网络状，固土能力强，耐风蚀沙埋。内蒙古农牧业科学院综合试验示范中心农业综合开发项目课题组于 2012 年春季分别在四子王旗和锡林郭勒盟阿巴嘎旗建植了优若藜防护带共 33.33 公顷，于春季 4 月 25 日至 5 月 15 日进行了移栽。栽植当年调查研究表明，防护带栽植第一年株高 40~90 厘米，生长较差的地方平均株高为 42.0 厘米，生长较好的地方平均株高达 72.5 厘米；分枝数为 3~8 枝，平均分枝 4.6 枝；平均枝条长度为 22.6 厘米，平均根系长度为 30.3 厘米，成活率高达 86%，大部分植株开花结实（赛希雅拉等，2012）。

（二）饲用

由于优若藜含有较丰富的营养物质，尤其是幼嫩枝叶粗蛋白质、粗脂肪含量高，随着生育期的增加，植株体逐渐老化，粗蛋白质含量逐渐下降，而粗纤维和无氮浸出物含量有所增加（表5-1）。近几年，内蒙古农牧业科学院在四子王旗试验基地种植优若藜和其他旱生牧草如冰草、木地肤、苜蓿、锦鸡儿组合建植了人工草地。实践证明，建植优若藜混播草场既是优良的割草地的建设方法之一，也是荒漠草原区效果显著的草场改良方法，可以维持 5~10 年的稳定利用期。

表 5-1　优若藜不同生育期营养成分　　　　　单位：占干物质%

生育期	粗蛋白质	粗脂肪	粗纤维	无氮浸出物	粗灰分	钙	磷
营养	17.00	1.79	29.12	38.94	13.15	0.89	0.18
开花	15.08	3.41	28.88	42.76	9.87	1.48	0.11
结实	12.73	1.68	36.56	38.97	10.06	1.13	0.04
果后	8.49	1.43	39.44	42.49	8.15	1.69	0.05

优若藜青干草是各种家畜冬春时期的优质饲料，骆驼、羊、牛等家畜终年喜食，一般9月下旬刈割。据内蒙古农牧业科学院研究显示：优若藜现蕾期单株鲜重200~600克，干鲜比1:16，茎叶比45.4:54.6，地上植物量7 500~11 250千克/公顷，籽实375千克/公顷。单丛可产新鲜饲料0.5~1.8千克，或青干草0.21~0.8千克。干茎粉碎后，可轧制颗粒饲料。

（三）其他用途

优若藜性微寒，具清肺、化痰、止咳之功效，能治气管炎、肺结核。美洲人用它治疗咯血，也可作为香料植物。优若藜树形美观，在太阳的照耀下，发出银红色光芒，且又常绿。在美国许多公园均将其作为绿化树种栽培和经营。

第二节　木地肤

木地肤是藜科适温性多年生旱生半灌木，广泛分布于欧亚草原区，在国内主要分布于内蒙古、新疆和西藏等地。国外从20世纪20年代开始，对木地肤进行引种栽培试验，到30年代已经大面积种植，建立了人工木地肤放牧场和割草场。我国在20世纪60年代以来，由甘肃农业大学、新疆农业科学院、内蒙古草原工作站等单位，先后对木地肤进行了大量人工驯化、栽培、选育等方面的研究工作。实践证明，它是在荒漠草原地区进行人工栽培或用以改良天然草场优良的牧草。

一、形态特征

粗壮轴根型，侧根发达。茎多分枝而斜升，呈丛生状，高30~90厘米。叶单生、互生，稍扁平，短枝上簇生，条形或狭条形，长8~25毫米，宽1~1.5毫米，两面疏被柔毛。花单生或2~3朵集生于叶腋或枝端构成复穗状花序；花被片5深裂，花瓣花萼5个，密被柔毛，呈灰绿色。胞果扁球形，紫褐色；果皮厚，膜质，灰褐色；种子甚小，卵形或近球形，黑褐色，直径1.5~2毫米。

二、生态适应性

木地肤抗旱能力强。根系发达，主根入土深，侧根分布于0~60厘米土层中，根系生长迅速，可以从深层土壤中吸收水分。全株密被柔毛，柔毛多少与降水和蒸腾变化情况相适应。同一株在一年内降水的季节分配不同，柔毛多少也有变化。往往春季柔毛少，夏季柔毛增加，秋季柔毛又有所减少。水分多时，柔毛减少，反之柔毛增加。木地肤具有夏季休眠的特性。如遇到夏季极端干旱，降水少，气温高，土表 5 厘米内含水率下降到 1%~2%，15 厘米土层内含水率在 3%~5%时，出现夏季休眠现象，这个时期生长停滞或十分缓慢，饲用物质的贮藏量相对减少，一旦环境条件好转，立即恢复生机。

木地肤耐寒、耐热、耐盐。能在−40℃的气温下安全越冬，在夏季地表温度 65℃时，也不会发生灼伤现象，在土壤含盐量达 0.5%~0.8%时，仍能正常生长。据调查，1984 在年巴彦淖尔乌拉特中旗巴音哈太地区降水不足 15 毫米的情况下，抢播木地肤，出苗良好，越冬前苗高 5~10 厘米，第二年蕾期株高达 16 厘米（阿拉塔等，1991）。

木地肤适应地域广，分蘖能力强，寿命长。在草原沙地、干旱山坡、戈壁滩、荒漠草甸、荒漠石质阳坡、沙质草甸、山谷、山坡草甸、山坡荒漠草原、石坡、盐碱地均可生长。根系生长很快，可超过地上部分 1~1.5 倍。根茎粗壮，分枝多，根系中有大量碳水化合物。当植株被沙埋后，能从近表层沙土中迅速发出新枝条。木地肤利用年限长，自然寿命为 20~30 年。

三、栽植技术

（一）旱直播

木地肤的栽培能否成功，选地和适时播种是两个重要环节。木地肤对土壤要求不严，但以疏松肥沃的土壤为好。要选择地势平缓，坡度较小，土层较厚的地段。在荒漠草原地带栽培时，应在临冬和早春抢墒播种。有报道指出，冬播优于春播，出苗率高，主要是因为冬播实属寄籽播种，种子在早春冰雪融化，土壤解封时萌发，此时土壤湿度高。此外，木地肤种子萌发对温度要求不高，在地表昼夜解冻交替出现时，种子就吸水膨胀，萌发出苗，幼苗并不受冻害。

一般采用撒播或条播，播前翻耕土地，耕深 25~30 厘米。在耕作层含水率达 15%~20%时，为出苗期的最佳土壤湿度。木地肤的种子小而轻，果实有翅，千粒重 1.1~2.0 克，顶土能力弱，覆土不宜过深，不能超过 2 厘米。种子播种量 1~2 千克/亩，采用果实播种量 2~3 千克/亩。直播不得晚于 7 月底，播种太迟苗籽太小不利越冬。

（二）育苗移栽

1. 育苗

育苗地必须选择土壤肥沃、地势平坦，土层深厚的地块，耕翻平整后做畦，播种前必须灌足底水，等土壤松散时播种。撒播、条播均可，一般多采用条播，行距 35 厘米，每亩播种量为 1.0~1.5 千克，覆土要浅，以 1 厘米为宜，播种期 4 月底 5 月初。木地肤苗期生长十分缓慢，易受杂草抑制，对杂草的遮阴极为敏感，待苗 5~10 厘米要及时锄草。期间，要一并间苗、定苗。为提高产量，要适时浇水、追肥。

2. 移栽

木地肤植苗移栽多在春、秋两季进行。春季植苗移栽于萌动前 4 月初，秋季植苗移栽可在 10 月上、中旬进行，墒情好夏季也可移栽。苗木要放置在阴凉的地方，防止失水。人工移栽可用锹撬开缝，把苗插入，保证其根部拉直，颈部要全部埋入土中；机械移栽可使用打孔器或植树机栽植；也可采用犁栽法，此法效率较高，但要在土壤湿度较高的情况下才可以采用，一般夏季雨后移栽。此法移栽后杂草少，但成活率不如锹栽法高。

植苗移栽密度株行距以 0.5 米×1.0 米为宜。每亩需苗 1 300~1 400 株。移栽后最好浇一次缓苗水，或用生根粉处理，可大大提高成活率。移栽土壤湿度是成败的主要因素，只要湿度有保障，苗木成活率可达 100%。在干旱无浇水条件的情况下，采用截干植苗法成活率较高，把地上部分枝条剪掉，留茬高度 3~5 厘米，起苗时把过长的主根和侧根切掉，一般主根以 20 厘米为好。

四、收获

木地肤的最佳刈割利用期为开花期，这时草质好，叶量繁茂，营养成分也高。秋季刈割虽然产草量高，但枝条木质化程度增大，草质变差，适口性降低。木地肤种子成熟一般在 9 月下旬，10 月初成熟，可根据花序的颜色来确定，当有 20% 的花序变为棕色，种子呈褐色时即可及时收割采收。种子成熟后，很快脱落，一般当种子成熟 15~20 天以后，果枝上能保留下来的种子不到 10%~20%，因此要及时采种。采种可采用不同的方法，植株稀疏的情况下，可来回走动用手捋；在植株比较稠密的情况下，采用收割机收割。收割后打小捆在地里晒放 2~4 天，轻打脱粒。脱粒后的木地肤种子含水量较高，水分可达 69%，应充分晾晒，分别用 6.5 毫米、3.5 毫米的筛子过筛，清除枝叶和花序后装袋。

五、利用

（一）生态治理

木地肤具有较广泛的生态可塑性，在草原和荒漠区的沙质、沙壤质或多碎石的土壤上均能生长。常成为荒漠草原和草原化荒漠地带群落的重要伴生种，并能形成层片。在土壤含盐量达 0.2% 左右的灰钙土生长繁茂，常可成为优势植物。木地肤为广幅旱生植物，试验表明，在年降水量 250 毫米、土壤有机质 1.5% 的半荒漠草场上种植木地肤，每平方米 76 株的密度时不仅单位面积生产量高，而且对土壤水分的利用也比较经济、合理（贾广寿，1984）。因此，木地肤是荒漠地区补播、改良盐碱地和防风固沙等生态建设的优良草种。

（二）饲用

木地肤具有较高的营养价值。木地肤春季返青较早，冬季残株保存完好，粗蛋白质含量较高，开花前刈割的青干草各种家畜也喜食。据分析，在不同的发育期内，与其他藜科植物比较，其化学成分内含灰分较少，粗蛋白质含量则较多，比禾本科植物高，与豆科植物接近，且粗蛋白质的含量在各生长季节内变化幅度较小。木地肤属于多叶型半灌木，茎叶比例一般为 1∶（1.25～2.80）。分枝多，成株分枝一般在 20 个以上，最多达 100～260 个，叶片粗蛋白质含量远较茎秆多，饲用品质良好。

生长较快，成熟早，再生能力较强。据测定，在开花前日增长速度可达 0.5 厘米，为旱生植物中所少有。在适宜的条件下，人工播种的种子发芽较快，当年生长虽然较慢，但大部分植株可开花结实，第二年植株定型，生长迅速，其产量即可达到高峰，每年可刈割青干草 2 次。春末刈割后，秋季的再生草即可达到 20 厘米，多次利用可以获得品质良好的再生草，如仅秋季利用 1 次，产量虽然较高，但其枝条木质化程度增高，品质较差。

利用时间长，产草量高，是干旱地区的优良饲用植物。在内蒙古地区观察显示，3 月底至 4 月初返青萌发新枝，6—7 月现蕾，7 月开花，9—10 月结实。早春土壤解冻后，当旬平均气温上升到 3℃ 时，老枝开始复苏返青，临冬基部营养枝停止生长，整个冬季几乎保持灰绿色，生长期长达 240 天左右。在半荒漠地区，与其他旱生小半灌木比较，一年生枝条较多，约占 55%。据新疆草原研究所栽培试验，在荒漠气候条件下，旱作栽培亩产鲜草 150～350 千克，单株最高者产草 1.1 千克，每亩产种子 15～20 千克，单株收种最高达 250 克。由此看来，在缺乏灌溉条件的干旱、半干旱地区，也是适宜旱地的割草型植物。

第三节　梭梭

梭梭为藜科超旱生落叶灌木，由梭梭构成的植物群系是亚洲荒漠区分布最广的植被类型（胡式之，1963），是我国西北干旱荒漠地区防风固沙、保护草场和改善沙区气候的优良植物种。它适应性强、根系发达、耐寒、耐盐碱、耐风蚀，是名贵中药肉苁蓉的寄主植物，也是温带荒漠中生物产量最高的植被类型之一。它对维护脆弱荒漠生态系统的稳定性具有重要意义，具有较高的生态和经济价值。

一、形态特征

梭梭根系发达，一般主根深 2 米，最深可达 4~6.5 米，距离地下水 80 厘米处水平延伸。高达 7 米，地径可达 50 厘米；树皮灰白色，木材坚而脆；老枝灰褐色或淡黄褐色，通常具环状裂隙；当年枝细长，斜升或弯垂，节间长 4~12 毫米，直径约 1.5 毫米。叶鳞片状，宽三角形，稍开展，先端钝，腋间具绵毛。花着生于二年生枝条的侧生短枝上；小苞片舟状，宽卵形，与花被近等长，边缘膜质；花被片矩圆形，先端钝，背面先端之下 1/3 处生翅状附属物；翅状附属物肾形至近圆形，宽 5~8 毫米，斜伸或平展，边缘波状或啮蚀状，基部心形至楔形；花被片在翅以上部分稍内曲并围抱果实；花盘不明显。胞果黄褐色，果皮不与种子贴生；种子黑色，直径约 2.5 毫米；胚盘旋成上面平下面凸的陀螺状，暗绿色。花期 5—7 月，果期 9—10 月。

二、优良特性

梭梭抗旱、抗热、抗寒、耐盐碱。叶子退化成为极小的鳞片状，仅用当年生绿色嫩枝进行正常的同化作用。在干旱炎热的夏季到来后，部分幼嫩同化枝自动脱落，以减少其蒸腾面积。绿色的幼嫩同化枝条外表十分光亮，而内部完全被二层排列紧密的栅栏组织所包围，细胞小，细胞液浓度很大，渗透压高，抗脱水能力强。因而，在年降水量 100~200 毫米或更差的气候条件下仍能正常生长，在气温高达 43℃ 而地表温度高达 60~70℃ 甚至 80℃ 的情况下仍不受伤害，能耐极端最低温 -42℃。幼树在固定、半固定及土壤含盐量 0.2%~0.3% 的沙丘上生长良好，而在含盐量 0.13% 以下时反而生长不良。

梭梭具有两次休眠特性。试验表明，梭梭幼苗在土壤水分条件恶化时，大量减少地上部分生物量，将更多的光合产物分配给地下部分，来建立新的水分平衡，使梭梭幼苗可以在土壤水分含量低于 1.5% 的条件下，仍然维持一定程度的生长（田媛等，2014）。4 月底至 5 月初，小而数量繁多的花 5~8 天迅速开放后，子房暂不发育，而处于休眠状态（夏眠），直到秋季气候凉爽后才开始发育成果实，10 月底或 11 月初成熟，随即进入冬眠。

梭梭生长较快，寿命较长。1~3 年生梭梭的高生长不是太快；5~6 年生高生长最为迅速，树高达 3 米以上，树枝多而细长，树冠宽度小于树高，开始结实；10 年生进入中龄时期，树高 4~5 米，地径可达 10 厘米。树冠多发育成球状，冠幅宽度 4~6 米，开始大量结实。在条件较好的地区，树龄可达 50 年。

三、栽培技术

人工建植梭梭，为保证其成活率，一般采用育苗移栽的方法。

（一）育苗

1. 选地与整地

梭梭对土壤要求不严，应选择轻盐碱、地下水位 1~3 米的沙地或沙壤土地。忌选重黏质土壤，以及盐碱过重（超过 1%）、积水低地等通气不良的地块，否则易引起病菌侵染，苗木根部腐烂。播前浅翻细耙，除去杂草，保证床面平坦，灌足底水即可。

2. 施肥

梭梭对土壤肥力要求不高，如果是耕作过的熟地选作苗圃地无须施肥；如是生荒地，耕翻时每亩施磷酸二铵 15 千克。

3. 播种

（1）播种时间。梭梭播种以春、秋两季为宜，秋播在干旱、风多、鼠害严重地区不宜采用。鄂尔多斯乃至西部干旱地区常以春播为主，春播宜早不宜晚，应在 3 月上旬至 4 月上旬顶凌抢墒播种，春播土壤水分蒸发慢，保墒，苗木生长期长，抗逆性强。3 月播种，6~7 天出苗，4 月播种，4~5 天出苗，出苗 10 天以上抗风蚀能力增强。

（2）种子处理。为防止根腐病的发生，种子在播种前要进行消毒处理，用 0.3%高锰酸钾或 0.5%硫酸铜水溶液浸种 20~30 分钟，种子捞出后以 1:3 掺沙子拌种。

（3）播种。梭梭种子小，播种时应适度密播，过稀苗易生分枝，影响苗木质量。一般每亩用种量为 2 千克，根据种子质量净度而定。在平整好的育苗床面开沟深 1.5 厘米，行距 25~30 厘米，将拌好的种子均匀撒在沟内，覆土 1~1.5 厘米进行镇压，然后覆水，以水过畦面为准，此水可防止大风刮出种子及幼苗。

（4）苗期管理。梭梭喜光性很强，不耐荫蔽，幼苗出土后要及时锄草松土，保持土壤疏松，通气良好。在地下水较充足的地区，整个生长季一般不需要浇水，特别干旱地区 6 月中下旬可进行一次浇水，结合浇水每亩施碳酸氢铵 15 千克，以促进苗木生长。

（5）苗木出圃。1 年生出圃苗木成活率高，苗龄大成活率相对较低。起苗时要先浇水，深翻起苗，要少伤侧根、须根，尽量保持根系完整，根长保持 30 厘米以上，不折断苗干。春季苗木出圃时间为 3 月上旬至 4 月上旬，冬季出圃时间为 10 月下旬。苗木出圃后，不能及时移植或包装运往造林地的苗木，要立即临时假植。选择湿润、排水、通气良好的沙土地块，根据苗量大小，挖 60 厘米×60 厘米的假植沟，使苗木根系与土壤密接，以防苗根长毛腐烂。另外，用草帘等物覆盖假植沟可延长假植时间。

（二）植苗移栽

1. 选地

在固定半固定沙丘上栽植，可不设置沙障等保护措施直接移栽。在流动沙丘上栽植应根据沙丘链形成特点循序渐进，逐年完成。应选择背风坡底部、迎风坡中下部栽植。栽植密度以 2 米×1 米或 2 米×2 米为宜。梭梭的生物学特性决定它不能与籽蒿、油蒿共生，人工栽植梭梭在选择地段时，要注意避开籽蒿、油蒿群落。

2. 移栽时间

分春季移栽和秋季移栽，春季造林于 3 月上旬至 4 月上旬进行，抓住春季土壤墒情好、蒸发慢的有利时机移栽，越早越好。秋季造林在 10 月下旬至 11 月下旬进行移栽。

3. 移栽方法

梭梭种植传统方法采用穴植，挖坑—植苗—浇水。如果在流动沙丘上移栽，由于流沙的流泻，虽然栽植的苗木较小也要挖出相对较大的树坑，劳动强度大、工效低，水的需求量较大并且大部分水变成无效水而流失，因此，流沙区栽培梭梭等灌木采用"高压水枪打洞"的方法，可有效解决沙漠干沙流动给治沙造林带来的困难。该技术方法使用 2 寸消防软管（1 寸≈3.3 厘米），前端变 4 通，4 根 6 分软管同时作业。配套动力是扬程 15 米以上离心泵，柴油机做动力，有电源的地方配电泵。水源以每 400 米打 2 寸小塑管井两眼组合使用，地下水位高的地方挖坑取水均可，种植时用水冲击沙地，打出供梭梭苗木栽植的孔洞栽植苗木。免去了人工挖树坑的繁重劳力，并且因为树坑较小，冲入的水即可保证苗木生长。同时充分利用沙漠环境条件形成规范化操作栽培模式。种植时，每一根消防管为一个作业组，一个作业组由 6~8 人组成。一人持分管用水的动力打孔，一人植苗，一个工作日可种植苗木 3 000~4 000 株。该技术节约水资源 80%，提高工效 5 倍，苗木成活率提高 50%（苏彦平等，2012）。

此外，在春季土壤墒情好、干沙层浅的地区，抓住有利时机利用保水剂法栽培，梭梭成活率也较高，栽苗时挖坑深度根据苗木大小而定，一般种植深度是苗木的 1/2，将蘸有保水剂的苗木植入踩实即可。

四、种子采集

梭梭栽培后，水分条件及生长环境的不同，开花结种时间差异很大。若水分充足，梭梭营养生长旺盛，开花结种较晚，一般 5~6 年后方开花结种。若水分条件较差，梭梭生殖生长提前，3~4 年即可开花结种。

梭梭 4 月底 5 月初开花，9 月底种子成熟，成熟的种子要及时采收。一般于 10 月初梭梭种翅由绿色变成黄色或灰褐色时即可采收，11 月后，种子将会被风吹走。采收时选择无风天，用布或编织布铺于采种树下，用木棒轻打树枝使种落下，然后收集种子；也可扫去采种树下枯枝杂草，直接击打种枝使种子落下，进行收集。

采收的种子要及时晾晒。新采收的种子不易与种翅脱离，并拌有大量的脱落枝，要经过碾压敲打后，用 3 毫米以上的筛子，筛去较大脱落枝及种翅，然后再风选，使种子净度达到 90%，水分 5% 以下。梭梭种子胚芽在种子内就已形成，若种子受潮，温度适宜，2~3 小时就会发芽，所以要存放于干燥通风处，避免雨淋、受潮。种子发芽力保存期通常为 6~9 个月，当年采集的种子一般在秋季或翌年春播，种子发芽率在 90% 以上，一年后发芽率下降到 40%~50%。

五、利用

（一）生态治理

梭梭的生长区域较广，能适应较高的土壤矿化度，耐风沙，喜生长在轻度盐渍化及地下水较高的固定或半固定沙地上，在砾质戈壁低地、干河床、山前冲积扇等处也有生长。梭梭是防风固沙、改善沙漠戈壁环境的优良植物种，也是人工固沙造林的先锋树种。人工栽植的梭梭生长速度快，防风固沙效果好，遏制土地沙化，改良土壤，恢复植被，能使周边沙化草原得到保护，在维护生态平衡上起着不可比拟的作用。在荒漠地区无需灌溉，能够自然生长成林。

（二）栽培肉苁蓉

肉苁蓉寄生于梭梭的根部，发展肉苁蓉产业对改善生态环境及沙区农牧民增收具有推动作用，拓展了沙区新的经济增长点。肉苁蓉又名大芸、苁蓉、地精等，具有补肾固阳、益精血、润肠通便之功效，被誉为"沙漠人参"。《本草汇言》："肉苁蓉，养命门，滋肾气，补精血之药也"。又言："乃平补之剂，温而不热，补而不峻，暖而不燥，滑而不泄，故有从容之名"。现代医学药理学研究表明：肉苁蓉具有提高性功能，抗衰老，提高记忆力，抗老年痴呆症，抗疲劳之功效，还有调节免疫功能、通便、保肝、抗心肌缺血和脑缺血、抗肿瘤等功效。

（三）其他用途

梭梭嫩枝可用作骆驼、羊的饲料，它的干材质坚硬，含水量少，燃烧时火力强，是优质的薪炭材，号称"沙煤"。早在元朝末年陶宋仪《辍耕录》一书中就记载过："回讫野马川有木曰锁锁，烧之，其火经年不灭，且不作灰。"《民勤县志》也记载："炭曰琐琐，火燃时发一清香，大非石炭可拟。"

六、肉苁蓉栽培技术

肉苁蓉人工栽培始于20世纪80年代，最初在内蒙古阿拉善盟医药公司的肉苁蓉种植试验场获得成功，随后在内蒙古多个地区接种成功。

（一）种子采集

肉苁蓉一般于每年4月初至5月初出土，出土后在阳光的刺激下迅速开花，花序为无限花序，中下部的花序先开，上部的花序后开。由于每年气候存在一定的差异，种子成熟期也存在一定波动。因此，为防止蒴果开裂种子被风吹走，在6月初顶部花序完全开放未凋谢、蒴果由黄棕色变为褐色、蒴果未开裂前，要用透气布袋将整株花序套住，将袋口捆紧。6月中旬至7月初果实变黑时将肉苁蓉整株挖出。采挖肉苁蓉不能用铁器，用木质利器或竹片距肉苁蓉吸盘处2~3厘米切下，将整株放于通风、光照充足的室内进行后熟，晾干后在室内脱粒，将含有杂质的种子放在纸上轻轻簸动，种子就会先落下，将颗粒饱满的种子装入布袋或纸袋中，放于阴凉通风处保存。

（二）种子处理

肉苁蓉应采用粒大、饱满、褐色有光泽的种子，自然状态下需经过冬季低温，其胚才能完成后熟过程，成熟不好的种子不能使用，当年的种子当年接种不能萌发。成熟的种子在自然条件下能够保持活力达数年甚至数十年。种子成熟程度不同，萌发时间参差不齐。种子质量差异很大，对多年采收的种子在进行种子处理时应进行种子活力测试。据报道，将肉苁蓉种子装入透气的布袋中，置于装有含水量大约 10% 的湿沙容器中，于 4℃ 下低温保藏约 30 天，对接种率的提高有明显的促进作用（赵洁等，2012）。此外，种植前将肉苁蓉种子在沙地上暴晒 1~2 周，有利于提高接种率（孙得祥，2010）。肉苁蓉种子纸制作及"诱导剂"配比技术含量高，各种营养物质的配合比较精确，一般种植户不易做到。据悉，内蒙古梭梭肉苁蓉研究所提供栽培上使用"诱导剂"制成的肉苁蓉种子纸。

（三）接种时间

肉苁蓉春季土壤解冻后至冬季土壤结冻前均可接种。最佳接种时间为春季 4—6 月和秋季的 10 月至 11 月上旬。春季接种，随着气温的回升，梭梭毛细根系迅速发育和生长，毛细根数量增多，接种时间缩短，接种率和肉苁蓉产量提高。秋季接种，虽然随着气温的逐渐降低，根系生长缓慢，毛细根较少，当年接种上的很少，但翌年开春后，只要梭梭毛细根系恢复生长，肉苁蓉很快就接种上。同时，当年采集的种子，经筛选后，秋天直接下种，种子经过冬天的自然低温后熟，也能有较高的接种率，简化种子的后熟程序。随着接种技术的提高，肉苁蓉的接种逐步实行与采收同时进行，边采收，边接种，这也是选择春季和秋季肉苁蓉采收季节接种的主要原因。

（四）接种方法

栽培肉苁蓉必须先种植梭梭，传统的肉苁蓉接种方法有沟播接种和穴播接种两种方法。传统方法在沙漠中开沟挖穴，由于干沙层流泻，劳动强度大，费工、费时，加上浇水、回填，工作效率极低。现广泛应用新技术"水钻法"，该技术的工效是挖坑栽培肉苁蓉的 10 倍，当年接种成活率达 83%（王树清等，2015）。

1. 沟播接种

有灌溉条件的地区，梭梭定植两年后，其直径小于 1 毫米的毛细根丰富，有利于提高接种率，可进行人工接种。在梭梭林带的外侧，距离林带定植方向行两侧 30 厘米处开挖接种沟。沟宽 20 厘米，沟深 50~60 厘米，将处理好的肉苁蓉种子撒于沟中，回填土踩实，及时灌溉。

2. 穴播接种

无灌溉条件的地区，可以采用穴播接种。梭梭定植 3 年后，其成活率基本稳定，毛细根数量增多，可以人工接种。在距所选寄主梭梭主干 40~60 厘米处挖 1~2 穴，穴深 40~60 厘米，将肉苁蓉种子直接撒播于穴底，每穴播种 10~20 粒，用沙土回填 20 厘米，灌水，待水完全渗入后，覆平土踩实。

3. 水钻法

水钻法就是利用水的动力打孔，配套动力器械，种植时距梭梭主干 50~60 厘米处用水冲击沙层打孔深 70~80 厘米，用一根 100 厘米长的木棍，前面钉一个 3 厘米长的铁丝（12#）将长 20 厘米左右、宽 12 厘米的诱导剂种子纸用木棍铁头插住，并送入水钻孔底部，用小铲回填干沙，摇动木棍使沙与种子纸密接，然后填满孔洞即可。

为了提高接种率，也可用 50 毫克/千克浓度的 ABT 生根剂、ABT 生根粉 3 号水溶液喷洒梭梭毛根及周围沙土，然后撒播种子，加入适量有机肥，再回填沙土、灌水、覆平土踩实。

（五）田间管理

肉苁蓉播种后，每隔 15~20 天灌 1 次水，连续灌 2 次水，促进梭梭毛状根形成，并诱导梭梭支根向接种区生长，缩短接种时间，提高接种率。此后每年 5 月和 7 月对梭梭进行 2 次灌溉。为节省用水，最好距梭梭 30~50 厘米进行滴灌。

（六）肉苁蓉的采收

1. 采收时间

肉苁蓉传统的采收时间为春季或秋季，传统的采收时间与其生长特性有关。野生条件下，肉苁蓉生长于地下，平时很难发现。进入春季，离地面较近的肉苁蓉的花序茎进入快速生长阶段，顶开土壤，形成裂隙或露出地面，易于发现。进入秋季，部分离地面较近的肉苁蓉也能将地面拱起，形成裂痕，因此秋季也是采集季节。对于栽培的肉苁蓉，由于了解其接种位置，理论上一年四季除冻土季节外，均可采挖。但肉苁蓉的适宜采收时间为春季 3 月下旬至 4 月上旬、秋季的 10 月下旬至 11 月上旬。4 月下旬以后肉苁蓉开始抽薹长出地面，部分已形成花序，肉质茎的营养成分快速消耗，有效成分含量也明显下降，影响药材品质。肉苁蓉春夏秋都旺盛生长，晚秋至初冬肉苁蓉进入休眠期，因而晚秋肉苁蓉积累营养丰富，有效成分含量高，同时此季节温度较低，气候干燥，易于肉苁蓉干燥，防止霉变。因此，肉苁蓉的最佳采收时间为 10 月下旬至 11 月上旬。另外，对不同采收时间的肉苁蓉有效成分含量测定也表明，春季出土和秋季采收的肉苁蓉有效成分含量较高。

2. 采收方法

可分为人工采收和机械采收。人工采收，距肉苁蓉20厘米处向外挖坑，将干湿沙分别放置，挖到底部块状吸盘时，刨开肉苁蓉周围的沙子，使肉苁蓉整株完整露出，用木质的利器或竹片距肉苁蓉吸盘3~4厘米处切下，采收时避免损伤寄生盘和梭梭根与寄生盘的结合处，以保证寄生盘再次萌发肉质茎，第二年可继续采挖。采时应注意取大留小。肉苁蓉采出后，有的肉苁蓉接种浅了，可将肉苁蓉及吸盘往深引埋，增加来年的产量。采挖时有时找不准梭梭寄生根位置连同寄生根一起铲下，需要及时将诱导剂的种子纸植入坑底补接。回填时先填湿沙，后填干沙，有条件浇水一次效果好。机械采收，利用深度在60厘米以上的犁距梭梭茎基约30厘米外侧将接种带全部翻出，收集翻出的肉苁蓉，并切断梭梭根系，同时播下肉苁蓉种子，再灌水填土。

3. 干燥

肉苁蓉应在产地切片干燥。这是因为其体积较大，干燥较困难，整枝干燥一般需要3~4个月，干燥过程中容易发生霉变、腐烂，而且干燥后的药材有一定的硬度，粉碎困难。加工方法：将采挖出的鲜肉苁蓉除去泥沙，用高压水流快速淋洗干净，再用不锈钢刀或切片机切成6~10毫米厚的切片，在阳光下晾晒干燥或60℃以下烘干。

第四节 沙棘

沙棘，别名醋柳、酸溜溜、黑刺等，系胡颓子科沙棘属落叶灌木，具有生长迅速、耐旱、抗风沙、生态适应性强等特点，可以在干旱、半干旱、沙化、半沙化、盐碱化土地上生长，被广泛用于西北地区生态建设。沙棘的根、茎、叶、花、果，特别是沙棘果实含有丰富的营养物质和生物活性物质，可以广泛应用于食品、医药、轻工、航天、农牧渔业等国民经济的许多领域。我国是世界上种植沙棘面积最大的国家，目前我国有野生沙棘137万公顷，世界上约90%的野生沙棘资源都在我国。截至2014年，鄂尔多斯累计种植沙棘林面积达42.2万公顷，深加工饮品、保健品、医药品、调味品、化妆品等系列产品，年产值近7亿元（张瑞军等，2017）。

一、形态特征

根以水平根系为主，根幅可达4~10米，具根瘤。高1.5米，棘刺较多，粗壮，顶生或侧生；嫩枝褐绿色，密被银白色星状柔毛或褐色鳞片，老枝灰黑色，粗糙；芽大，金黄色或锈色。单叶通常近对生，叶柄极短，几乎无或长 1~1.5 毫米；叶片纸质，狭披针形或矩圆状披针形，长 3~8 厘米，宽约 1 厘米；两端钝形或基部近圆形，基部最宽；上面绿色，初被白色盾形毛或星状柔毛，下面银白色或淡白色，被鳞片。果实圆球形，直径 4~6 毫米，橙黄色或橘红色；果梗长 1~2.5 毫米；种子小，阔椭圆形至卵形，有时稍扁，长 3~4.2 毫米，黑色或紫黑色，具光泽。花期 4—6 月，果期 9—10 月。

二、优良特性

沙棘生长快，耐寒、耐酷热、耐风沙及干旱气候。栽后 3~4 年开始开花结果，5~8 年进入盛果期，18~20 年后生长衰退，雌雄异株。适应性广，属阳性树种，喜光照，在疏林下可以生长，但对郁闭度大的林区不能适应。即使当年枝条未充分木质化，也可安全越冬，能耐极端最低温度可达-50℃；在炽热高温下也能正常生长，能耐极端最高温度60℃的地面高温。

沙棘对于土壤的要求不很严格，耐土壤贫瘠，也耐水湿和盐碱。在粟钙土、灰钙土、棕钙土、草甸土、黑垆土上都有分布，在砾石土、轻度盐碱土、沙土、甚至在砒砂岩和半石半土地区也可以生长，能在地表 5 厘米深处含水量达 42% 的山地草甸土和 pH 值9.5 的碱性土以及含盐量达 1.1% 的盐碱地上生长，但不喜过于黏重的土壤。

沙棘萌蘖性强。根系发达、主根浅、须根多，主要分布在 20~40 厘米深的土层内，3 年生开始产生根蘖苗，在撂荒地林缘每年可向内扩展 2 米左右。有根瘤菌、枯枝落叶多，改良土壤作用强。沙棘的根与短杆状固氮菌共生，固氮能力超过豆科植物花棒。2~8 年的沙棘林，枯枝落叶层可达 2~3 厘米厚，能增加土壤腐殖质，提高氮、磷含量（乌恩图等，2012）。

三、栽培技术

（一）种子采集

沙棘在定植 4~5 年之后就开始进入结果旺盛期，果实成熟期一般在 9—10 月，果实成熟后不落果，整个采种期比较长。多数沙棘类型具枝刺，果实小且软，果柄短且不易脱落，难以采收。过去多连同结果枝剪下采收，造成沙棘资源的破坏。现在提倡冻果采收法，即在冬季气温下降到 15℃ 以下，果实冻结在枝条上时，在树下铺以布单或容器，将枝条拉低，用棍子敲打或摩擦枝条，使果实落其中。对于果大、柄长、无刺的优良品种，也可以在其熟透前或冻结后手工采摘。将果实碾压后，放入清水中浸泡一整天，去除杂质后晒干贮藏。优质沙棘果实的出种率一般在 7%~10%，种子发芽率可以达到 90% 以上。

（二）育苗

1. 播种育苗

沙棘种子颗粒小，种皮坚硬，吸水能力差，顶土能力不足。育苗地应选择有灌溉条件的轻质沙壤土，尽量不要在黏土中育苗。育苗前要施足底肥，细翻碎土，灌足底水。春、秋皆可播种，以春播为佳。当 4 月中旬前后，土层 5 厘米深处温度达 10℃ 左右时播种。采用条播法，行距 20~30 厘米，覆土厚度 2~3 厘米，一般播种量 4.5~6 千克/亩，可适当增加播种量，以提高出苗率。

2. 苗期管理

幼苗出土后应间苗 2 次，第一次在第一对真叶出现时，保留株距 3 厘米；第二次在第四对真叶出现时，保留株距 8 厘米。间苗后，及时灌水以防高温日灼。一般 1 年生幼苗应灌水 4~5 次，每年秋季施入基肥，春季和夏季及时追肥。

3. 扦插育苗

3 月中旬至 4 月上旬，当地表以下 10 厘米处的地温达 10℃ 以上时，选择生长健壮、无病虫害、芽密饱满的 2~3 年生、直径 1~2 厘米的枝条为种条。剪去种条上的细枝和枝刺，有选择地截成 15 厘米左右的插穗，用湿沙埋藏，湿沙用 0.1% 的高锰酸钾消毒待扦插。扦插最好在塑料大棚或小拱棚中进行。插前细致整地，施足底肥，插穗用清水浸泡 24 小时，然后用浓度为 150~200 毫克/千克的 ABT 生根粉或吲哚丁酸处理 2 小时。株行距一般为 10 厘米×20 厘米，上露 1~2 个芽，踩实后浇透水。扦插后进行遮阴，无须过多浇水，保持地面湿润即可，当发出枝叶后逐渐减少遮阴。露地育苗在扦插后 10 天内灌大水 2 次，以后加强松土除草即可。

（三）移植

沙棘造林一般采用植苗造林，也可采用播种、插条、分根造林。播种造林春、夏、秋三季均可。分根造林是在早春刨沙棘幼根，截成 10~20 厘米的根穗，埋入土中、踏实，随刨随埋，易于成活。植苗造林在春、秋两季均可，一般春季在 4—6 月上旬，秋季在 10 月下旬至 11 月上旬，树木落叶后，土壤冻结前。秋季栽植的苗木，第二年春天生根发芽早，等晚春干旱来临时树已恢复正常，增强了抗旱性，秋季移植比春季效果好。可适当深栽，栽植时每株施 20 千克农家肥，将肥与土混匀后栽植时填入。栽后可用土培苗，也可截干，最好是栽后及时灌水。有关研究表明，宽行密植，即行间距较大、株间距较小的栽培方式，可早期丰产。比较理想的株行距有 1 米×3 米和 1 米×4 米等。雌雄株比例一般 8：1 或 10：1。

（四）抚育管理

栽植后每年 5 月施肥一次，采用树冠边缘下，开环状浅沟或放射状浅沟施入复合肥 0.05~0.1 千克/株，同时，结合扩穴将割下的杂草均匀地铺放在树盘内，上面压上少量土。6 月和 8 月各除草一次。干旱地区每年 10 月下旬灌一次封冻水，灌水量 30~40 千克/株。

沙棘长到 2~2.5 米高时要注意整形修剪，做到"打横不打顺，去旧要留新，密处要修剪，抽空留旺枝"。细树对单茎植株略加短截，使其萌发出枝条，形成植株。进入结果期后，要进行疏伐，剪去过密的枝条，修剪成"自然半圆形""三层楼"等形状，使树冠通风透光，以达到丰产效果。据研究，疏伐后，新生枝数量可增加 46.2%，树冠长度增加 1 倍以上，结实投影面积增加 5 倍以上，产果量增加 5~10 倍/亩（乌恩图等，2012）。衰老树要进行中度回缩修剪复壮，如果沙棘树生长超过 15 年，要在保留一个轴生枝的基础上剪掉其他所有枝条，促进其健壮生长。

此外，要及时清理剪除所有病虫枝、断枝、干枯枝和强度下垂枝，刮除病皮，并在其刀剪伤口处及时涂抹防腐剂，促进伤口愈合，防止病菌感染。

四、主要价值

（一）生态建设

沙棘是防风固沙，保持水土的优良植物种。沙棘的灌丛茂密，一般每亩荒地只需栽种 120~150 棵，4~5 年即可郁闭成林。根系可深达地面高度的 5 倍，根幅大，每株沙棘固沙保土面积可达 70~80 平方米，形成"地上一把伞，地面一条毯，地下一张网"。准格尔旗德胜西乡黑毛兔沟种植沙棘 7 年后，植被覆盖度达 61%。在一些陡险坡面上，利用其串根萌蘖的特性，可将一些人不可及的地段绿化。特别是沙棘在沟底成林后，抗冲刷性强，而且它不怕沙埋，根蘖性强，能够阻拦洪水下泄、拦截泥沙，提高沟道侵蚀基准面。东胜区大力推行沙棘林的营造，治山治水，并连续 7 年进行观察，得到的结论比对照荒山年径流量减少

96.3%，泥沙量减少95.2%。沙棘的抗风、降风速作用十分明显，可有效降低风速2~4倍。

沙棘可以改良土壤。沙棘系非豆科固氮植物，固氮能力很强，且根能将不溶性的有机质和矿物质变为可溶的状态，为其他植物的生长提供养分，创造适宜生存的环境，有利于改良土壤。据测定，每亩沙棘林可固氮素12千克，相当于施尿素25千克（徐洁等，2005）。鄂尔多斯市水土保持研究所对沙棘栽植前后土壤理化性质分析对照：栽植前土壤pH值为8.865，栽植后为8.775；P_2O_5由栽植前的0.037%转化为栽植后的0.043%；K_2O由栽植前的1.52%转化为栽植后的1.32%；速效氮含量栽植前为3.7%，栽植后为4%；有机质含量栽植前为0.67%，栽植后为0.699%；全盐含量栽植前为0.0753%，栽植后为0.0730%。沙棘也是优良的伴生树种。据山西右玉县测定，6年生的沙棘林内，土壤有机含量为2.13%，氮量为0.11%，两项指标均比耕地高出1倍。生长沙棘后的荒地不施任何肥料种植农作物，当年产量比一般农田高1倍以上，而且连种3年地力不衰。由此可以看出，沙棘林可使土壤有机质增加，pH值下降，含盐量降低，沃化了土壤肥力。

沙棘能促进生态平衡。生有沙棘的草地，能在短期内形成密集繁茂、满地落叶的灌丛，栖息的野生动物数量和种类明显增加，从而形成新的生态系统，具有丰富生物链的作用。据调查，人工种植4~5年后的沙棘林内，杂草丛生，还有一些次生的杨树、榆树等树种，自然形成植物的多样性，混交于沙棘林地的杨树、榆树、刺槐等与荒坡栽植的杨树等对照，分别提高生长量为129.7%、110.5%、130%。

（二）枝叶饲用

沙棘叶系优良饲料，含粗蛋白质15.75%，粗脂肪9.48%，粗纤维14.04%，无氮浸出物54.84%。一般7~10年生的沙棘林，年产沙棘叶干质量达2 000千克/公顷。刘绪川等对沙棘叶及果渣的毒性试验和畜禽生产性能研究表明，沙棘叶、果渣按物质毒性等级划分相当于6级，属于无毒物质。有研究表明，给奶山羊日粮中添加沙棘叶25克，可提高产奶量6.24%，饲料转化率6.14%；添加沙棘叶50克，可使奶山羊产奶量提高6.88%，饲料转化率提高8.04%（郭福存等，1990）。王建国等（1989）进行的沙棘叶对断奶仔猪增重的试验表明，在日粮中添加沙棘叶2%，试验组猪日增重比对照组提高36~39克，增重率提高13.04%~21.27%，饲料转化率提高1.83%~7.60%。雷新民等（1989）用沙棘果渣和枝叶饲喂羊，试验结果表明，沙棘果渣和枝叶可刺激口腔黏膜感受器增强唾液的分泌、提高胃液的酸度、增强消化和肠胃蠕动机能，而且具有显著预防和治疗肠胃疾病的效果。由此可以看出，沙棘枝叶无论是促进生长还是预防疾病方面，都具有较高的价值。据报道，山西省岢岚县发展沙棘混交林，利用沙棘枝、叶养羊，带动全县畜牧业的发展，全县养羊逾 30 万只，收入 5 300 万元，经济效益可观（张春雷等，2015）。

（三）营养及药用价值

我国是世界上记载沙棘药用状况最早的国家，在唐朝时期，沙棘就被用来治疗冻伤、修复受损皮肤、调理胃肠等，并且通过古籍和现代文献均可查证沙棘作为藏药、民族传统药材历史悠久。1977 年卫生部首次将沙棘列入《中华人民共和国药典》，随后沙棘进入《食药共用的中药材名单》。研究表明，沙棘的果实、种子、根茎、枝叶等均含有丰富的营养及药用成分（表 5-2），目前人们已经从沙棘中分离出 200 多种化合物，大部分化合物具有很重要的药理活性，甚至沙棘籽榨油、果实榨汁后剩下的残渣也因为含有黄酮类化合物、原花青素、磷脂等生物活性成分具有潜在的经济价值（钟彩霞，2006）。

表 5-2　沙棘各部位的价值

沙棘部位	营养价值	商业价值	药用价值
果实	维生素、黄酮类化合物（种类多）三萜、甾体类化合物、多糖、多酚、有机酸类、5-羟色胺、色素、挥发油、鞣质、微量元素、蛋白油、鞣质、微量元素、蛋白质等	作水果；制成沙棘汁、沙棘糕、沙棘果酱、冰激凌等多种食品和饮品；制成沙棘冲剂、沙棘乳胶丸、沙棘果肉油、沙棘黄酮口服液等保健品、药品	提高免疫力、防癌、防辐射、降压、降低胆固醇、防治冠状动脉粥样硬化、消喘止咳、消食健胃、明目消炎等
叶片	维生素、脂肪酸、黄酮类化合物（含量多）、三萜、甾体类化合物、多酚、5-羟色胺、鞣质、微量元素、多糖、粗蛋白质、粗纤维及氨基酸等	作为沙棘茶、沙棘冲剂、沙棘黄酮口服液、药膏等保健品、药品、化妆品原料；作饲料的原料；制取黄酮类产品和多糖类产品的原料等	毒理学实验证明安全无蓄积性毒害、促生长发育、防病毒感染、增强免疫、防癌、防辐射、降压、降低胆固醇、防治冠状动脉粥样硬化、消喘止咳、消食健胃、明目消炎等
籽（种子）	糖类、维生素、氨基酸、脂类、黄酮类化合物、挥发油、原花青素、微量元素等	提取生物活性成分制成护肤品、化妆品、药品、沙棘油	增强免疫、防癌、防辐射、降压、降低胆固醇、防治冠状动脉粥样硬化、消喘止咳、消食健胃等

（续表）

沙棘部位	营养价值	商业价值	药用价值
籽粕及果渣	糖类、维生素、氨基酸、脂类、黄酮类化合物、原花青素、色素、挥发油、磷脂等	提烤胶、制造纤维板、造纸、提取沙棘黄色素作着色剂；作为化妆品、药品、木耳栽培等原料	增强免疫、防癌、防辐射、降压、降低胆固醇、消喘止咳、消食健胃、明目消炎等
根	糖类、维生素、氨基酸、脂类、黄酮类化合物、甾醇类化合物以及有机酸等	作为中药材；作为沙棘保健品、药品、化妆品等原料；作为饲料的原料	增强免疫、防癌、防辐射、活血散淤、化痰宽胸、补脾健胃、生津止渴、清热止泻等
茎	糖类、维生素、氨基酸、脂类、黄酮类、甾醇类化合物、有机酸、5-羟色胺等	提取盐酸5-羟色胺、用作地板和硬木工艺品原料	抗癌等
枝干	黄酮化合物、有机酸等	做薪材能源、高吸水性复合材料	增强免疫、活血散瘀、补脾健胃、生津止渴、清热止泻等
花	糖类、维生素、氨基酸、脂类、黄酮类、甾醇类、有机酸等	用作蜜源、保健食品、化妆品	增强免疫、防癌、防辐射、降低胆固醇、消喘止咳、消食健胃、明目消炎等

第五节　籽粒苋

籽粒苋，别名千穗谷、天星苋，又有人称"蛋白草"，苋科苋属一年生草本植物，具有适应性广、抗逆性强、生长快、高产质优、用途广泛等特点。籽粒苋营养丰富，尤其以蛋白质、赖氨酸含量高而著称，并富含钙、铁等多种微量元素和维生素。籽粒苋叶片柔软，气味纯正，可作为蔬菜食用，也是牛、羊、猪、鸡、兔、鹅等草食家畜的理想饲料作物。籽粒苋品种很多，最普通的有绿茎种和红茎种两种。在我国北部各地，籽粒苋多为绿、红两种混生，除颜色不同外，其他形态和习性都相同。绿茎种叶大而先端微尖，茎叶皆绿，前期长得较慢，后期长得快，开花迟，不易老，品质较好，产量较高。红茎种叶大而先端尖或钝尖，叶正面绿色，背面紫红色，也有的全株为红色，前期生长快，后期生长较慢，开花早，产量与绿茎种相似或略低。

一、形态特征

籽粒苋多须根，主要根群分布于30厘米土层中。株高2~3米，茎直立、光滑、具有沟棱，淡绿色或红色。叶片互生，具细长柄，宽大，长椭圆形、卵圆形或披针形，长 15~30 厘米，叶脉呈网状，叶片多绿色或红色。主茎顶端和侧枝顶端着生穗状圆锥花序，长 40~60 厘米，直立或下垂，腋生和顶生；花小，单性，雌雄同株；花被片膜质，绿色或紫色，顶端有短芒。胞果卵形、盖裂。种子细小，圆形，黄白色、红黑色或黑色，有光泽，千粒重 0.5~0.9 克。

二、生长适应性

籽粒苋是喜温作物，在温暖气候条件下生长良好，品质也佳。种子在 5~8℃ 缓慢发芽，10~12℃ 发芽较快。植株生长最适宜温度为 24~28℃。耐寒力较弱，幼苗遇零度低温即受冻害，成株遭霜冻后很快枯死。根系入土较浅，但抗旱，需水量相当于小麦的 41.8%~46.8%，相当于玉米的 51.4%~61.7%，因而是半干旱半湿润地区的理想抗旱饲料作物资源。籽粒苋较耐盐碱和耐酸性土壤，适宜在 pH 值 5.8~7.5 的土壤上种植。种子在 0.3%~0.5% 氯化钠溶液中能正常发芽，在土壤含盐量 0.1%~0.23% 的盐荒地、pH 值为 8.5~9.3 的草甸碱化土壤上均生长良好。以排水良好肥沃的沙质壤土为最好，结构不良的重黏土不宜种植。籽粒苋根系发达、生长快、植株高大，喜肥，尤其喜氮肥。土质肥沃、肥料充足，籽粒苋单产高，同等土壤与补灌条件下比青玉米高 11.23%，比苜蓿高 134.8%，比饲用燕麦高 5.76 倍。

三、栽培技术

（一）选地与整地

选择土质肥沃、疏松，杂草较少的土地种植。忌连作，可与麦类、豆类作物间作、轮种。因种子顶土力弱，要求精细整地，深耕多耙，耕作层疏松。计划种植籽粒苋的地块最好进行秋翻，翻地深度在 20 厘米以上。

（二）播种

1. 直播

籽粒苋的播种是一项细致的工作，播种质量比其他饲料作物要求高，直播为主，也可育苗移栽，只要能保证 50~80 天以上的生长期，从 4 月下旬到 8 月可随时播种。鄂尔多斯地区春播在 4 月下旬至 5 月上旬地温稳定在 15℃ 时即可播种。播种量每亩 0.4~0.6 千克。播种方式通常为条播或撒播。条播一般行距 30~40 厘米，留种应适当加宽。为了使种子分布均匀，可与腐熟的有机肥料或沙土拌在一起播种，覆土 1~2 厘米。播后要立即镇压，以利于保墒和防风。

2. 间苗移栽

籽粒苋长出 1~2 片真叶时进行第一次间苗，3~4 片真叶时进行第二次间苗，间出的苗可坐水移栽。当苗高 20~30 厘米时定苗，定苗株距 30~40 厘米，每亩留苗 3 000~4 500 株。

（三）田间管理

1. 杂草防除

籽粒苋苗期易受杂草为害，要及时中耕除草。3~4 片叶时结合间苗进行一次除草，当苗高 20~30 厘米时，进行第二次中耕。除草可采用人工耥铲，大面积也可采用药剂封闭，如用 60% 丁草胺乳油加水在播后出苗前土壤喷洒处理。此外，株高达 1 米时，要结合中耕除草适当培土，以防止倒伏。

2. 施肥灌溉

籽粒苋虽对土壤要求不严，但消耗肥力多，整地时要施足底肥，基肥以农家肥和磷酸二铵为主，翻耕前应每亩施入腐熟有机肥 2 000~3 000 千克，磷酸二铵 15~20 千克。籽粒苋一般每亩追尿素 20 千克，分 2 次施入，在 3~4 片真叶时第一次追肥，施入总量的 50%，分枝期追加另外的 50%。在刈割后第 2~3 天适当追肥。若播后干旱严重，应适当灌水保苗，现蕾期灌水 1 次可增产 12% 以上。

3. 病虫害防治

籽粒苋病虫害较轻，应主要采取农业措施、生物措施等非药物措施进行预防。茎腐病、茎枯病、花叶病主要在缺肥、土壤贫瘠、干旱条件下多发生；软腐病、炭疽病、猝倒病均在潮湿、排水不良时发生。因此，要加强水肥管理，尤其要施足底肥，选择排水良好的地块。籽粒苋主要害虫的卵、蛹或成虫均在地下或杂草中、枯枝落叶层中越冬，故应清理种植地及其周围环境，做到整地前清除杂草，整地时深翻。

四、收获

籽粒苋分枝再生能力强，适于多次刈割，刈割后由腋芽发出新生枝条，迅速生长并再次开花结果。如果作鲜饲草，最佳收割期应在现蕾期，此时叶、茎、植株内的干物质均达到高峰值，生物量高，同时茎叶营养成分也达到最优。初花期叶片的蛋白质含量 21%~28%，同期的苜蓿叶片蛋白质含量为 26.6%。当株高 60~80 厘米时开始刈割利用，留茬高度为 10~15 厘米为宜，且保留 1~2 个腋芽，过低不易萌发，易烂兜。隔 20~30 天刈割一次，1 年可刈割 3~4 次。青饲可一次性刈割，多次播种多次收获。

采种一般选立夏或大暑前后播种，在苗高 10~15 厘米时间苗，到 30 厘米左右高时，拔除杂株、病株、弱株，使株距保持 30~40 厘米。到立秋至寒露前后，种子变成黑色时即可刈割。晒干脱粒，在干燥处贮藏。一般每亩可收种子 30~60 千克，高的可达 100 千克以上。

五、利用

(一) 青饲

籽粒苋的茎、叶比较柔软，营养价值较高。根据中国农业科学院畜牧研究所分析，籽粒苋在现蕾期的营养成分如表 5-3。籽粒苋富含蛋白质、氨基酸、维生素和多种微量元素，将籽粒苋籽粒粉碎后，按一定比例加入畜禽配合饲料中，可代替部分玉米及少量豆饼、鱼粉等蛋白质饲料。籽粒苋是猪的优良青绿多汁饲料，生喂熟喂均可。1 头成年母猪，日喂量为 8~10 千克。切碎或打浆，拌入糠麸喂给，即使多量喂给也不致引起拉稀。籽粒苋煮熟后为黏稠状物质，猪很爱吃，但养分损失多，还易产生亚硝酸盐引起中毒。研究表明，用籽粒苋粉替代部分豆饼、玉米及其他组分肉仔鸡配合日粮中，可使肉鸡全期增重提高 5.95%，能量利用率提高 3.62%，饲料效益提高 3.97%（范石军等，1997）。

表 5-3 籽粒苋营养成分表   单位: 占干物质%

植株部位	粗蛋白质	粗脂肪	粗纤维	无氮浸出物
茎	9.01	1.91	41.04	37.43
叶	26.30	5.22	12.99	35.96
全株	13.61	2.79	33.58	37.04

(二) 青贮

新鲜籽粒苋含水量一般 88%~92%，如果与含水较少的原料混合青贮，则能得到品质优良的青贮料。以干枯玉米秸秆、糠皮等与青鲜籽粒苋按一定比例混合后，可取得符合青贮饲料 60%~65% 水分含量的要求，并且使青鲜籽粒苋富含维生素 C 及胡萝卜素的营养液汁得到保留。

(三) 制作食品

籽粒苋资源丰富，营养价值高，在食品工业中的应用也得到了越来越多的关注。籽粒苋可通过发酵、膨化、烘焙等多种方法制成食品。如制成籽粒苋酸奶、籽粒苋酱油、白酒等。将籽粒苋与黄豆、中草药或荞麦等均匀混合，通过挤压膨化的方法，可生产降血脂、血糖的多种功能型食品（刘英等，1998）。籽粒苋粉中含有丰富的膳食纤维和赖氨酸，可用作营养强化剂加到小麦粉中，生产籽粒苋营养面包。目前国内外研制的籽粒苋食品有苋粉饼干、华夫饼干、酥皮点心、速食粉、苋通心粉、桂花卷等几十个品种。

第六节　菊苣

菊苣也称为苦苣、苦菜，为菊科菊苣属多年生宿根草本植物，具有适应性强、耐干旱、利用期长、抗病虫害、适口性佳等优良特性，而且对土壤要求不高，青贮后粗蛋白质含量高。它原产欧洲，1988 年山西省农业科学院畜牧兽医研究所从新西兰引入，现已成为一种极受欢迎的新型优良牧草，是少有的国内高产饲用新品种，被称为"牧草骄子"。

一、形态特征

菊苣为直根系，主根肥大，肉质根短粗，圆锥形，平均长 30~49 厘米，根头部直径可达 5 厘米。主茎直立，分枝偏斜且多，茎具条棱，中空，株高 170~200 厘米。莲座叶丛型，基生叶片长 39~48 厘米，宽 9~12 厘米；羽状分裂或不分裂；茎生叶较小，披针形。头状花序，单生于茎和分枝的顶端，或 2~3 个簇生于中上部叶腋；总苞圆柱状、花舌状，浅蓝色。瘦果有棱，楔形，具短冠毛。边开花边结籽，种子细小，黑褐色有光泽，千粒重 1.1~1.5 克。

二、生长适应性

菊苣适应性广，耐盐碱，对土壤要求不严，喜中性偏酸土壤，在荒地、坡地均能生长，除极端高温和低温外，全国各地均适合种植。在含盐量 0.2% 的土壤上生长良好。抗寒能力强，幼苗能耐-8℃低温，气温达到 5℃以上时，能正常生长发育。

菊苣抗病虫，生长快，忌涝。菊苣叶片中含有咖啡酸等物质，抗病虫害能力极强，除在低洼易涝地发现烂根外，未发现过有任何虫害。再生能力强，夏季可每月刈割一次。如果管理方法合理，可保持 5~7 年的高产期，最长可利用 15 年。它喜肥喜水但不耐涝，不适宜种在排水不良的地块。

三、栽培技术

（一）整地与底肥

由于种子较小，播种前要求精细整地，先清除杂草，将地耕翻、耙地，整成均匀一致的疏松土壤。作育苗地要求施入适量有机肥或复合肥与土壤混匀，将苗床浇水浸透待用。菊苣是一种需肥较多的作物，底肥每亩施腐熟的农家肥2 500~3 000千克，施入复合肥7~10 千克为宜。

（二）播种

栽培不受季节限制，最低气温在5℃以上均即可播种，一般在4 中旬至9 月上旬之间均可播种。有条播、移栽、切根 3 种方法繁殖。条播用种子0.5 千克/亩，播前先用细沙土将种子拌匀，播种深度为 1~2 厘米，播后立即镇压保墒。育苗用种子每平方米2.5 克，先将苗床灌水，待水全部下渗后，将与细沙土拌匀的种子撒在苗床上，经常保持苗床湿润，6 天后即可出苗。移栽应在幼苗长出4~5 叶时选择在下午进行，将叶片切掉4/5，每窝1~2 株，株距25~30 厘米，行距30 厘米，栽后浇定根水。切根是将肉质根切成 2 厘米长的小段，粗的根可切成数片，然后进行催芽移栽，行株距为 30 厘米×15 厘米。另外，菊苣也可和豆科、禾本科牧草混播，特别适合与苜蓿间作、套作。

（三）田间管理

1. 杂草防除

菊苣苗期生长较慢，要及时除草。待菊苣长大长高后，即可竞争性抑制杂草生长。刈割后生长也较快，一般不需要除草。

2. 灌溉追肥

菊苣种子细小，播后要求保持土壤湿润，苗期抗旱性相对较差，遇干旱时要及时浇水，但定苗后不宜浇水过多，以促使根群向下生长。菊苣对氮肥反应敏感，除播前要施足基肥外，出苗后应追施速效氮肥，以促进幼苗快速生长。在早春返青前和每次刈割后1~2 天，需结合灌溉每亩追施尿素 5~6 千克。

3. 病害防治

菊苣的主要病害为根腐病，在播前，用多菌灵拌种，可以预防此病。此外，地里有积水及时排除，尽量避免在雨天割草，以免烂茬烂根。

四、收获

播种当年不抽茎，处于莲座叶丛期，产量较低，翌年以后产量成倍增长，每年刈割 3~4 次，每亩产鲜草 8 000~10 000 千克。当菊苣长到 50 厘米高时，即可刈割利用，此时营养最为丰富，适口性也最好。刈割方式为斜刀口，在夏季生长旺盛时，20~30 天刈割一次，一般留茬 3~4 厘米。秋季最后一次刈割应在生长季节结束前 20 天。菊苣花期 2~3 个月，种子成熟不一致，而且落粒性强，小面积种植最好随熟随收，大面积种植应在 8 月初大部分种子成熟时一次性收获，每亩产种子 15~20 千克。

五、利用

（一）饲用

菊苣营养丰富，草质柔嫩、多汁，主要用于青饲。莲座期干物质中含粗蛋白质 21.4%，粗脂肪 3.2%，粗纤维 22.9%，无氮浸出物 37.0%，粗灰分 15.5%；开花期干物质中分别含粗蛋白质 17.1%，粗脂肪 2.4%，粗纤维 42.2%，无氮浸出物 28.9%，粗灰分 9.4%。叶量多且茎叶柔软，叶片有白色乳汁，除含动物生长所需的蛋白质和碳水化合物外，微量元素的含量超过其他牧草，用来饲喂家畜生长快，效果好。研究表明，家兔采食大量菊苣不会发生消化道疾病（任克良等，2003）；奶牛日粮中加入适量菊苣可提高产奶量及乳蛋白率，用来喂蛋鸡可提高产蛋量和蛋重、改善饲料转化比、大大降低蛋黄中的胆固醇含量（吴进东等，2007）。菊苣青贮要先进行 1 天的晾晒，让水分含量降到 50% 时再青贮，可单贮也可与无芒雀麦、苜蓿等混合青贮。

（二）食用

菊苣作为蔬菜食用，其叶片鲜嫩，可炒可凉拌，是高营养蔬菜。鲜嫩的茎叶和芽球，无论生食或熟食，均可开胃健脾，清肝利胆，有效治疗黄疸病和心血管病，是高档保健蔬菜。菊苣中的蛋白质含有 17 种氨基酸，其中有 9 种是人体必需氨基酸，是良好的补充必需氨基酸的食物来源。菊苣多糖具有明显的抗肿瘤作用；菊苣粉已被世界 40 多个国家批准为食品营养增补剂。

（三）其他用途

菊苣植株形态差异很大，但花均为紫蓝色，花期长达 4 个多月，是优良的蜜源；其叶片主要为绿色和红色，有的具有红色条纹或斑点，色彩艳丽，极具观赏价值。另外，菊苣根系发达，具有很强的抗旱性和保水固土作用，是优良的绿化和边坡水土保持植物。

第七节　聚合草

聚合草又称紫草、肥羊草、爱国草、友谊草等，为聚合草属多年生草本植物。原产俄罗斯高加索一带，后引入世界各地。20 世纪 70 年代以来先后从日本、澳大利亚和朝鲜引入我国，因表现良好，全国大多地区均有种植。其生长快、营养丰富、适应性广、利用期长，是一种优质高产牧草。

一、形态特征

聚合草丛生型，莲座状。根粗大、肉质，圆柱形，褐色至黑色；根断面呈棉花样白色；主要根系分布于 35~45 厘米的土层里，根颈粗大，可长出很多幼芽，形成多枝。植株各部密被刚毛，株高 50~100 厘米；茎常单生，直立而粗壮，上部常分枝，在棱上有钩刺及下延的叶翅。叶互生，粗糙，密布白色短刚毛，背面有隆凸的网状脉序，长 10~15 厘米；植株下部的叶为椭圆形，具狭窄翅柄，上部叶小，披针形，几乎无柄。具卷伞状花序，花簇生，无限花序；花冠筒状，上部膨大呈钟形，浅紫蓝色或黄白色。一般不结籽，极少数植株结籽，成熟时，干果分成 4 个黑色半曲光滑的小坚果，坚果小，易散落，千粒重为 9 克。

二、生长适应性

聚合草喜温暖湿润气候，又能耐寒，当气温在 7~10℃时，开始萌芽生长，在 22~28℃时生长最快，在 7℃以下，35℃以上生长受到抑制，5℃以下停止生长，能耐-40℃低温。生长季节需水多，干旱太久，则生长缓慢，甚至枯死。对土壤要求不严，酸性、碱性土壤均能生长，适宜的土壤 pH 值为 6.5~8.0，除了重盐碱地、土壤排水不良低洼地，一般土壤均可种植。喜排水良好，富含有机质的肥沃土壤。聚合草耐强光，也有一定的耐阴性，在树阴下仍能生长，但产量低。

三、栽培技术

（一）选地与基肥

聚合草根系发达，利用年限长，生长期长，在合适的环境下，利用期可达

10 年以上。要求选择地势平坦，土层深厚，有机质多，有灌溉条件的地块栽植。栽植前每亩施有机肥2 500~3 000千克，再配合 20~25 千克过磷酸钙作为基肥。定植前要深翻地，耕深应在 25 厘米以上，翻后及时耙地整平，以便定植和灌溉。

（二）栽植

聚合草结实少，通常用茎根繁殖，北方地区 4—6 月栽培比较合适，阴天栽植效果最好。聚合草栽植的行距为 50~60 厘米，株距为 40~50 厘米，每亩2 300~2 600株。常用的繁殖方法有分株繁殖、切根繁殖、根茎纵切繁殖、茎秆扦插繁殖、根出幼芽扦插繁殖等。

1. 分株繁殖

把生长苗壮植株连根挖起后，割去茎叶和长根，纵向切开蔸丛，分成小株，每个分株都带有 1~2 个叶芽和一段根节，切开的伤口部位涂抹草木灰或生石灰，以防止病菌侵入。切后可直接定植大田，定植时注意把切根部埋在土里，露出地面容易干枯，栽植时按行株距 50 厘米×30 厘米开穴，每穴植一株，随即浇水压蔸。定植后 5~6 天即可长出新叶。这种方法栽后成活快，生长迅速，定植当年产量也较高。但繁殖系数低，每株可分 10~20 株。

2. 切根繁殖

聚合草的肉质根产生不定芽和不定根的能力很强，在任何一个根段的切断面都可产生新的不定芽，成为新的植株。一般一年生发育良好的植株，可切 4~7 厘米长的根段 60~70 个以上，在 25~30 天内出苗 95% 以上，即使个别根段的不定芽萌发较慢，但仍能继续萌发。切根繁殖方法是按粗细不同把肉质根切成 4~7 厘米长的根段，将根茎纵切成带 1~2 个芽的切块种在湿土上。凡直径在 0.3 厘米以上的主根、侧根或支根，均可进行切根繁殖。大面积栽种的根段，根长 3~5 厘米，根粗不少于 0.5 厘米，根粗大于 1 厘米的根可直切成两瓣，再大一点的可纵切成 4 瓣。一般根越粗，根段越长，发芽和生长也就越快。育苗时，将根段横放土中，再盖土 2~3 厘米。如果气温在 18℃以上，25 天即可出苗，30~40 天苗高 15~20 厘米即可移栽。

3. 根茎纵切繁殖

先将肉质根和侧根切下，作切根繁殖用。留下根茎，再按芽或芽点纵切成若干块，每块留 1~2 个芽或叶柄基部的伏芽，下部有一条短根或粗根的一部分，切后即可定植。繁殖用的根茎最好现切现栽。开沟栽苗时，芽朝上，覆土 3~4 厘米，并浇透水，使土壤保持湿润，以利发芽成活。一般 7~10 天即可出苗，几乎全部都可以成活。

4. 茎秆扦插繁殖

选现蕾至开花期的粗壮茎秆作为插条，插条长 10~15 厘米，有 1~3 个节，每根茎秆可切取下部 1~2 个插条。将茎秆插条平放沙壤土中，盖沙土 3~4 厘米，或将插条斜插于苗床上，上端露出 1/3，经常喷水，保持插床湿润，约 15 天可从叶腋长出新芽。30~40 天后，苗高 15~20 厘米时即可移植。扦插成活率可达 90% 左右。用茎秆扦插繁殖，不伤母株根系，插条来源多，只是管理较费工。

5. 根出幼芽扦插繁殖

利用切根繁殖时，一个粗壮的根段可以长出 5~6 个不定芽，为了加快繁殖，可以在移栽时把这些不定芽切下，只留下 1~2 个芽连同母根一起定植，另将切下的不定芽栽在苗床里，注意浇水管理，即能长出不定根，成为新的植株。

（三）田间管理

1. 杂草防除

聚合草茎叶繁茂，抑制杂草，但在栽植初期生长缓慢，因而在栽培初期和每次刈割之后，都要及时中耕除草一次。

2. 追肥和灌溉

聚合草生长快，产量高，耗损地力较大。当生长缓慢，顶芽减少，叶少而小，颜色发黄时，必须及时追肥和灌溉。追肥以氮肥为主，每亩施碳酸氢铵 10~20 千克，施过磷酸钙 30~40 千克，根际深施，施后随即灌水，每年追肥 1~2 次。此外，用充分腐熟的厩肥追肥效果也不错。

3. 病虫害防治

聚合草栽植初期病害少，北方主要是褐斑病和根腐病，以预防为主。一是选栽抗病品种；二是与高秆作物间套种；三是控制栽植密度，增加通风透气空间；四是有积水时及时排水。发生病害后主要解决办法是及时清除病株，予以深埋或烧毁，同时用多菌灵或波尔多液等杀菌液喷洒或者泼浇土壤，以抑制病情发展。聚合草虫害也不多，主要在苗期有地老虎、蛴螬等为害，生长期有金龟子、蚱蜢等啃食叶片，可用药剂防治。

四、收获

一般当茎叶封垄或现蕾初花期，基部叶片由青转黄时即可第一次刈割，留茬高度 3~5 厘米，其后每隔 30~40 天可刈割一次。最后一次刈割不晚于停止生长前 25 天，以利越冬。有条件的可采取逐渐剥取外围叶片的办法，这样产量更高。

五、利用

（一）青饲

聚合草以鲜草饲喂为最好，每年可刈割 3～5 次，每亩产青饲料 10 000～20 000 千克。叶丛期的鲜草含干物质 12.44%，干物质中含粗蛋白质 24.52%、粗脂肪 5.87%、无氮浸出物 38.75%、粗纤维 9.89%、粗灰分 20.98%。粗蛋白质含量高，粗纤维含量少，是养猪的好青饲料，喂育肥猪可占到日粮的 30%，喂母猪可占到日粮的 50%，切细或打浆拌糠麸及粮食等鲜饲，有良好的效果。作为禽的维生素补充料或蛋禽蛋黄增色剂饲料宜切细喂给，喂牛羊宜整株投喂。聚合草每亩产鲜根 3 000～4 000 千克，猪喜食，挖出洗净后生喂。聚合草是鱼的优良饵料，用聚合草喂鱼，不仅增重快，而且减少鱼病。吉林水产科学研究所，分别用豆饼和聚合草喂鳙鱼、草鱼等，每天投料 1～2 次，饲喂 45 天，结果聚合草组浮游生物多，生长速度明显优于饲喂豆饼。

（二）青贮

聚合草富含碳水化合物，是优良的青贮原料。青贮后，刚毛软化，毒性降低，可增强适口性。现蕾期刈割，与甜菜叶、胡萝卜叶等混贮，能提高营养价值。用作牛的青贮料可整株贮，也可与青玉米秸秆等粉碎混贮。聚合草与禾草混合调制成青贮料，具酸、甜、香等优点，是难得的冬春贮备饲料。奶牛每天每头饲喂青贮聚合草 40～50 千克，产奶量可提高 20%～25%，可节约精料 5% 左右。

（三）毒素问题

聚合草中含有多种生物碱，其中有几种能使家畜中毒，主要毒素是聚合草素，具有累积中毒特性。聚合草的生物碱含量虽然较高，但主要集中在根部，茎叶含量较少，少量饲喂不影响家畜健康，相反还具有止泻的药用价值。经试验，从饲喂到发病，需连续饲喂 105 天。现在认为，只要连续饲喂不超过 30 天，或者不超过饲料总量的 25%，不会中毒。不同家畜对聚合草的毒性反应不同，猪和鸡相对忍耐力强一些，特别是猪；而草食家畜相对差一些。所以聚合草饲喂时要适当地控制喂量，同时与其他青饲料混合饲喂效果较好。

第八节　串叶松香草

串叶松香草属菊科多年生草本植物，因为其茎上对生叶片的基部相连呈杯状，茎从两叶中间贯穿而出，且鲜草有特异的松香味，花朵又像菊花，故名为串叶松香草，又名松香草、串叶草、菊花草。原产于加拿大和美国北部，1979 年从朝鲜引入我国。它适应性强，耐酸、耐热、耐寒；营养丰富，尤其以粗蛋白质含量最高；管理简单，很少发生病虫害。串叶松香草是目前较具发展前途的优质高产饲草作物品种之一，具有广泛的推广价值。

一、形态特征

根系由茎根和营养根组成，根茎发达粗壮，呈椭圆形或球形，水平状多节，着生紫色的根茎芽。茎直立，四棱，正方形或菱形，绿色至紫色，嫩时有白毛，长大则光滑无毛，上部分枝，株高 200~300 厘米。叶片宽大，呈长椭圆形，叶面皱缩，叶缘有缺刻，长 35~40 厘米，宽 28~32 厘米；播种当年只生长基生叶，形成莲座状叶簇，翌年才抽茎开花；茎生叶无柄，对生，呈"十"字形排列，叶片基部各占一棱，在另外两棱处连接在一起，呈喇叭状，茎从中间穿过形成丛生。头状花序着生于茎顶或 6~9 节叶腋间，花杂性，中间为管状褐色雄花，雌花黄色，花盘直径 2~3 厘米。种子为瘦果，呈扁平心脏形，边缘有薄翅，成熟的种子呈褐色，千粒重 20~30 克。

二、优良特性

对生长的土壤没有严格的要求，抗盐碱，耐瘠薄，适宜土壤的 pH 值 6.5~7.5，以肥沃的土壤栽培生长最为良好，在酸性红壤土、沙土、黏土上也生长良好。耐寒性好，冬春寒冷季节地上部分枯萎，在-29℃时地下部分也不会被冻死，气温达到 5℃时即开始发芽。耐热性好，气温达 47.5℃时仍生长良好。再生性强，鲜草产量高，耐刈割，生产实践证明，在肥水充足的条件下，当年产量约 3 000千克/亩，次年可达10 000~15 000千克/亩。生长期长，在适宜生长的条件下，只要水肥供应充足，生长期在 20 年以上。管理简单，较耐渍，在整个生长期无明显病虫害。

三、栽培技术

（一）整地与底肥

串叶松香草根系发达，播前必须深耕，精细整地，确保畦面平整，保证田间灌溉和排水良好。施足底肥，每亩施腐熟有机肥2 000~3 000千克。

（二）繁殖

串叶松香草可以通过直播、育苗移栽和切根栽植三种方法实现繁殖。

1. 直播

在气温5℃以上时即可播种。北方适宜冬季籽播、春播和夏播，春播在4月上旬进行，夏播不宜晚于7月中旬。播前晒种2~3小时，之后在25~30℃温水中浸种12小时，晒干后用潮湿的细沙均匀拌和。一般条播或点播的播种量为0.2千克/亩左右。播种深度以2厘米左右为宜，大田播种行距50~60厘米，株距40~50厘米。如用作收获种子，一般要求行距150~200厘米，株距50~60厘米。

2. 育苗移栽

选择向阳、土壤肥沃的土地作苗床，翻土、碎土平整畦面，畦宽2~2.5米，沟宽0.5米，施足基肥，整理好苗床。浇水后，按5厘米左右间隔撒播种子，然后盖上1~1.5厘米的细土，用稻草等覆盖，保持苗床湿润。15~20天齐苗后，揭开覆盖物，根据土壤水分情况及时浇水，保证苗壮。当幼苗长出3~4片真叶，叶长20厘米左右时移栽为宜。定苗时，用作收鲜草的大田株行距为50厘米×50厘米，用作收种子的地块株行距为80厘米×80厘米，移栽后要施足水肥，以促进幼苗成活生长。

3. 切根栽植

串叶松香草也可用根进行无性繁殖。3月下旬至4月上旬，当老植株的顶心芽开始生长，茎基部叶腋处的幼芽出土时，即可将生长多年的老根挖出，分切成数段，栽到大田里，并及时浇上适量的水，实现新生繁殖。新鲜芽根在土壤湿润的条件下移栽成活率极高。

（三）田间管理

串叶松香草子叶肥大，出土困难，在播种前应保持田间表土湿润，畦面平整，一般播种后4~5天即可出苗，幼苗出齐后，要及时浇水并追施速效氮肥，每亩可施尿素10千克，以促进幼苗快速生长。幼苗生长缓慢，易受杂草为害，要及时除草。移栽前5~7天，施一次壮苗肥，可提高成活率。在早春返青前或每次刈割后要及时进行中耕松土、浇水，并每亩施入 10~15 千克氮肥。也可采用套种箭筈豌豆等豆科绿肥来提高土壤肥力。串叶松香草抗病能力强，一般病虫害较少。苗期有时会出现白粉病，花蕾期有时会受玉米螟侵害，可用药剂防治。要注意田间排涝降渍，防止因田间持续积水而造成烂根死苗。

四、收获

在水肥充足的情况下当年春季播种，可刈割 3~4 次。到 6 月上旬第一次刈割，此后每隔 20~30 天刈割一次。刈割有两种方法：一种是一次割光，留茬 5 厘米左右；另一种是割边留心叶。以第二种方法为好，产草量较高。从营养和产量两个因素看，以莲座叶丛期至开花前收割为最佳时期。种植后第一年一般不结籽或结籽很少，第二年可采集种子。早春无性繁殖的植株，生长良好当年可收获少量种子。由于花期长，以第一花期结的种子为好，籽粒饱满，发芽率高。因种子成熟期不一致，要随熟随收，一般 3~5 天采收一次，采后及时晒干贮存。每亩可收种子 50 千克，高的可达 75 千克。

五、利用

（一）营养价值

串叶松香草的营养价值高，据分析莲座叶丛期干物质中含粗蛋白质 23.6%，粗脂肪 2%，粗纤维 8.6%，粗灰分 19.1%，无氮浸出物 46.7%，钙 3.33%，磷 0.28%。其消化性也较好，如蛋白质消化率达 83%，且蛋白质的品质较好，含有 17 种氨基酸，赖氨酸含量多。串叶松香草以叶的养分最好。

（二）利用方式

串叶松香草可鲜饲、制发酵饲料、青贮或制成干草粉。

1. 鲜饲

鲜草开始饲喂时一些畜禽喜食，一些畜禽不喜食或不食，应有 2~3 天适应期。适应期应由少到多，逐渐增加喂量。经短时间饲喂习惯后，适口性良好，可直接喂猪、牛、羊、兔，鲜草切碎，拌匀可喂鸡、鸭、鹅。据报道，青饲牛羊育肥效果低于苜蓿和沙打旺，犊牛增重 1 千克需串叶松香草 12.7 千克，羔羊则需 12.2 千克。

2. 制发酵饲料

将鲜草切细，拌入糠、麸或混合精料中，发酵 12~24 小时后喂猪，猪喜食，增重效果好，无呕吐、拉稀、便秘等不良现象。

3. 青贮

用该草制成的青贮饲料价值高，利于长期贮存，营养物质与鲜草相近，其中维生素 C 和胡萝卜素的含量比鲜草有所提高，牛的适口性良好，日采食量达 15～20 千克。用青贮串叶松香草喂奶牛，相比喂青贮玉米每头每昼夜多产乳 1 千克。制成青贮草后可常年供应。串叶松香草含水分较多，如单贮，收割后应先晒 1 天再青贮；也可与碎干草夹层混合青贮。青贮 2 个月后，可开窖饲喂，青贮好的串叶松香草，呈褐而带黄色，有酒香味。

4. 干草粉

将鲜草晒干、风干、脱水，然后粉碎成草粉，一般 5～6 千克制 1 千克，草粉质量因原料不同而有差异，如用嫩叶制成的草粉的蛋白质含量高，特别是氨基酸含量全面，各种维生素较丰富，可作为蛋白质、维生素必需氨基酸的添加剂，以 5%～10% 的用量添加于饲料中喂畜禽可代替部分豆饼，弥补饲料中蛋白质的不足。此外，还可用来喂鱼。

串叶松香草的毒性问题应引起重视。串叶松香草的根、茎中苷类物质含量较多，苷类大多具有苦味，而根和花中生物碱含量较多。生物碱对神经系统有明显的生理作用，大剂量能引起抑制作用。叶中含有鞣质，花中有黄酮类物质。串叶松香草中含有松香草素、二萜和多糖，含有 8 种皂苷，称为松香苷，属三萜类化合物。因此，串叶松香草喂量过多会引起积累性毒物中毒。

第九节　马莲

马莲，又称马兰、马蔺，系鸢尾科多年生草本植物，具有极强的抗逆性和适应性，有很强的水土保持能力。马莲喜光、耐寒、耐热、耐干旱瘠薄、耐重盐碱，抗污染又耐践踏，长势强健，绿色期长，是自然生态绿化中的优良植物。其叶量多，营养丰富，为各类牲畜优良饲草，亦可入药。

一、形态特征

根状茎粗短，须根稠密而发达，棕褐色呈伞状分布。植株高 20～50 厘米，直立丛生。植株基部具稠密的红褐色纤维状宿存叶鞘；叶基生，多数剑形，长 20～50 厘米，宽 6～10 毫米，先端尖锐，灰绿色，无明显的中脉，两面具稍突起的平行脉。花为浅蓝色、蓝色或蓝紫色；花被 6，外轮 3，上有较深色的条纹，花茎光滑，高5~10厘米；苞片3~5枚，草质，绿色，边缘白色，披针形，长4.5~10厘米，宽0.8~1.6厘米，顶端渐尖或长渐尖，内包含有2~4朵花；花乳白色，直径5~6厘米；花梗长4~7厘米；花被管甚短，长1~2厘米，外轮花被裂片倒披针形，长3~5厘米，宽0.8~1.2厘米，上部具蓝紫色脉纹，中部具黄褐色脉纹，顶端钝或急尖，爪部楔形，内轮花被裂片狭倒披针形，长4~6厘米，宽5~7毫米，先端尖，较直立；雄蕊长2.5~3.2厘米，花药黄色，花丝白色；子房纺锤形，长3~4.5厘米。蒴果长椭圆形，长4~6厘米，具纵肋6条，有尖喙；种子近球形，棕褐色，有棱角，种子千粒重23~27克。

二、生长适应性

马莲喜生于排水良好而适度湿润的土壤，播种当年幼苗生长缓慢，第2年3月末4月初返青，幼苗越冬率一般都超过95%，播种当年不分蘖，不开花，第2年分蘖，一般1~3个，2~3年开花。花期5—6月，果期7—9月。

马莲根系发达，入土深1米以上，须根稠密而发达，呈伞状分布。这不仅是它极强抗性和适应性的有力保证，也使其具有很强的保土保水能力。马莲直立生长的叶片可有效地减少水分蒸发，缓解雨水对地表的直接冲刷，而且还有利于根部透气。其根系生长具有高渗透功能，对降水快速入渗拦蓄，涵养地下水源，造就湿地环境有明显效应。在干旱、贫瘠恶劣自然环境条件下，马莲的地上部分变得相对低矮，地上生长量会减低20%以上，以保持其在高温、干旱、盐碱等不良环境中正常生存，但不耐涝，水淹时会烂根死亡。

马莲是一种耐重盐碱的植物，在含盐量高达0.27%，pH值达7.9~8.8的条件下，仍能正常生长，并开花结实，是难得的盐碱地改良和绿化的好植物。它养护成本低，一次种植可利用10年以上，耐践踏，抗污染，对二氧化硫等有毒有害气体有较强的抗性。

马莲具有极强的抗病虫害能力，在初茬马莲单一植被群落中一般不发生病虫害，而且由于它特殊的分泌物，使其与其他植物混植后也极少发生病虫害，大大降低了绿色植被建成后防治病虫害的投入成本。

三、栽培技术

(一) 整地

秋季结合深翻每亩施入优质基肥5 000千克，早春土壤解冻后播种前再浅耕1

次，每亩施入复合肥 10 千克。结合早春浅耕用 5%辛硫磷颗粒剂与细沙混拌后施入土中杀虫，每亩用药量 2 千克。

（二）播种

马莲可以使用种子播种，也可以进行分墩移植或营养钵育苗移植。春播在土壤解冻后进行，夏播在 7 月以前，秋播在 11 月大地封冻以前进行。春播和夏播要进行催芽，秋播一般不浸种催芽。催芽方法：将干藏的种子取出，在 45℃温水中浸泡 1 天，取出后与 3 倍湿沙混匀摊开，上盖塑料薄膜，保持温度在 25～30℃，每天翻动 3～4 次，根据种沙含水量适时加水。经 15～20 天，种子有 1/3 露白时播种。播种时间在地温达 10℃以上时进行。采用条播，行距 30 厘米、株距 8～10 厘米、深 3～5 厘米，将种子均匀撒于沟中，覆土 2～3 厘米，播后进行镇压，用种量 4～5 千克/亩。种子约 1 个月出土，此时视土壤墒情，向土表小水喷灌，满足种子发芽需水量，直到苗长到 10 厘米高以上，逐渐减少浇水量。

（三）移植

移植可分为分墩移植或营养钵育苗移植。分墩移植是带土连根挖出，分成几个小墩栽植。分墩移植成活率低，费工，投资大，不适合长途运输。营养钵育苗是将处理好的种子种在营养钵内，钵侧面及底面均有孔，每个钵内种 5～8 粒种子，春、夏、秋均可以繁育。可根据需要，待苗高 10 厘米时带钵移植。这种方法成活率达 95%以上，对所有工程都适用，可以长途运输，栽上就能见效益，防治水土流失效果也最好。营养钵苗最好为 1 年生，栽植时将钵全部埋入地下，踩实，有浇水条件的，栽后马上浇水。

（四）田间管理

出苗后整个生长季除特别干旱外基本不需灌水，晚秋土壤上冻前灌封冻水，翌春灌 1 次萌芽水。在生长季适时除草，秋季地上部枯黄后可在微风天烧除，也可在霜冻前割除地上部分。3 年生以上在每年 2 月撒施腐熟有机肥 2 吨/亩。在早春萌芽前结合灌水，每亩施用复合肥 15 千克。马莲每年会发生很多萌蘖，株丛越来越大，群体越来越密，过密时可适当疏去一部分，或进行分株，使密度适宜。

马莲虽然抗性很强，但多年重茬的地块也应进行病虫害的防治。主要病虫害有锈病、大地老虎、小地老虎等。栽植密度大的地块及多风雨天气有利锈病发生，可在马莲发芽前喷 3～5 波美度的石硫合剂铲除病源。在发病初期及时摘除病叶烧毁或深埋。发病前两周及时喷药防治，连喷 3 次，每次间隔 7 天，还可喷洒 15%三唑酮可湿性粉剂 1 000 倍液。地老虎幼虫为害马莲根茎部，可导致地上部分枯黄，甚至成片死亡。可在 4—6 月成虫出现时，用黑光灯诱杀。化学防治于幼虫初期，在地表撒施毒土。也可用辛硫磷乳油 2 000 倍液灌施。

四、收获

如果是采叶，则在 7 月下旬刈割一次，割后 3 天进行追肥灌水，每亩施尿素 10 千克或硫酸铵 20 千克，30 天以后刈割第二次，每年可割 2~3 茬，霜前 30 天停止收割。

8 月末至 9 月中旬种子成熟，选择生长健壮的母株，用剪刀将果穗剪下，待其干后通过碾压使其果皮与种子分离，簸净杂质后置于室内低温干燥处收藏。采种时间不能过晚，否则种皮开裂，种子弹出，散落地面难以收集。

五、利用

马莲可用于生态建设。马莲根系发达，叶量丰富，对环境适应性强，长势旺盛，管理粗放，是节水抗旱的优良地被植物。大面积种植马莲，用于土壤沙化地区的水土保持、荒山及工厂绿化、盐碱地改良等，可取得良好的效果。马莲亦可替代城市绿地中的草坪，对贮水保土、调节空气湿度、净化环境有明显作用。在原自然生态环境下，马莲生长势强健，与乔灌木和谐共生，景观优美，生长寿命长达 10 年，养护成本极低。

马莲具有很高的观赏价值和饲用价值。马莲绿期长，可达 240 天；花期长，达 50 天以上；紫色的花，淡雅漂亮，花蜜清香。马莲产草量高，栽培马莲亩产干草达 781.9 千克；种子 18.25 千克。营养成分丰富，据分析，成熟期干草含粗蛋白质 10.87%，粗脂肪 3.01%，粗纤维 33.4%，为各类家畜养殖的优良牧草。

马莲花、种子、叶及根均可入药。花味咸、酸、微苦，性凉，可清热解毒，止血利尿，主治喉痹、吐血、小便不通、淋病、疝气、痈疽等症；籽味甘，性平，可清热解毒，止血，主治黄疸、泻痢、白带、痈肿、喉痹、疖肿、风湿湿痹、痈疽、淋病；叶治喉痹、痈疽、淋病；根可清热解毒，治喉痹、痈疽、风湿痹痛。

除以上用途外，根能做刷子，叶能造纸、做绳、工艺编织。

第六章　草原生态修复技术

第一节　生态建设概述

鄂尔多斯市位于内蒙古自治区西南部，地处黄河上中游的鄂尔多斯高原，黄河从西、北、东三面环绕而过，区间长度 728 千米。全市辖 7 旗 2 区，总面积 86 752平方千米。鄂尔多斯市深居内陆腹地，地貌类型以丘陵沟壑、波状草原和沙漠沙地为主，平原面积仅占 4%。多年平均降水量 329.7 毫米，由东向西递减，7—9 月降水量占全年降水量的 70% 以上，且多以暴雨形式出现。草原是鄂尔多斯生态环境的主体，全市草地面积占总面积的 67.7% 以上。据《鄂尔多斯市生态建设与发展规划》，鄂尔多斯市地处特殊的生态过渡带上，自然生态系统处在蒙古—西伯利亚反气旋高压中心向东南季风区过渡带；在气候方面，从干旱、半干旱区向湿润区过渡；在地质、地貌方面，处在沙漠向黄土高原过渡区；在水文系统方面，处在风蚀带向水蚀带过渡区；在植被地带上，处在典型草原向东南森林带、西南荒漠化草原的过渡区；在人工生态系统方面，它是典型牧区、典型耕作农业区向工矿业区的过渡区。因此，鄂尔多斯成为中国典型的生态敏感区，具有过渡带的一般性质，即多种生态类型交会，且处在变化的临界状态；另外，由于地质基质抗蚀性差，雨季降水多为暴雨，对梁坡形成强烈冲刷，山洪携带大量泥沙，干旱季节与大风季节同步，从而加剧了风蚀作用。这些特点决定了鄂尔多斯草原生态系统十分脆弱，对人为干扰的极端敏感性，一旦遭到破坏，恢复相当困难。

在历史上，鄂尔多斯游牧民族选择了视草场如生命的行为习惯，他们的衣食住行、生产生活习俗、婚丧嫁娶、求神祭祀等活动，无不体现着保护资源、保护环境、顺应自然、崇拜自然、善待自然的生态观念和生态伦理。然而，在清朝后期，政府实行"放垦蒙地，借地养民"的政策，垦荒民众的大量涌入，被垦土地急剧增长。新中国成立后，鄂尔多斯人开始了种树种草、防沙治沙的艰苦奋斗和艰辛探索。20 世纪 50 年代，当时的盟委、行署提出"禁止开荒、保护植被"决策；20 世纪 60 年代提出"种草种树基本田"，涌现出享誉全国"改造沙漠、建设草原"先进典型乌审召。乌审召生态建设最大的特点是建设草库伦。草库伦成为当时缺草季节的抗灾基地，也为划区轮牧奠定了基础。到 1977 年底统计，全盟草库伦建设面积达到了 750 万亩，较 1970 年的 20 万亩增加了 37.5 倍；在草库伦内建成稳产高产的基本草牧场达到 130 多万亩。全盟种植优良牧草达到 100 多万亩，种柠条 130 万亩，造林 622 万亩，打井 16 800 多眼。但由于人口缺粮、科技落后等原因，大量农牧民只能依靠拓展耕地、增加家畜养殖数量来维持生计，在此期间也进行了三次大的开荒，导致 1 800 多万亩草原沙化。这一时期陷入"治理—恶化—再治理—再恶化"的怪圈，总体上生态治理的速度赶不上破坏的速度。生态恶化状况到 20 世纪 70 年代中期达到顶点，全盟植被覆盖度下降到 25%，沙化面积由新中国成立初期的 1 763 万亩扩展到 5 250 万亩，占土地总面积的 40%，水土流失面积占 54%，导致了库布其沙漠和毛乌素沙地"握手"。

党的十一届三中全会召开后，1979 年 4 月，盟委确定"以牧为主，农林牧结合，因地制宜，发展多种经济"的经济建设方针，后简化为"林牧为主，多种经营"。1980 年 6 月，盟委首次提出"生态立盟""植被建设是伊盟最大的基本建设"的思想。从 1982 年起，全盟持续开展"三种五小"（种树、种草、种柠条，小流域、小水利、小草库伦、小经济林、小农机具）工程，初步形成了知识密集型的草业生产体系。全盟每年以 500 多万亩的种草速度、近 200 万亩的种树速度推进，植被覆盖度从 1978 年的 25% 增加到 1992 年的 40%，其中森林覆盖率从 4.9% 增加到 10%，初步遏制了近百年来生态持续恶化的势头。1997 年 8 月，江泽民总书记发出"再造一个山川秀美的西北地区"的号召后，盟委提出"再造美丽富饶的鄂尔多斯"和建设"绿色大盟"的目标。1999 年 3 月 20 日，东胜区人民政府率先颁布了禁牧令，随后其他 7 个旗人民政府也相继出台了禁牧、休牧和轮牧的政策，即在以农为主的地区实行禁牧，在牧区、半农半牧区实行季节性休牧或划区轮牧。禁牧、休牧、划区轮牧草场面积占草场总面积的 94.5%，舍饲、半舍饲牲畜占牲畜总量的 78%。这使广大农牧民保护草原的积极性大大提高，实现了由传统畜牧业向现代集约型畜牧业的转变。这一时期在草原建设上首次提出建设"灌木草场"这一新的概念，在草原生态建设中形成"林木点、线分布，灌草大面积覆盖，乔灌草结合型"以及"灌木带状种植，带间牧草覆盖，灌草结合型"的两种草原生态治理保护网络式的建设模式。以培育建立人工草场，坚持科学饲养牲畜，实行规模经营为特点的家庭牧场也迅速发展。全市草原生态呈现出"整体遏制，局部好转"喜人的态势。

进入21世纪实行西部大开发以来，2001年2月，国务院批准撤销伊克昭盟设立地级鄂尔多斯市。鄂尔多斯抢抓多重历史机遇，遵循科学发展的思路，确立了建设"绿色大市、畜牧业强市"的发展目标。2006年出台了《鄂尔多斯市禁牧休牧划区轮牧及草畜平衡暂行规定》。在全市范围内全面推行禁牧、休牧、轮牧及草畜平衡制度，以草定畜，通过监测草场饲草量来核定载畜量，严格控制养畜规模。按照科学发展观要求，摆脱"短期效益的诱惑"，树立可持续发展理念，开始了由粗放型经济向集约型经济的转变。把生态建设当做生命工程，统筹经济和生态建设，制定"收缩转移、集中发展"战略，农牧业发展重心向沿河、城郊转移，农牧业人口向城镇和二三产业转移，工业向基地集中，企业向园区集中，土地和草场向规模经营集中。2007年颁布的《鄂尔多斯市农牧业"三区"经济发展规划》，率先制定实施优化开发区、限制开发区、禁止开发区"三区"规划，转移农村牧区人口近40万，将从事农牧业人口控制在20万人以内，形成自然恢复区2.13万平方千米。这一时期，走出一条符合鄂尔多斯自身特点的生态建设之路，草灌乔相结合，宜乔则乔、宜灌则灌、宜草则草。在库布其沙漠，采取"南围、北堵、中间割"措施；在毛乌素沙地，通过"封滩育草、飞播牧草、植树造林"的途径，采取"庄园式生物经济圈"措施；在干旱硬梁区，采取"窄林带、宽草带、灌草结合"的措施；在丘陵沟壑区，采取"沙棘封沟、柠条缠腰、松柏戴帽"的措施；实行"个体、集体、国家一齐上"，推行"五荒"拍卖治理，引导民营企业进入防沙治沙领域，鼓励多种所有制参与生态建设，有力推进了农牧业产业化，草产业、林沙产业发展，促进了资金、技术、劳动力等生产要素向生态治理和开发聚集，形成了全社会参与，多元化投资的新格局。

2012年11月党的十八大召开以来，鄂尔多斯市委以习近平生态文明思想作为新时代生态文明建设的根本遵循，牢记习近平总书记关于"把内蒙古这道祖国北部边疆风景线打造得更加亮丽""把内蒙古建成我国北方重要的生态安全屏障"等要求，提出"美丽与发展双赢"的目标。牢固树立和践行"人与自然和谐共生""绿水青山就是金山银山""山水田林湖草是一个生命共同体"等绿色发展理念，统筹推进经济社会发展和生态文明建设。在贯彻党的十九大和习近平总书记在参加十三届全国人大一次会议内蒙古代表团审议时重要讲话精神过程中，鄂尔多斯提出建设"大美鄂尔多斯"的目标。2017年9月，以

"携手防治荒漠·共谋人类福祉"为主题的《联合国防治荒漠化公约》第十三次缔约方大会在鄂尔多斯开幕，国家主席习近平发来贺信指出："要弘扬尊重自然、保护自然的理念，坚持生态优先、预防为主，坚定信心，面向未来，共同推进全球荒漠生态系统治理，让荒漠造福人类。"《人民日报》指出："库布其书写的绿色传奇，为中国生态文明建设树起一面旗，也为世界荒漠化治理趟出一条路。"

通过鄂尔多斯人民一代接一代的艰辛努力，取得了令世人瞩目的成就，全市草原生态状况实现了由过去的"整体恶化、局部好转"转向目前的"整体遏制、修复改善"的历史性变化。从 2005 年到 2015 年，荒漠化土地面积减少580.8 万亩，流沙面积由 1 716 万亩减少到 1 028.2 万亩。2017 年，毛乌素沙地治理面积占总面积的 70%，沙害基本消失。库布其沙漠治理面积达 6 460 平方千米，绿化面积达 3 200 多平方千米。森林覆盖率、植被覆盖度从 2002 年的0.8% 和 16.2%，增加到 15.7% 和 53%。截至 2017 年，全市植被覆盖度稳定在75%，其中森林总面积达 3 481 万亩，森林覆盖率达 26.7%，超出全国和全区平均水平，而且绝大部分是人工林地。可利用草原面积恢复到 8 739 万亩，占草原总面积的 89%，牧草平均高度由过去的 15 厘米提高到 35 厘米。人均公园绿地面积 35.5 平方米。建成自然保护区 10 个，总面积 1 346.8 万亩，占全市总面积的 10.4%。降水量呈逐年增多之势，沙尘暴天数明显减少，全年空气优良天数大幅提高。

第二节　草原退化治理技术

草地退化的本质是自然因素与人为因素对草原生态系统的影响超过了其承载能力，导致草地生态系统的功能降低，草地恢复功能减弱或逐渐失去的过程。当草原生态系统退化后，会使植被群落出现变化，造成物种改变，进而使牧草的产量和品质出现下降，物种多样性逐渐消失，草地生产力及服务功能降低。草地是畜牧业发展的重要物质基础和农牧民赖以生存的基本生产资料，也是农牧民增收、致富的主要手段和途径。畜牧业的发展关系现代农牧业发展水平。加强草原退化治理，能够促使草原植被向好的方向演变，提升草原生态系统功能，有效促进草原畜牧业的发展，增加畜产品供应，扩大农牧民就业，进而增加农牧民收入，提高草原的生态、经济和社会效益。

一、草原退化成因

(一) 草原生态环境脆弱

鄂尔多斯地处内陆，属温带大陆性气候，东南海洋季风很难深入，降水量少，而蒸发量大。夏季短促而温热，冬季寒冷而漫长，气温年较差大。全年干旱，尤以春季更甚，加之风大，加剧旱情。近年来，由于全球温室效应的影响，温度升高，雨水减少，干旱频繁发生。鄂尔多斯草原生态区生态结构简单，植物生长期短，受到干扰，容易发生退化，而且恢复过程极为缓慢，整体呈现独特、原始、脆弱等特点。草原退化导致生态系统抗干扰能力降低，维持生态平衡的能力减弱。

(二) 草原利用不合理

鄂尔多斯农牧业从业者相对年龄偏大，受传统习惯的影响，往往盲目追求更高的家庭经济收入，于是掠夺式利用草地。其表现形式主要有两种：一是用草不管草。现在虽然草牧场已承包到户，可是由于牧区资源环境、传统文化及社会问题的复杂多样，造成草场使用权落实了，但保护建设的责任落空了。对草牧场利用时很少考虑草地资源的承受能力，甚至认为草地资源是取之不尽、用之不竭的，不断扩大养殖数量，使优质牧草产量逐年下降，草业生产跟不上家畜数量增长的需要。二是用草不养草。实际生产中，强调了畜，忽视了草，不能把草地畜牧业作为一个有机的整体结合起来，只顾抓膘放牧，不管草地损坏程度。草地上植物虽然具有利用后再生的能力，但在过度利用的情况下，优质牧草没有休养生息的机会，致使衰退或死亡。与此同时，大量的杂草增多使草地的土地质量下降，最终草场退化。

(三) 樵采乱挖

草原是药材、饮料、纤维、淀粉、油料、香料等野生植物资源基地，能够生产大量质优的中草药和其他野生植物。合理采挖这些再生资源可不断地满足人类需要，但实际情况却是由于人们追逐经济利益，在草原上滥采滥挖，致使草原遭到破坏。据估算，每挖一个坑就会导致 1 平方米草原被破坏；每搂 1 千克发菜会造成 4~5 公顷草地牧草根系裸露，株丛破碎。从鄂尔多斯市（原伊克昭盟）1987 年野生植物收购量可以看出人们对草原野生植物的挖掘破坏程度（表 6-1）。

表 6-1　鄂尔多斯草原野生植物收购状况　　　　　　　单位：千克

野生植物	收购量	野生植物	收购量
黄芪	263 800	防风	529 500
黄芩	554 800	知母	312 900
赤药	51 700	枸杞	124 300
桔梗	174 700	柳条	1 675 000 000
郁李核	27 400	山杏核	18 000 000
苍术	310 100	黄花菜	4 800 000
红柴胡	159 300	沙冬	400 000

资料来源：《内蒙古国土资源》，内蒙古人民出版社，1987。

(四) 工矿施工

大面积的采樵伐木，在草原范围内进行采矿、修路等工程活动的过程都会引起生态系统各功能组分的变化。在众多功能组分变化中，草原植物群落的演替是最重要且最显著的生态学过程。伴随着植物群落的演替，植物种群数量发生阶段性变化，植物的繁殖、多年生植物个体的生长、土壤状况等均受到严重的影响，导致草原退化。

二、草地退化治理措施

草原退化过程中，草地资源在数量上减少，草群高度和盖度明显降低，产草量下降；质量上变差，草群中建群植物的优良牧草减少，甚至消失，而一些抗逆性强的杂类草，适口性差及有毒植物增多。这就会使草原生态环境恶化，草原畜牧业发展无以为继，农牧民收入增加受阻。为此，要进行人为的干预，采取有力措施治理退化草原。

(一) 围栏封育

围栏封育就是建立围栏把草原封闭一段时间，不进行放牧或采草利用，以使牧草有时间积累足够的营养物质，逐渐恢复和增强营养繁殖和有性繁殖能力，使退化的草地得到改良的一种方法。这是一种低成本的、不进行人为干扰的主要草原生态修复技术。具体做法：先进行实地勘测，确定围栏线路和区域后，用水泥柱架设刺线进行围封。小立柱间距 4 米，每 100 米设 1 根中间柱，架设 5 根刺线，间距 20 米底边刺线距地面 20 厘米。围栏高 1.1 米，地上部分取齐。近年来，鄂尔多斯多采用 9IL-7/90/60 型网围栏，水泥柱规格 10 厘米×10 厘米×200

厘米。为了方便草原监测、防虫防火、草场管护等作业，在适当的位置要留围栏门，门宽4~6米，以能顺畅通过各类作业车辆为宜。围栏门平时关闭，用时要方便打开。一般来说，围栏的路线靠近路边、耕地的，必须保证距路和耕地3米远，以保证道路宽阔、畅通，便于农户耕种。

大量研究显示，对于长期过度放牧所产生的退化草原，土壤十分硬实，而且板结严重，植物生长比较矮小，优良牧草数量和种类稀少，牧草生命力严重下降的退化草地，围栏封育可以在短期内显著提高植被高度、盖度及生物量，改善植物的群落结构。围栏封育在短期内对退化草地土壤功能的改善效果不显著，而长时间的围栏封育却可以明显改善土壤营养状况，提高土壤质量。值得注意的是，有研究显示过长时间（超过10年）的围栏封育会对草地生物群落产生不利影响，不利于草地物种多样性的提高，围栏内通常生长着大量杂草，会使草原形成一种封闭、不稳定、不完善的生态系统。这就要求实施围栏封育工程时，应把握好围栏封育的时间尺度。

（二）补播

补播主要指在退化草地上补种合适的豆科或禾本科牧草，或在退化草群中播种能够适应当地生长环境的、有价值的优良牧草，从而增加退化草群中优良牧草成分和提高草地植被的覆盖度，达到改善草地生产力和牧草品质的目的。天然草地进行补播简单易行，见效快，能够使植物地上及地下生物量都有显著的提高。蒋德明等（2006）研究表明，补播后草地综合生产性能得到明显改善，土壤容量、pH值、含盐量和碱化度降低，土壤含水量和孔隙度增加，土壤有机质和氮、磷、钾等养分增加。

1. 补播牧草的选择

补播主要采用乡土草品种和高质量的种子，一般补播草种应该根据不同的草地类型由多种草品种组合比较适宜（表6-2）。

表 6-2 不同的草地类型适宜补播的牧草种类

草地类型	适宜补播的牧草品种
干旱硬梁草地	柠条、草木樨状黄芪
干旱沙梁草地	柠条、草木樨状黄芪、沙竹、杨柴、沙柳
丘陵沟壑草地	柠条、沙棘、沙柳、沙打旺、苜蓿、白花草木樨、黄花草木樨
固定、半固定沙地草地	杨柴、柠条、沙柳、花棒、沙竹、沙打旺

（续表）

草地类型		适宜补播的牧草品种
滩地草地	水分条件较好，土壤较肥沃，不起沙的退化滩地	白花草木樨、黄花草木樨、沙打旺、羊草、披碱草、紫穗槐、沙棘
	轻度盐碱化的退化滩地	芨芨草、碱茅、马蔺、紫穗槐、多枝柽柳
	耕翻过的撂荒滩地	苜蓿、白花草木樨、黄花草木樨、沙棘、沙柳
	水分条件较好，表层轻度覆沙的滩地	白花草木樨、黄花草木樨、沙打旺、羊草、披碱草、冬黑麦、无芒雀麦、沙柳、沙棘、苜蓿

资料来源：《鄂尔多斯退牧还草快速恢复草原生态技术》，内蒙古人民出版社，2010年，略有修改。

根据不同的立地条件，充分考虑牧草的适应性和利用价值，合理地选择牧草，是治理退化草场的关键环节。上述牧草各有特点，白花草木樨、黄花草木樨、沙打旺、苜蓿虽然要求水分土壤条件较高，但适口性强、产量高、营养丰富、品质好。草木樨结实率高，只要在第二年打草或采种时，保留约10%的植株不刈割，单株分留，使其天然落种，也能起到再次补播的作用。碱茅、芨芨草、马蔺都具有耐盐碱、耐牧、抗逆性强的特性，在盐碱地上生长良好。羊草、披碱草是生长繁茂的禾草，产草量高，冬春饲草保存率高。冬黑麦和无芒雀麦是耐寒性优良牧草，可延长牲畜青草采食期一个月左右。杨柴、柠条、沙竹、草木樨状黄芪为当地野生优良牧草，根深耐旱，抗逆性强，防风固沙，饲用价值高，寿命也长，补播后可成为永久性草场。

2. 补播方式

补播方式可分为免耕补播、耕翻补播和飞播。免耕补播是利用免耕机械在松土的同时直接播种的耕作方法。其特点是对原生植被不破坏或少有破坏，降低土壤中水分和有机物质的流失，实现松土、切割土壤根茎和播种一次性完成。耕翻补播是经过常规的耕作措施、耕作程序进行耕翻，然后耙碎土块，耙平耙实土壤进行播种的一种方法。耕翻疏松了土层，破坏了原有草皮，增加了土壤的通透性，为牧草更好地生长和繁殖创造了新的良好条件。飞播主要是利用飞机在空中按照一定的高度和速度将牧草种子均匀地撒在事先规划设计好的区域内的一种方法。采用哪种方法补播，要根据面积大小、土壤性质、草群结构、退化程度等因素来考虑。对于沙质土壤退化草地，应采取免耕补播的方法，以防止沙化；对于过度放牧造成土壤紧实、孔隙度低的滩地、梁地草地应进行耕翻补播，以增加优良牧草占比，增加土壤疏松度；对于大面积沙质土壤退化草地，进行飞播经济成本较低，播种面积大，播种速度快，很具优势。

免耕补播多采用免耕补播机进行穴播，带状补播，带间距和株距根据退化程度、补播牧草品种和利用需要来确定，一般补播带间距 3~4 米，株距 1 米。地处丘陵，补播施工时可以依山势横垄间作播种柠条带，播带时可采取双重播种的方法。具体做法：在播完柠条的播穴内再撒播沙打旺和草木樨混合种子，穴间播种沙打旺、草木樨、披碱草等种子。这种播种方法可以弥补柠条播种初期生长缓慢的不足，减少雨水冲刷对牧草种子和幼苗的伤害，提高补播牧草成活率。耕翻补播、撒播或条播均可。平缓草地沿垂直于主风方向作业，坡地沿等高线作业，对于灌草带状相间草地实行灌木、牧草分别条播的形式进行补播。撒播多采用喷播机进行补播，也有个别地方采用工人手摇喷播机进行模拟飞播作业。鄂尔多斯从 1979 年开始试验飞播，当年成功在乌审旗毛乌素沙漠飞播 7 万亩。飞播的主要技术包括：选择合适的草种、种子处理以及选择合适的播种季节等。乌审旗飞播实践表明：杨柴、草木樨、草木樨状黄芪、花棒适合毛乌素沙区退化草场飞播。杭锦旗 2008 年在呼和木独镇采用混播的形式，取得了良好的效果。其混播草种比例为：籽蒿：杨柴：草木樨：沙打旺：沙米：柠条 = 2：2：2：2：1：1。

3. 补播时期

补播时期主要根据牧草的生长特性和当地的土壤水分、温度等因素来确定。在鄂尔多斯地区一般可选在早春（3—4 月）、雨季（6—7 月）和封冻前（11 月上中旬）"寄子"播种。以上 3 个时期均为较好的补播时期。在此时期内，土壤水分含量高，避开了风季，易于抓苗，能够取得较好的补播效果。因为鄂尔多斯地区属温带大陆性气候，干旱较严重，目前补播除水分条件较好的地段外，大多选在雨季，尤其是飞播，基本在 6—7 月。早播牧草的生长时期比较长，可以获得较好的收益，有的当年即可收获饲草，播种过晚（8 月以后）会影响安全越冬。

4. 播量与管理利用

用于治理退化草场补播不同于建立高产优质牧草基地，一般来说前者播种量小于后者，播种的牧草主要起到补充优良牧草的作用。补播后要禁牧 2~3 年，使补播牧草充分的生长发育，增加产草量，进而使补播草地形成相对稳定的草群结构。对于灌木，一般生长 3~5 年后，需进行平茬复壮。也有人把灌木的管理与利用总结为："促、控、平、加"四个字。即：促进灌木生长，控制重牧，刈割平茬，平茬枝叶加工利用。

（三）浅翻轻耙

浅翻轻耙就是把草地先浅耕翻，然后耙实的一种草地修复方法。它可以促进

土壤微生物的活动和有机质的分解，改善了土壤理化性状；也能够增加土壤积温，促进根对水分和矿物质养分吸收的效率，提高草场质量和牧草产量，是一种操作简单、成本小、见效快的改良措施。这一措施主要用于以根茎禾草为主并有一定板结现象的天然退化草地。聂素梅等（1991）研究表明，耕翻时间应选择在雨季，特殊干旱年份不可进行耕翻，雨量过大会出现翻垡情况，亦不必进行耕翻；耕翻深度以 15 厘米左右为宜，过深或过浅都不利于牧草生长。在羊草为建群种的草场，其密度为 15 株/米² 以上的草场耕翻效果较好，羊草密度过低的退化草场不宜采用该方法改良。浅翻轻耙的草场 1~2 年内应进行保护，禁止放牧，但可打草利用。吴广富（1993）研究表明，浅翻轻耙草场土壤含水率比对照（不浅翻轻耙）草场高 1~2 倍，土壤温度比对照草场高 1.5~2.0℃，为牧草生长发育创造了有利的条件，使无性繁殖能力充分发挥，能够更新退化草原，改良退化草场。

（四）松土

松土修复草地是利用专用机械（如 9SF-2.45 型草原松土机）进行作业。该措施适用于以丛生禾草为建群种的草地。其农艺的要求是：松土后，不破坏原土层，避免土壤翻垡和减少原有地表植被破坏，使土体整体膨松，松土深度达 30~50 厘米，切断根茎型牧草的横走根系，避免根茎相互撕扯。松土的主要目的是改善土壤的物理性状，使土壤容重显著下降，通气状况好转；改良土壤的化学状况，增加土壤肥力。松土后的草场耕作层间隔疏松，土壤团粒重新组合，土壤透气性和蓄水能力提高，有利于土壤微生物的活动，促进植被对营养元素的吸收，改善植被的生长环境，进而改善植物群落的结构、种类组成，提高草群密度和植被高度。学者认为，限制植物生长的因子最主要的是水分。在鄂尔多斯地区，降水量小，蒸发量大，尤其是在干旱特别严重的年份，植物所需的有效水分就会更加缺乏。经过松土后，能够降低土壤容重，增加孔隙度，促进有限天然降水的利用，提高土壤的有效含水量，充分改善土壤的水分状况。许多草地专家对草原松土改良技术进行了长期的试验研究。武广伟等（2009）田间试验得出：松土作业后，土壤容重和坚实度平均值分别降低了 30% 和 48.8%，平均含水率增加了 38.7%，草原土壤蓄水保墒能力提高；松土后天然草地和人工草地产草量分别增产 73.9% 和 65.6%。马志广等（1994）认为，疏松土壤能接纳更多的天然降水，提高天然植被的水分利用系数。该技术能够满足不翻垡草原土壤、不破坏地表植被的松土改良农艺要求，实现了耕作层间隔疏松，进而形成适合牧草生长的虚实并存的耕作层。原地放垡间隔松土技术是草原生态修复的新方法。

（五）施肥

草地施肥是改善土壤营养状况，提高牧草产量和改变草群组成的一项重要措施，也是目前世界范围采用的通用措施。肥料主要有机肥料和无机肥料两种，其中无机肥料（即农家肥）最有效、最长效，能够有效改善土壤结构，增强其锁水能力。一般情况下，草地均会或多或少地缺乏一些元素，施入一定量的肥料后，不仅可以为植物提供生长所需的各种营养成分和元素，同时还能够弥补由于人类对草地的利用而损失的营养元素，如牧草和畜产品的长期生产和外运，导致本来就匮乏的氮磷等大量营养元素和铁镁钼锌等与光合固氮过程密切相关的微量营养元素大量丢失，阻碍了植物的正常生长发育，使系统的养分平衡破坏，施肥可以避免物质循环收支不平衡。大量养分添加实验表明，施肥是补充植物营养元素的有效途径，速度快、效果好，增产幅度大。

施肥的效果取决于使用的肥料的种类、施肥时间、施肥频率以及用量等。需要放牧的区域应在最后一次放牧后施肥，最好选择腐熟好的有机肥，每公顷施用有机肥 22.5~30.0 吨；割草的草地在早春和刈割后的秋天进行施肥，雨前或雨后施肥能够加强效果，每公顷施用有机肥 15~30 吨。施氮肥是提高牧草产量的主要手段之一，有关施肥氮肥对植被的影响学者们有好多研究。梁小玉等（2004）和张晓艳等（2007）发现氮肥会影响植物的营养成分。李禄军等（2010）研究表明，施氮肥和氮磷肥混施都能改变草地植物群落的物种组成、植物群落的优势种以及植物群落的科属分布，并且会显著增加草地植被的高度和盖度。

（六）建立人工草地

对于大面积严重退化的草地，草原生态系统失衡的草原，建立人工草地可以使草原生态快速恢复改善。人工草地中的多年生豆科牧草和禾本科牧草，茎叶繁茂、根系强大，能在土壤中积累大量的有机质，从而增加土壤中有机质、全氮、速效氮、全磷和速效磷的含量，使土壤形成稳性的团粒结构，从而能恢复和改善土壤的肥力。人工草地建设是畜牧业发达国家现代化建设的重要标志。在当前推行节约型畜牧业的大背景下，建立人工草地能够增加单位面积产草量，促进畜牧业稳定、优质、高速发展。一般人工草地增产 2~5 倍，有的可高达 10 倍以上，而且人工草地的牧草品种是经过研究和生产实践筛选出来的，品质好，营养丰富，产量高。

（七）除毒草

在鄂尔多斯的草原上，不仅生长着家畜非常喜食的优良牧草，也混生着许多牲畜不喜食，甚至是有毒有害的植物。它们的存在易对家畜生产造成严重损害。目前，鄂尔多斯有害植物主要有狼毒、醉马草、乳浆大戟、牛心朴子等，会对家畜的消化系统、神经系统和呼吸系统造成代谢紊乱和失调，严重时还可导致死亡。毒草消除方式主要有物理、生物和化学三种。物理方式主要是对毒草利用人工割除或拔除，是最原始但也是最安全的防除途径，但该方法需要投入大量人力和物力，效率低，仅适用于早期或小规模的毒害草的侵扰。利用机械刈割毒害草，作业时往往受到地形和空间的限制。同时，人工和机械防除在挖除毒草同时也挖除了其他优质牧草，破坏草地植被。另外，毒草根系都很发达，很难将其彻底清除，而遗留残根次年可再度长出，防治的成功率较低。生物清除主要是利用生物间的相互制约关系进行防除。一般地，有3种方法：一是选择无危害性的相应牲畜进行重牧消灭；二是利用植被之间竞争关系，某些牧草根的分泌物对毒草有抑制作用；三是补播优良牧草，促使杂草在种间竞争中处于劣势而逐渐被淘汰。比如人工补播豆科牧草沙打旺后，草地狼毒的种群繁衍受到抑制，优良牧草则逐渐恢复生长。也有研究发现紫花苜蓿对醉马草具有持续、强烈的竞争抑制作用，经长期竞争演替，可能替代醉马草。化学清除是使化学药剂渗入植物体，破坏、扰乱植物的新陈代谢，从而清除减少毒草。较前两种方法，化学方法具有很强的针对性。对毒害草分布面积较大的区域多选用除草剂进行化学除草。化学除草剂按其对植物杀伤程度的不同分为灭生性除草剂和选择性除草剂。灭生性除草剂在一定剂量时能杀死各种植物，如2甲4氯、敌稗等。选择性除草剂在一定剂量下，只对某一类植物有杀伤力，对另一类植物无害或危害小，如五氯酚钠、敌草隆等（常见除草剂作用机理及特性见表6-3）。中国科学院寒区旱区环境与工程研究所于2001年研制的43.2%灭狼毒超低容量制剂和青海畜牧兽医科院研制出防除狼毒的复配除草剂等均能有效抑制狼毒群落，促进禾本科牧草生长。化学防除具有高效、速效和操作简单等特点，但也存在诸多缺点，主要表现在：一是缺乏特异性，对毒草及同类牧草都具有杀灭作用；二是不能杀死土壤中大量留存的毒草种子，需多次重复用药，经济成本高；三是除草剂残留对草地、空气、土壤、草产品和畜产品造成污染。因此，应与其他手段相结合来进行毒害草的防控。

表6-3　常用除草剂的作用机理及特性

除草剂名称	作用机理	特点	剂型	毒性

（续表）

除草剂名称	作用机理	特点	剂型	毒性
草甘膦	抑制植物体内烯醇丙酮基莽草素磷酸合成酶，从而抑制莽草素向苯丙氨酸、酪氨酸及色氨酸的转化，使蛋白质的合成受到干扰，导致植物死亡	成本低，传导性强、药效好、杀草广谱、环境兼容性优	水剂、可溶性粉剂	对鱼类、鼠类毒性低，对小鼠无致畸作用
使它隆	被植物叶片和根迅速吸收，在植株内快速传导，导致植株畸形、扭曲	半衰期短、对作物较安全、增产效果好，对阔叶杂草具有高效防除能力	油乳剂	毒性低。对大鼠眼结膜有轻微刺激，对皮肤无刺激性
2甲4氯	植物通过根、茎、叶吸收除草剂后，加强呼吸作用，合成更多的蛋白和酶类，酶刺激了细胞异常分裂，细胞壁急速增加，造成杂草局部或整体扭曲、隆肿、爆裂、变色、肿瘤、畸形直到死亡	性质稳定，除草效果良好，对农作物安全	水剂、可溶性粉剂、可湿性粉剂	毒性低
迈士通	主要成分为氯氨吡啶酸，属合成激素型除草剂。通过植物茎、叶和根被迅速吸收，在敏感植物体内，诱导植物产生偏上性反应，从而导致植物生长停滞并迅速坏死	适用期宽，杂草出苗后至生长旺盛期均可用药。产生抗性概率低。代谢除产生二氧化碳外，未发现其他影响土壤和水质的产物	水剂	低毒，无致畸、致突变、致癌作用

退化草原治理方式的选择，应在掌握自身草地退化程度的基础上，结合土壤条件、气候、植被组成和生态生物学特性进行综合考虑；措施实施的方式、年限等都应该因地制宜，探索适合当地且实用的治理措施。各种治理措施都是在一定生态条件下产生的，具有局限性，且长期实施单一的治理措施并不一定能取得长期的较好的成效。

近年来，鄂尔多斯将不同草地治理措施组合使用，形成的综合治理措施取得了良好的成效。相对于单项措施而言，综合治理措施既改变了退化草地的生境条件，又增加了可利用资源，所以具有更好的治理效果。根据不同的草原类型、气候、土壤、植被特征、退化程度以及治理目标等因素，选择将不同的治理措施综合实施，不仅有利于更好地提高草地生产力，改善草原生态环境，快速恢复草地生态系统，同时也有利于减少某种单项治理措施所带来的负面影响或克服其在成本、便利度等方面的缺点。

第三节　草原沙化治理技术

草原沙化严重影响草原生态系统稳定。鄂尔多斯草原面积广阔，大面积草原存在不同程度的沙化现象。草原沙化直接导致植被盖度降低、地表裸露、风沙四起、水土流失、气候干旱等一系列的生态问题，也给农牧民的生存带来很大的威胁。草原的沙化治理，关系到农牧民的生计、生态安全、社会经济发展的各个方面。

一、草地沙化的成因

草地沙化是不同气候带具有沙质地表环境的草地受风蚀、水蚀、干旱、鼠虫害的影响，加之人为的破坏，导致天然草地上的土壤受到侵蚀，养分流失，有机质含量下降，土壤质量降低，土质沙化，最终导致草原出现风沙活动。因此，草原沙化是自然因素和人为因素共同作用下彼此叠加并相互反馈的结果。

（一）自然因素

1. 气候因素

鄂尔多斯市的气候类型为典型的温带大陆性气候，降水量少而集中，蒸发量巨大，风力大，导致气候干燥，湿度低、干旱缺水，造成沙化。境内年平均降水量仅有 150~400 毫米，而且全年蒸发量为 2 000~2 800 毫米，是降水量的 5~7 倍。年际间降水量波动较大；年内间降水分配极不均匀，集中在 7—9 月，约占全年降水量的 60%。冬春季节降水很少，地表非常干燥，再加上冬春季节经常出现大风天气，每年≥17 米/秒的大风日数在三四十天以上，干沙极易随风吹扬。

2. 地质因素

鄂尔多斯市南与山西省、陕西省、宁夏回族自治区毗邻，西、北、东三面黄河呈"几"字形环绕，海拔高度在 1 000~1 500 米，为鄂尔多斯高原地区。境内东部为丘陵沟壑水土流失区，西部为波状干旱高原区，北有库布其沙漠，南有毛乌素沙地。地势较高，地形复杂，支离破碎，地表土层薄，多为沙质土壤，基岩又主要是质地疏松的白垩纪各色砂岩，极易风蚀沙化。当地表植被遭到破坏后，沙粒物经风力作用而逐渐覆盖草地也易造成沙化扩大。

3. 生物因素

沙化形成的生物因素主要是鼠虫害。鼠虫消耗大量牧草，降低了草地草本的盖度，草地裸露造成草原退化，直至沙化。此外，鼠兔打洞推土形成小土丘，使生土被掘于地表，易遭受水蚀和风蚀，导致草场肥力迅速下降。同时，表土层下的土壤多为沙质地，掘到地表后，形成无数小沙堆，成为沙化的沙源。

（二）人为因素

我国从秦汉开始实行屯垦戍边政策，军垦民垦、开荒种地。新中国成立后由于经济困难，人缺粮、畜缺草，天灾频发，政策失误，也出现几次较大范围的垦荒。超载过牧、乱采滥挖、疏干沼泽、开口排水等损害草原植被，使草地逐渐沙化。草地沙化在很大程度上由于一味发展经济而忽视了环境保护而造成的。

二、草地沙化治理措施

治理沙化土地的关键是固沙、保水，逐渐恢复植被生长，增加沙化土地的植被覆盖率、生产力和植物多样性。治理沙化要通过物理、化学、生物的方法，将沙土固化，防止沙土流动，增加沙土的有机物含量。通过改良沙土特性，逐渐形成良好的植物生长环境，最后形成与原生环境相似的植被盖度、生产力和生物多样性，达到生态环境恢复的目的。针对不同沙化草原地貌、风向、坡度、植被等情况，以及面积大小等特征，采取不同治理方法。

（一）小型沙丘的治理

对于天然沙地草原区内，沙丘面积较小，沙丘与沙丘之间有滩地，滩丘交错沙化草地，可采用在丘间低地和覆沙滩地补播优良牧草的方法治理。滩丘交错地带土壤疏松，湿度高，有的地方是滩地形成的覆沙改良地，沙土移动较慢。此类沙地土质较细，相对肥沃，种植优良牧草容易成功。

1. 豆科牧草固沙

草地退化和沙化后，表土丧失，保水和保肥能力下降，植物难以定植和生长，在风蚀等因素的持续作用下，进一步加剧土壤的沙化。这就是为什么很多沙化草地区域，在围封多年后，植被仍然不见好转的原因。通过种植豆科牧草，可以快速增加植被盖度，固定沙丘。适宜固沙的豆科牧草品种主要有草木樨、沙打旺等，可以采用单播的方式，也可采用混播的方式。对比试验表明，草木樨、沙打旺和苜蓿3种牧草在流动和半流动沙地播种，沙打旺和草木樨具有较高的出苗率和生长速度，适宜沙丘地生长，适应性、保存率优于苜蓿（刘同旭，2019）。

2. 柠条固沙

鄂尔多斯治沙最宜栽植的是中间锦鸡儿，它与柠条锦鸡儿、小叶锦鸡儿特性相似，利用中间锦鸡儿固沙，人们也常称为柠条固沙。柠条固沙方法适宜于平缓沙地和丘间低地造林。在平缓覆沙地造林，可采用植苗的方法，穴行距 1 米×2 米或 1 米×3 米；也可采用垂直风向带状条播，带间距 3~4 米。丘间低地造林需距落沙坡 5~6 米，以防沙压。春季植苗或 6—7 月雨季直播均可。在水分条件差的覆沙梁地，采用柠条与草木樨状黄芪固沙能增强固沙能力，又能提高饲用价值。柠条和草木樨状黄芪都是很好的家畜饲料，而且柠条植株高大，遇到雪灾等自然灾害后，可以作为救命草场供家畜采食。柠条在初期生长缓慢，不宜放牧，在播种 3 年后，固沙能力会大大提升。

3. 沙柳固沙

针对流沙逐年流动的规律，用沙柳在丘间低地逐年造林，当沙丘移动到沙柳林内时，沙柳林就把流沙挡住，阻止它继续向前移动，即能固定住流沙。这种固沙方法常称为沙柳固沙。沙柳不怕沙埋，越埋越生长旺盛，植丛越大，固沙效果越显著，可以在一般乔木不宜生长的盐碱丘间低地、土壤贫瘠的沙滩地上生长。沙柳固沙适宜于有较大丘间低地的流沙，需要数年持续造林，当沙丘进入沙柳林区后，沙丘就被固定住，不再移动。沙柳固沙的方法：距落沙坡 2~3 米的地方开始造林，株行距 1 米×2 米，行与主风垂直。第一次造林时就将丘间低地栽满，等沙丘向前移动，出现新的低地时，进行第二次造林，以此类推，持续 3~5 年，沙丘移动到沙柳林区时，造林即可结束。采用沙柳固沙，如果不加后拉措施，沙丘就会增高，所占面积就会缩小，丘间低地就会增加。据测定，沙丘面积可以缩小 10%~15%（胡璉等，2008）。

用沙柳固沙不仅效果好，而且具有良好的经济效益。成林的沙柳草场，每亩可产树叶干重 80~120 千克，林下牧草干重 50~90 千克，比未治理的沙地产草量增加 2~3 倍。沙柳也是很好的工业原料，3 年平茬一次，在清明节前或秋季立冬后进行平茬，每亩可获得林产品原料 1 600 千克。

（二）大中型沙丘的治理

1. "前挡后拉"治沙

鄂尔多斯多西北风，沙丘随风向东南移动，形成新月形沙丘或沙丘链。"前挡"就是在沙丘背风坡（落沙坡）下低洼的地方，顺着月牙湾栽植旱柳、杨树等乔木，株行距一般为 3 米×4 米。沙丘背风坡风力小、水分条件好，造林易成活。乔木成活后，变成挡风墙，能起到降低风速和挡住流沙的作用。"后拉"就是在沙丘迎风面的缓坡上，从上向下横栽沙柳等灌木和半灌木。株行距一般为0.5 米×1.5 米，行与行成三角形栽植，以增强挡风拉沙作用。完成"前挡后拉"作业后，水分条件好的地段在背风坡及乔灌木行间补播优良牧草草木樨、沙打旺、苜蓿等，水分条件差的覆沙层可种植杨柴或草木樨状黄芪，沙丘 2/3 以上留为自然恢复带。

2. "穿靴戴帽" 治沙

"穿靴戴帽"治沙法采用乔、灌、草结合的方法，属于"乔成带、灌成网、牧草覆盖"的植被建设形式，可实现一次性固沙。在迎风坡、背风坡与丘间低地交接处的基部，栽植旱柳或杨树。在迎风坡和背风处乔木前的丘间低地，土壤条件好的种植沙打旺、草木樨等优良牧草，土壤条件差的种植杨柴或草木樨状黄芪。此处一般来说水分条件较好，乔、灌、草均易于栽种成功。在沙丘的中下部采用环沙丘等高带播形式，补种杨柴、沙柳。这样就在迎风坡、背风坡基部及中下部形成了一个乔灌草结合的包围圈，广大群众形象的称为"穿靴"。在此基础上，再在沙丘顶部种植杨柴等耐干旱耐高温牧草，群众称为"戴帽"。

对于开阔的丘间低地或平缓的沙地，一般采用窄林带、宽草带的方式种植。水分、土壤条件较好的地段，栽植旱柳或杨树 2～3 行，株行距 3 米×4 米，带距10～15 米。乔木间种植沙打旺、草木樨、苜蓿等优良牧草；条件差的覆沙较厚的地段，一般栽植 2～3 行灌木，以沙柳、柠条为主，株行距 1 米×2 米，带距为10～15 米，带间种植沙打旺、杨柴等牧草。造林一般在早春和晚秋进行，乔木、沙柳进行栽植，杨柴、柠条植苗为主，也可播种。牧草播种要充分利用雨季或早春顶凌播种。

采用乔、灌、草结合的治沙方法，能够合理控制耗水量。据测定，优良牧草生产 1 千克干物质需要 700 千克以上，乔木生产 1 千克干物质耗水 500 千克以上，而灌木生产 1 千克干物质耗水 300 千克以上。通过草灌乔结合种植适生植物，一方面，可以提高地表植被覆盖度，增加地表粗糙度，降低近地面风速，有利于草原生物的生长繁殖；另一方面，植被恢复措施还能够加大地表物质的胶结性，促进植被正向演替，改善局部小气候，有利于土壤发育，改善土壤环境。因此，该方法能够比较长久的达到防风固沙和植被恢复的良好效果，是一种以林育草、以草护林的立体生态固沙方式。它不仅固沙效果好，而且利用价值高，能最大限度发挥沙地的生产能力。据测定，每亩可产干草 300～400 千克。二年生草木樨打草时应每平方米留下 1 个植株，让其结籽落种。只要地表湿润，草木樨就能天然落种更新。此外,硬粗树枝和平茬沙柳枝条可用作林产品加工原料。

(三)工程建设区沙化治理

对于公路、铁路、湖泊、水库、工矿基地、村镇周边以及流沙危害严重的重点工程建设地区,多采取沙障固沙的治理措施。它是在沙化地上设置各种形式的障碍物来控制风沙流动的速度、方向和结构,进而改变蚀积状况,达到防风阻沙固沙的目的。目前,沙化草地治理最常用的沙障有以下几种:沙柳沙障、花棒沙障、土壤凝结剂沙障、羊粪生物结皮沙障、沙袋沙障、土方格沙障、塑料方格沙障等,概括起来可分为死沙障和活沙障。活沙障设障年限长,防护效果好,而死沙障防护效果会随着设障年限的增加而降低。在水分条件特别差地区,应考虑死沙障固沙,然后再恢复植被;如果水分条件允许,应考虑活沙障固沙。

1. 死沙障固沙

鄂尔多斯沙柳、沙蒿资源丰富,可采用这两种材料作为沙障设置材料。用沙柳作死沙障时,首先将沙柳枝切成 60 厘米左右长的短枝条,用于设置主带。主带的设置方法:在沙丘迎风坡垂直主风方向画线,线距 1.5~2 米,顺线挖 30 厘米深的栽植沟,将切好的沙柳栽入沟内。栽植枝条间距 2~3 厘米,外留 30 厘米。有时为增强固沙效果,也可在沟内植入两行沙柳枝条,行间距 30~40 厘米,这样就完成了主带的设置。此后,再用同样的方法设置垂直副带,主副带形成方格状,这样就完成死沙障的设置。沙丘坡度大时方格应该小一些,坡度小时方格可以大一些。为了取得最佳效果,也可用草帘固定于沙地上,或者用塑料等材料做成 2 米×2 米的菱形网格铺设于沙地中央的严重风蚀区域内来遏制风的侵蚀。

2. 活沙障固沙

活沙障固沙与死沙障固沙作业方式基本相同,不同的是活沙障固沙要保证栽植的沙柳、沙蒿等成活。为此,沙柳枝条必须是 2~3 年生的活枝条,栽植沟深 50 厘米左右,并用湿土深埋踩实,外露 10~20 厘米,在清明节前或封冻前栽植。利用沙蒿固沙栽植方法也与死沙障相同,但活沙障要保证沙蒿为活苗,要带有根部,要深埋、踩实,注意填埋湿土。活沙障的方格大小,需要综合考虑,灵活配置。对此学者们也有较多研究成果,如:蒙仲举等(2014)在毛乌素沙地做了 5 种规格(1 米×0.5 米、1 米×1 米、1 米×2 米、2 米×2 米、2 米×3 米)的半隐蔽格状沙柳沙障的防风阻沙效益研究,综合自然条件和经济状况,认为毛乌素沙地适宜的沙柳沙障规格为 2 米×2 米。

鄂尔多斯在传统沙障固沙的基础上,试验研究"沙柳集束沙障固沙"。此法是一种新型的活沙障固沙法，经过 8 次 6 级以上大风的考验，收到显著的效果。沙柳集束式沙障固沙的具体做法：在 5 米以上沙丘的迎风面，取2/3处直至沙丘顶部的位置，将平茬的沙柳截成 70~80 厘米长，捆成粗度为 15~25 厘米的集束，主带沿等高线与主风方向垂直，副带与主带为 45°夹角，配置为菱形状。沙柳集束不宜扎紧，束间为疏透结构，接口处以及主、副带的交叉处用 14#铁丝捆紧。这样，经过固阻的沙面在一个风季后会发生一种规律的变形，即在每个沙丘的1/3部位到顶部出现一个平缓地带。当经过一个雨季，一些一年生植物（如沙米等）就会在平缓地带上滋生，这就是人为创造的造林最好部位。在这个位置上造林，不仅排除了沙丘和丘间低地的不利因素，而且可以充分发挥两者结合部位的有利因素，变间接效益为直接效益。

沙柳集束沙障固沙有两大特点。一是具有连体性。即在几亩、十几亩、甚至几十亩的沙丘上，经过人为捆扎，使集束的沙柳连成一体，极大地增强了抵御大风的能力。一般说来，如此巨大的一张沙障网，不会被风轻易掀起来。二是具有合理的疏透性。由于集束沙障本身高度适中，结构合理，能够削弱风势，减小风速，使沙丘形成一种流中有固、固中有流的运动规律。随着幼树树冠的增大和地表植被的增多，沙丘的流动强度逐渐减弱，最后形成固定沙地。

3. 植灌种草

沙障虽可以促进植被恢复，但多为一年生的草本植物。为了取得良好的固沙效果，加速沙化生态系统的植被重建与恢复，提高治沙效益，沙障设置后应及时选择适宜的灌木和牧草进行人工植被建设。在半干旱区铺设机械沙障后，通常会将机械与生物措施相结合，从而有效缩短形成群落所需要的时间，提高流沙治理的效率。具体做法：选择春季或上冻前移栽杨柴或柠条实生苗，利用雨季在 8 月以前种植适生牧草。选择适宜的牧草种子进行人工撒播或飞播。撒播将种子均匀撒在沙地表面，用耙子均匀覆土种子。选择豆科和禾本科混播，一年生和多年生种子混播的方法。一年生牧草快速生长固定沙地，为多年生植物提供适宜的生长环境。豆科多年生牧草改善植物根际的土壤环境条件，形成优势互补的植被结构，使沙化草地生态系统得以快速恢复。

沙障内植被恢复状况与年限呈正相关关系，铺设年限越长，植被生长情况越稳定。任余艳等（2007）在毛乌素沙地研究表明，沙障铺设期间无植物种消失，物种多样性随沙障铺设年限的延长而增多。袁立敏等（2014）在库布其沙漠东北缘铺设沙袋沙障 1 年后调查当地的植被恢复状况，发现植被类型增加，平均高度、密度和盖度均增加，且沙障规格越大，自然植被恢复状况越好。

第四节　草原盐碱化治理技术

　　草地盐碱化是指草地土壤中的盐碱含量增加，导致优质牧草的生长性能降低，耐盐碱力强的植物增加，致使草原的利用率降低，以及盐碱斑面积增大的草原退化过程。它会造成土壤的稳定性差、密度高和水分渗透能力低，生产力下降。鄂尔多斯盐碱地主要分布在黄河以南河滩一带，尤其在杭锦旗的巴拉贡镇、呼和木都镇、吉日格朗图镇、独贵塔拉镇，以及达拉特旗的中和西、昭君坟、展旦召、解放滩、大树湾、德胜太、乌兰淖尔和吉格斯太等镇较为集中。盐碱地在干燥状态下，表层的土颗粒细腻，松散，风动度大；湿润状态或饱和状态下，土颗粒之间连接紧密，持水力强，润滑性大，水体通过其表层下渗度小。因此，在冬春季节气候干燥时，盐碱地在风力的作用下，表层碱土随风飘动，腐殖土层减薄，养分土料流失。在夏天雨季，地表雨水的下渗不畅，造成雨水径流大，也易造成水土流失。再加上盐碱含量高，腐蚀植物根系表层的纤维素，区域内的植被生长不旺，进而形成土体裸露。及时采取有效措施治理盐碱化土地，对于改善生态环境、发展草地畜牧业、恢复草地生态的良性循环有着极其重要的意义。

一、草地盐碱化成因

　　盐碱地的形成是一个易溶性盐类在土壤中重新分配并不断累积的过程。在此过程中，水分作为盐分的携带者，帮助盐分移动，盐分常随水的移动而变化。所以，盐碱地的形成受草原土壤中水分的影响及成土因素的影响很大。形成盐碱土的主要自然因素包括气候干旱、地下水位高、地势低洼、排水量不足或没有排水出路等。人的放牧等生产活动，对土壤盐分的变化也有很重要的影响。

　　盐碱化的土壤母质一般含盐碱量较高，地下水含有较高的盐分。如果某地区比较干旱，地下水位升高，水面接近地面，而又由于毛细作用上升到地表的水蒸发后，便留下盐分，日积月累，土壤含盐量逐渐增加，形成盐碱土；如果是洼地，且没有排水出路，则洼地水分蒸发后，留下盐分，也易形成盐碱地。鄂尔多斯河滩地区恰恰正处在干旱少雨、蒸发旺盛、地势低洼区域，当地下水位超过临界深度时，盐分便向地表积累。该区域地下水位较高，一般为 1~2.5 米。地下水的矿化度也高，一般为 2~10 克/升，个别达到 30~50 克/升。

　　盐碱地里因含有过多的可溶性盐类，包括氯化物、碳酸钠、硫酸盐、硝酸盐等。这些盐易溶于水，使土壤溶液浓度高，渗透压大，造成植物"生理干旱"

而危害牧草生长，甚至枯死，即所谓"烧苗""渴死"。盐碱地土壤出现咸、毒、板、瘦等不良性状，严重影响土壤通气性。碱化土壤溶液的 pH 值高，有益微生物的生命活动受到抑制，使养分转化受到阻碍，肥力下降，营养供给能力失调，从而使植物失去良好的生长环境和营养条件，影响植物的正常吸收和代谢机能，造成植物枯萎。

二、盐碱地的积盐特点

盐碱地中盐分的积累，在空间和时间的分布是不平衡的。

（一）土壤中盐分的分布

从土壤中盐分的垂直分布看，一般内陆盐碱地的盐分多集中在 20 厘米以内的表土层，尤其是 5 厘米以内的地表层，含盐量高达 1% 以上。表土层以下，盐分含量急剧下降，有的下降到 0.1% 以下，从整个侧面看，盐分的垂直分布上重下轻，呈丁字形或漏斗形。

盐碱地中盐分的水平分布也是不平衡的。从大地形来说，由于洼地、盆地是地面水地下水汇集的地方，当径流不畅时，容易盐碱化，因此从大地形上看，盐碱均分布在低洼地。但从小地形来看，在低洼地局部高起处，盐碱化程度要比周围重一点。这是由于在毛细现象作用下，局部高起处底层和周围土壤中含盐分的地下水和土壤水向高处流动，而且低洼地局部高起处暴露面大，蒸发作用强，从而出现"盐往高处爬"的现象。它既有垂直方向的积盐，又有水平方向的积盐，所以积盐比较重，往往形成盐斑。

（二）土壤中盐分的季节变化

鄂尔多斯一年四季气候变化明显，盐碱地里的水盐运动受季风气候的影响，具有明显的季节性变化。春季风大雨少，气候干旱，蒸发强烈，含盐的地下水沿毛细管上升到地面，形成盐霜或盐结壳；夏季降水集中，大量的雨水把盐碱淋到土壤底层和地下，土壤显著脱盐，盐霜或盐壳消失，也使地下水位提高；到了秋季，雨量渐少，蒸发增强，盐碱不再向地下淋洗，土壤底层和地下水中的盐分上升到地表，盐霜和盐积壳在地表又重新出现；冬季，降水少，气温下降，蒸发减弱，土壤盐分变化滞缓。

三、草地盐碱化治理

近年来，草地盐碱化治理采取的措施主要有物理改良、化学制剂治理、生物治理、水利治理等。每一种措施都有一定的适用范围和条件，必须因地制宜，综合治理，选择适宜当地自然条件的方法。

（一）物理改良

物理改良就是运用物理方法对盐碱地改造，通过改变土壤结构对土壤中的水分和盐分进行合理分配，有效减少土壤蒸发，并提高降水淋盐的效果。如平整土地、深松翻耕等。盖沙压碱、移土改良，一般用于原生严重的盐碱地，特别针对极重度、难防治的盐碱地。盖沙压碱对盐碱化草地进行掺沙和地表盖沙，能够有效抑制盐分上升。沙的溶水力差，毛细管上升高度小，吸收性复合体及胶体的含量均低，因此它能够使浅水中的盐不能升到地表。盐碱土掺入沙后，改变了土壤的结构，促进了团粒结构的形成，增加土壤的通透性，使水盐运动方向发生改变，在雨水的作用下，盐分从表土层淋溶到深土层中，团粒结构增强，保水、储水能力增大，破坏了毛细管作用，减少地表的蒸发，抑制了深层盐分向上运动，使表土层盐碱化程度降低。蔺亚莉（2016）在河套平原进行的土壤掺沙改良试验，对改良后黏性碱化土土壤 $0 \sim 20$ 厘米耕层进行分析可知，掺沙能够降低土壤容重，改变土壤结构，并且能够降低土壤全盐量，起到弱碱作用，增加土壤肥力，使当地玉米产量大幅增加。

（二）化学制剂治理

化学制剂治理就是用化学制剂改善土壤的理化性质，从而达到治理的目的。化学制剂包括粉煤灰、脱硫石膏、氯化钙等。这些化学物质的阳离子在一定程度上与土壤盐分中钠离子进行交换，从而降低可交换钠离子的浓度。化学改良剂对土壤的影响主要有两个方面：一是能够改变土壤的团粒结构；二是改变土壤的理化性质。Rhoades（1990）提出，给盐碱化土壤加入含钙的物质来置换土壤胶体表面吸附的钠，或者加入酸性的改良剂，可有效改良盐碱地。还有专家提出，磷石膏可以增加土壤中的微量元素，促使植物生长，也能有效地改善盐碱地。

（三）生物治理

生物治理包括施用有机肥、秸秆（或枯草）覆盖及种植耐盐碱植物等。盐碱地一般有低温、土瘦、结构差的特点。有机肥能够减少地表径流，增加渗入土壤的水分，提高淋溶作用，也可减少土壤蒸发和防止返盐。有机肥经微生物分解、转化形成腐殖质，能提高土壤的缓冲能力，并可和碳酸钠作用形成腐殖酸钠，降低土壤碱性，加速养分分解，促进迟效养分转化，提高磷的有效性。腐植酸钠还能刺激植物生长，增强抗盐能力。腐殖质可以促进团粒结构形成，从而使孔度增加，透水性增强，有利于盐淋洗，抑制返盐。土壤有机质增多，肥力提高后，植物生长健壮，植物种的耐盐、抗盐性能也会有所增加。因此，增施有机肥料是改良盐碱地，提高土壤肥力的重要措施。以草压碱的方法改良治理碱斑比较简单、易实施。根据盐碱地的特点，可将作物秸秆（或枯草）覆盖于盐碱地表面，阻止土壤水分与大气的直接接触，有效减少土壤水分的蒸发，可降低土壤pH值，抑制盐分上升，减少盐分在土表的积聚；同时还可以降低热量传递，降低土表温度，改变土壤的物理性状和化学性状，补充土壤有机物。除了利用作物秸秆（或枯草），还可以使用地膜覆盖碱斑，减少草地水分蒸发，调节盐分分布，从而改良盐碱地，并促进作物播种出苗率，在提高产量方面也有积极的作用。

种植耐盐碱植物主要是筛选种植适合本地区气候特点、耐盐碱能力强的牧草和植物品种，改良盐碱土壤，以达到改良和利用盐碱草地的目的。用化学方程式来解释，种植耐盐碱植物做能够提高根区二氧化碳分压，置换出钠离子，从源头解决盐分过多的问题。从某种程度上来说，一些吸盐植物能够吸收并积累盐分，通过地上部分的收获而去除盐分。种植耐盐碱植物可使草地改良与利用、脱盐与培肥同步进行，具有改良速度快、时间短、投资小、效益高等特点，面积可大可小，易于推广，具有广泛的应用前景。选择盐碱地种植牧草时，遵循耐盐碱、饲用价值高、产量高的原则，如碱茅、羊草、披碱草、草木樨等。耐盐碱牧草可以增加植被覆盖率，使土壤水分蒸发减少，能有效抑制盐分上升，防止土壤返盐；植物根系可以调节土壤酸碱性，对于改善土壤理化性质作用明显；枯死后的根、茎、叶可以增加土壤肥力，有利于微生物活动，从而得到改善土壤的效果。耐盐碱植物定居扩大后，形成区域性植被，就可以在一定程度上调节小气候，改善小范围气候条件，从而抑制盐碱化的发生。对于轻度在盐碱化草地，直接单播或混播碱茅、羊草、芨芨草等耐盐碱的牧草就可以起到良好的效果；对于中度的盐碱草地把豆科和禾本科牧草混合播种效果更佳，如羊草：草木樨=3：1混播均可取得良好的效果。科研机构对于盐碱化治理也进行了大量的研究，如刘春华（1993）对不同品种苜蓿的耐盐性进行探究。朱兴运（1994）通过引种碱茅属植物，提出盐渍地草地农业生态系统的理论。耐盐碱牧草栽培技术的应用可以有效地保持生态、经济和社会效益的可持续发展。

（四）水利治理

当地下水位高，含盐量大时，采取降低地下水位，减少地面的盐分积累，消除涝渍的方法，称为水利治理技术。此法可以根据草原的实际情况，建立排、灌水利工程系统，达到旱能灌、涝可排、洗盐压碱的作用。排水洗盐技术是基于"盐随水来，盐随水去"的水盐运动规律。排水主要有两种方法：明沟排水和暗管排水。明沟排水主要采取开沟排水，降低地下水位，排水沟深度一般在 1.5 米以上，有利于土壤脱盐和防止返盐。暗管排水是利用暗管使草地多余的水分通过接头或管壁滤水微孔渗入管内排走。此法通过排水将地下水位控制在临界深度以下。降水时土壤中的盐分溶解在降水中，并流入排水系统；干旱时通过排水灌溉，降低因水分蒸发而导致的盐分升高；洪涝时，排水系统发挥排水作用。此方法调节地下水水盐动态，改善土壤的理化性质，从而防止土壤次生盐渍化的发生，除盐碱效果比较好，但投资较多维修费用昂贵。鄂尔多斯地区盐碱化草地一般为滩地或锅底状草地，此类草地常常四周有覆沙地。在覆沙地上建植人工草地后，打井浇水，可使水位下降，降低盐碱化程度。魏云杰和许模（2005）通过调查认为，利用竖井排灌技术，布设井群，抽汲地下水，使地下水位下降并控制地下水位是治理盐碱土的有效方式。

草原盐碱化治理是一项复杂的系统工程，由于各区域草地类型、草地退化程度、气候、土壤等存在差异，在对盐碱化草地进行修复时，应综合考虑，针对当地的实际情况，采取相应的治理措施。盐碱地改良的技术和措施虽然很多，每种都有其各自独特的改良优势，但是采取任何单项措施改良效果并不理想。在实践中，应采用综合措施，尽可能缩短盐碱化草地恢复时间。

第七章　牧草与秸秆的贮制

第一节　青贮的优点与原理

青贮是贮存饲草的一种方式，是将饲草刈割后在无氧条件下，在青贮容器中，利用微生物尤其是乳酸菌发酵作用，长期保持青绿饲草的营养特性、扩大饲料来源的一种简单、可靠而经济的方法，是解决北方地区冬季缺乏青绿饲料的理想途径。我国青贮饲料的发展起步较晚，最早报道是1943年西北农学院教授王栋和助教卢得仁首次进行带棒玉米窖藏青饲料。20世纪50年代初，我国对青贮饲料的研究、利用和推广做了大量的工作，但发展较缓慢。直到20世纪70年代后期，才得以较快发展。现阶段，青贮技术取得了突出的进展，已从传统的单一秸秆青贮发展到添加剂青贮、豆科禾本科原料的混贮等多种方式。随着机械化程度的提高，青贮工艺亦不断改进，如草捆青贮、拉伸膜裹包青贮、半干青贮、真空青贮等。青贮技术和青贮饲料业得以空前发展，青贮饲料也成为草食家畜的最重要饲料资源之一。

一、青贮的优点

（一）扩大饲料来源

有些家畜不喜欢采食的或新鲜时不能采食的一些无毒青绿植物，经过青贮发酵后，就变成了家畜喜食的饲料。块根、块茎和糟渣等农副产品也都可用来青贮。这些原料一般具有简单易得、成本较低和营养价值相对较高等优点。青贮可以充分利用当地丰富的饲草资源，减少资源的浪费，大大节约了精料。

（二）调剂饲料供应的不平衡

青贮饲料的制作不受气候和季节限制，青贮饲料不仅可常年利用，保存条件好的还可以贮存利用多年甚至更长时间。因此，青贮可以缓解家畜饲料需要和饲草生长季节之间的矛盾，可以做到常年供应，均衡供应，满足家畜冬春季青绿饲料的需要,使其终年保持高水平的营养状态和生产水平,有利于提高家畜的生产能力,保证家畜的健康。

(三)保存牧草的营养特性

适时收获的牧草富含各种营养成分,将其在密封厌氧条件下保存,机械损失小,乳酸菌发酵过程中,氧化分解弱,养分损失少,其总营养损失一般不超过15%(表7-1),而青干草在晒制过程中,营养物质损失达27%~52%。同时,青贮饲料中存在大量的乳酸菌,菌体蛋白含量比青贮前提高20%~30%。

表7-1 牧草不同存贮法的营养损失 单位:%

存贮法	田间损失	贮藏损失	饲喂损失	总损失
青干草(有雨)	36	4	12	52
青干草(无雨)	22	3	2	27
普通青贮	2	10	3	15
半干青贮	11	3	1	15
真空青贮	2	3	1	6

(四)适口性好,消化率高

青贮饲料保持了牧草的鲜嫩、青绿和绝大部分营养。经乳酸菌发酵后产生大量芳香族化合物,使青贮饲料具有芳香的酸味,并柔软多汁、适口性好、能刺激家畜食欲和消化液的分泌,增加胃肠道的蠕动。有些植物风干后有异味,或饲料质地粗硬,家畜不愿意采食,经青贮后适口性有所改善,增加了采食量。青贮饲料中可消化粗蛋白质、可消化总养分、消化能的含量也比同类草的青干草高(表7-2),家畜采食后消化率有所提高,对牲畜的生长发育有良好的促进作用。

表7-2 青干草和青贮饲料消化率及营养价值比较

饲料种类	消化率		营养价值(干物质)		
	能量(%)	粗蛋白质(%)	可消化粗蛋白质(%)	可消化总养分(%)	消化能(兆焦/千克)
自然青干草	58.20	66.00	10.10	57.30	10.71
人工青干草	57.90	65.00	10.10	59.40	10.63
青干草饼	53.10	58.60	9.10	53.30	9.75
青贮饲料	59.00	69.30	11.30	60.50	11.59

青贮虽然具有以上优点，但青贮也具有不足的地方，如青贮成本较高、需特殊的青贮设施；无机械化操作时劳动量大，不宜长途运输，运输费用高，难成为商品进入市场交易，大多是牧场和养殖农户自贮自用等。

二、青贮的基本原理

青贮是一个复杂的微生物活动过程和一系列生化变化的过程。有益微生物是青贮中的重要因素。饲料青贮中，参与活动和作用的微生物种类很多，但青贮的成败主要取决于乳酸发酵和活动程度。

（一）青贮中微生物的作用

刚刈割的牧草及青绿饲料作物，在自然条件下有各种微生物，其中有些微生物对调制青贮料有益，如乳酸菌类。有些微生物对青贮调制不仅没有益处，反而影响青贮饲料的品质，这类微生物主要有丁酸菌、醋酸菌、腐败菌、霉菌等。

乳酸菌类最主要的是乳酸链球菌和乳酸菌。乳酸链球菌能在有氧或无氧条件下生长繁殖，但耐酸能力较低。一般正常青贮乳酸含量为 1.0%~1.5%。青贮初期，当乳酸含量达到 0.5%~0.89% 时，乳酸链球菌就停止活动。乳酸菌在厌氧条件下，生长繁殖最旺盛，耐酸能力强。乳酸菌最适生长的酸度为 pH 值 6.0，最低为 pH 值 4.0。它的最适温度一般为 20~30℃，生存环境需要一定的含糖量，最适含水量为 60%~75%。

丁酸菌是一类严格的厌氧不耐酸的细菌，在无氧条件下生长，进行丁酸发酵，分解单糖、双糖、乳酸、淀粉、果胶、纤维素和有机酸等，产生丁酸、二氧化碳和氢气，使饲料发臭，产生难闻的气味，即使其含量极微也会降低青贮料的品质。丁酸菌繁殖的条件是青贮原料含水量高和碳水化合物不足。醋酸菌为需氧菌。它能将糖分解成为醋酸，是醋酸的生产菌。青贮初期，尚有空气存在的情况下，醋酸菌能将青贮饲料中的乙醇变为醋酸，从而降低饲料的品质。一般认为醋酸菌和大肠杆菌适宜生长的 pH 值约为 7.0，因此发酵初期是有利其生长的。随着发酵的进行，饲料的酸度增加。青贮饲料因后期缺氧，乳酸菌增殖迅速，醋酸菌活动则很微弱，甚至停止活动，直到死亡。肠道杆菌以大肠杆菌和产气杆菌为主，它们在青贮、发酵中进行异型乳酸发酵，即产物中除了乳酸外，还有醋酸、琥珀酸、氢气和二氧化碳，使相当一部分碳水化合物变成无价值的废物，同时可引起原料中的蛋白质腐败性分解，降低营养价值和适口性。但是，在密闭良好的正常青贮饲料中，因为环境缺氧和酸度增加，肠道杆菌的活动很快受到抑制。腐败菌能使蛋白质、碳水化合物、脂肪等营养物质分解，产生氨气、二氧化碳、甲烷、硫化氢和氢气，不但使青贮发酵饲料损失大量营养物质，而且还产生臭味和苦味，使饲料品质变坏。正常青贮条件下，当乳酸逐渐积累、pH 值降低、氧气耗尽后，腐败菌活动迅速被抑制。霉菌和防线菌等微生物为好气性微生物，在有氧条件下，如青贮料压得不够紧实、封闭不严或青贮调制后漏气，它们分解有机质致使青贮料发霉、发热、变质，并造成营养物质的损失。

（二）不同青贮阶段微生物的演替

青贮发酵的全过程中，各种微生物不是同时起作用的，而是受贮藏环境及营养条件的影响而发生演替变化，如温度的高低、气体成分、pH 值的大小等。青贮发酵过程可分为好气发酵期、乳酸发酵期、发酵稳定期。

好气发酵期主要是从原料切碎密封贮藏到呼吸作用开始后，温度上升，原料汁液开始流出。刚刈割的青绿牧草，植株细胞并未立即死亡，仍存在生命活动，利用氧气继续进行呼吸，氧化分解产生可溶性碳水化合物、二氧化碳、水，同时产生热量。青贮初期，由于窖内尚存氧气，加上植物细胞因受机械压榨而排出的液汁，其中富含可溶性碳水化合物等养分，为微生物的活动提供了良好的生活条件，各种微生物迅速开始活动，迅速繁殖，蛋白质被破坏，形成大量吲哚，少量醋酸和气体等。

乳酸发酵期即原料汁液开始流出后半天到一天，各种微生物活动开始，乳酸开始形成到乳酸大量形成，部分乙酸形成。随着氧气的减少，好气性微生物的活动很快变弱或停止，厌气性微生物的活动逐步处于主导地位，乳酸菌迅速繁殖，形成大量乳酸，使酸度增加，pH 值降低，腐败菌、丁酸菌等活动受到抑制而停止。一般情况下，青贮发酵到 5~7 天时，微生物总数达到高峰，且微生物组成以乳酸菌为主。在以乳酸菌为主的发酵过程中，乳酸菌的类型也发生演替。青贮开始时，大肠杆菌居首，随后乳酸链球菌大量繁殖，最后以乳酸杆菌活动为主。

发酵稳定期是乳酸菌持续活动到 pH 值降低到 4.2 以下，此时可以密封长期贮藏。青贮发酵完成一般需要 3 周左右，这一时期青贮料中除了含有少量乳酸菌外，还存在少量耐酸的酵母菌和芽孢菌。

（三）生化过程及营养物质变化

青贮过程中，由于各种微生物和植物本身酶系统的作用，使青贮饲料发生一系列复杂的生物化学变化，必然带来营养物质的变化。在正常青贮时，青贮饲料中可溶性碳水化合物大部分转化为乳酸、醋酸以及醇类等，其中主要为乳酸，同时放出少量热量。碳水化合物转化为乳酸的过程是非氧化过程，不生成二氧化碳，所以能量损失较少。青贮饲料中的醋酸，主要是由乙醇通过微生物的作用生成的，产生的时间比乳酸早，一旦酸度提高，厌氧状态形成后，醋酸菌等活动受到抑制，醋酸的生产量也就减少。当醋酸浓度高时，呈游离状态，浓度低时，与盐基合成醋酸盐。梭菌把碳水化合物、蛋白质和氨基酸分解生成丁酸、胺、氨和二氧化碳等，梭菌虽然与乳酸菌一样，都是微需氧性的微生物，但它不耐酸，喜较高温度，所以，当 pH 值降低至 4.2 以下，温度又较低时，一般不生成丁酸。部分多糖被微生物转化为有机酸，但纤维素仍保持不变，一般脂肪变化也不大。青贮饲料中蛋白质的变化与 pH 值的高低密切相关。当 pH 值小于 4.2 时，蛋白质因植物细胞酶的作用，部分分解成氨基酸，这个反应较稳定，养分损失较少。但当 pH 值大于 4.2 时，由于腐败菌的活动，氨基酸便分解成氨、硫化氢和胺类等，使蛋白质受损失较大。

（四）青贮中营养物质的损失

由于在青贮过程中经历了田间刈割、凋谢、运输、植物残余呼吸、发酵以及二次发酵等因素，使青贮饲料营养物质损失。各类损失及原因见表 7-3。青贮损失可归纳为以下几种。

表 7-3 青贮过程中能量损失及原因

青贮过程	可否避免	损失（%）	损失原因
残余呼吸	不可避免	1~2	植物酶
青贮发酵	不可避免	2~4	微生物
汁液渗漏	可或不可	5~7	原料含水量
田间凋萎	不可避免	2~5	天气、管理、牧草种类和状况
二次发酵	可避免	0~20	青贮的适宜性、含水量、青贮设备、取用技术和季节
贮存期间好气性变质	可避免	0~10	填装时间和密度、青贮设备、密封状态、青贮适宜性

1. 田间损失

田间损失主要包括青贮饲料的机械损失和淋雨损失。机械损失主要由干燥和运输过程中枝叶的损失引起，与天气、翻晒次数、运输工具和牧草种类及含水量关系密切。淋雨损失与凋萎期降水量有关，降水量越大则损失越大。田间损失的程度由当地天气状况决定，如天气好，刈割和青贮在同一天进行时，养分的损失极微，即使萎蔫期超过了 24 小时，损失的养分也不足干物质的 1% 或 2%。萎蔫期超过 48 小时，则养分的损失较大，在田间萎蔫 5 天后，干物质的损失达 6%。

2. 氧化损失

氧化损失是由植物和微生物的酶在有氧条件下对基质（如糖）进行的呼吸作用生成二氧化碳和水引起的。氧化损失的数量随牧草含水量和温度升高按指数形式增加。在迅速填满并密封的环境下，植物组织中的存氧对氧化损失影响不大，它引起的干物质损失仅在 1% 左右。持续暴露在有氧环境中的青贮饲料，在其形成过程中干物质损失可达 75% 以上。

3. 发酵损失

发酵所造成的损失，取决于被发酵物的养分和有关的微生物。一般认为，发酵期干物质的损失不会超过 5%，干物质损失大于能量损失，这是因为形成了乙醇之类的高能化合物，发酵过程中形成的产物比发酵底物的总能量高。用黑麦草做青贮的试验表明，黑麦草在青贮前后，其总能量值分别为 17.74 千焦/克干物质和 18.42 千焦/克干物质，表明在青贮期总能量还提高了 3.8%，其中发酵期干物质损失 4.2%，而总能量损失近 0.5%。由发酵途径可知：在梭菌发酵中，产生了气体二氧化碳、氢气和氨气，养分的损失高于乳酸发酵和酵母菌发酵，而酵母菌发酵只产生乙醇和二氧化碳气体，养分损失高于乳酸菌发酵。

4. 渗出液损失

青贮饲料渗出液中含有营养价值高的可消化组分，如可溶性糖、有机酸、矿物质和可溶性含氮化合物，大量渗出液流走了可溶性养分，降低了青贮饲料的营养价值。对于含水量 85% 的牧草，青贮流出物的干物质损失可达 10%，如将饲料萎蔫至含水量 70% 左右时，产生的渗出液极少。

第二节　一般青贮

常规青贮是利用新鲜的牧草切碎，密封贮藏，使植株本身呼吸造成缺氧条件，而乳酸菌对青贮料的厌氧发酵产生乳酸，使大部分微生物停止繁殖，最后乳酸菌本身亦因乳酸不断积累，被自身的乳酸控制而停止活动，从而达到长期青贮的目的。

一、青贮原料的搭配

乳酸菌利用糖分制造乳酸并大量繁殖。当乳酸增多，pH 值降到 4.2 时，各种厌氧菌包括乳酸菌都停止活动，饲料才能长期保存。禾本科植物含糖多，是做青贮的好原料，最好将含糖分较高的禾本科草类与含蛋白质丰富的豆科草类混合青贮，这样兼顾了饲料的营养成分，也易于青贮。如苜蓿草，花生秧等与玉米混合青贮。禾本科与豆科混合青贮的配制比例一般为 2：1 或 1：1。

二、青贮含水量的确定

青贮原料的含水量在 65%～70%最好。简便测定方法是把切碎的原料用手握紧，在指缝中能见到水分但又不能流出来，就是适宜含水量。含水量少时，不宜压紧，窖内残留空气多，不利于乳酸菌的增殖，易使窖温升高，青贮易腐烂。含水量过多不能保证乳酸的适当浓度，原料中营养物质易随水分流失，所以过湿的青贮原料应稍干后或加入一定比例糠麸吸收水分。过干的原料可以加入含水量过高的原料混合青贮。青贮温度应当控制在 20～35℃ 为宜，温度过高易发霉。青贮时掌握好压紧排气，可以控制青贮的温度。

以青贮原料含水率 65%为准，不足部分需补加到量。例如：含水 40%的玉米秸秆在青贮时需加水（以 1 吨计），1 000×65%－1 000×40%＝250 千克，其余以此类推。如果新收获的青草含水量超过 70%，应稍加晾晒或加入含水量少的青干草粉等物质使其水分降到 65%左右。

三、青贮原料的处理

乳酸菌只有在厌氧条件下才能大量繁殖，在制作青贮时要尽量创造缺氧环境。具体做法：装窖时将青贮原料粉碎、切短、压实，装满后窖顶要封严。其目的主要是排净物料中间的空气，增加接种剂和物料的接触面积，使原料中的汁液充分渗出，湿润原料表面，有利于微生物迅速生长，提高青贮的质量。原料切碎的程度应根据饲喂家畜的种类、原料的品质来确定。一般含水量大的青绿原料可以切得长些，饲喂大牲畜的草料可以切得长些，含水量小的、质地比较坚硬的原料可以切得细些，或打成细粉。一般贮料切的长度在 2～5 厘米。对于养牛羊的青贮料使用秸秆揉搓粉碎机效果较好。

四、青贮原料的装填

青贮原料的装填原则：一要迅速，二要压实。青贮窖要当天装满，当天封窖，避免青贮料在装满密封前腐败变质，即使大规模青贮也要在 2 天之内装完。如果当天不能装满封池，甚至几天暴露于空气之中，使腐败菌在有氧条件下迅速分解原料中的营养物质，就会使原料发霉变质，使青贮质量降低。青贮料压得越实越好，大型窖用机械的方式压实，压不到的地方要用人工踩实。用塑料袋装青贮应避免塑料袋损坏。

五、青贮容器的密封

青贮料添装满后应立即密封，小型袋装青贮用绳子扎紧袋口即可；砂缸等小型容器青贮用塑料膜将上口盖严密封，不漏气即可；大型青贮窖青贮，用塑料膜覆盖密封后上覆一层苇席、草垫等，再用土盖实。

第三节　添加剂青贮

为了获得优质青贮饲料，需要额外添加添加剂以补充所缺乏条件或营养元素的青贮方式。它是在青贮原料装填之前以适当的比例将添加剂均匀加在青贮原料中，除该步骤以外，其余操作方法均与一般青贮相同。加入添加剂主要是为了强化乳酸发酵，抑制有害菌生长，提高青贮饲料的质量。国外在生产青贮饲料过程中约有65%的青贮饲料使用添加剂。国内添加剂青贮还处于发展阶段。

一、添加剂的作用与分类

添加剂的作用主要是：补充青贮原料中不足的营养成分，满足乳酸菌发酵所需的底物浓度，改善青贮料的营养成分；增加乳酸菌类细菌初始状态的数量，使其快速产生乳酸，缩短满足青贮所需 pH 值达到的时间，保护青贮原料中的营养成分；降低青贮原料中的 pH 值，直接形成适合乳酸菌繁殖的生活环境，抑制其他微生物的生长。根据其性质，添加剂可分为化学添加剂和生物添加剂。

（一）化学添加剂

这类添加剂主要分为酸类和营养类。酸类主要包括无机酸和有机酸两大类。无机酸主要是盐酸、磷酸及盐等，添加无机酸的饲料会引起反刍动物体内酸碱的平衡失调，并导致采食量降低，生产性能下降，因此不被推广。有机酸主要是甲酸、乙酸、丙酸等，主要用于 pH 值的调节，起到快速酸化，直接形成适于乳酸菌繁殖和抑制霉菌等有害生物繁殖的作用。营养类主要为可溶性糖类、非蛋白氮、矿物质等。

1. 甲酸

甲酸又称蚁酸，添加甲酸是国外普遍使用的一种方法。甲酸的脂肪酸性最强，添加后通过改变原料中的氢离子浓度，并充分利用不同菌类对游离酸耐受程度的差异，在保持乳酸菌繁殖受到较小抑制的前提下，最大限度地抑制其他菌种的繁殖。可迅速降低 pH 值，从而抑制青贮饲料的呼吸作用和有害菌的活动，使青贮饲料即使在碳水化合物水平不高的情况下也能制成高质量的青贮。甲酸处理青贮的干物质消化率、采食量均比不加甲酸的高，并可提高奶牛产奶量。有研究表明，甲酸能使青贮饲料中 70% 左右的糖分保存下来，使蛋白质损失率减少 0.13%~0.15%（李涛，2000）。

通常甲酸的添加量为禾本科牧草添加量湿重的 0.3%，豆科牧草为 0.5%，混播牧草为 0.4%。比较幼嫩需长期保存的青贮牧草或雨淋过的原料，需多添加 0.05%~0.1%。手工添加甲酸时，应加 3 倍水稀释，分层（每层厚约 30 厘米）喷洒。浓甲酸具有刺激性，手工操作时，应做好保护工作。原料含水量不同，对甲酸的需求水平也有所差别，水分在 75% 以上的原料甲酸添加量要比中等含水量（45%~65%）增加 0.2%。甲酸的钠盐和钙盐早已作为青贮添加剂使用，前者常与亚硝酸钠一起使用，可产出氧化亚氮，在青贮早期避免有害细菌的活动。用甲酸钙和亚硝酸钠混合物青贮试验表明其有改善青贮发酵质量的作用。现在，甲酸的铵盐（四甲酸铵）已发展为商品添加剂，与甲酸有一样的功效，并具有安全易行、腐蚀性低的优点。

2. 糖类

糖类为了给乳酸菌的繁衍提供能量，常在青贮原料特别是豆科作物原料中加入一些富含碳水化合物的材料，以便更有利于乳酸发酵。有研究表明，青贮中添加糖类可降低青贮苜蓿的 pH 值，提高乳酸含量，显著降低氨态氮和丁酸含量（夏明等，2014）。葡萄糖直接为乳酸菌提供发酵底物，一般添加量为 10~20 毫克/千克为宜，但因葡萄糖价格高，不适合生产中大量应用，常用玉米面、麦麸、糖蜜，其中经济可行的是糖蜜、薯渣等。糖蜜是甜菜和甘蔗工业的副产品，其干物质含量为 700~750 克/千克，主要成分是蔗糖。已有大量的青贮试验研究了糖蜜的作用，这种添加剂可增加青贮的干物质和乳酸含量，降低 pH 值和氨态氮水平，特别是以可溶性碳水化合物含量低而蛋白质高的豆科为原料添加效果尤佳。糖蜜添加量应视原料含糖量而定，一般添加 3%~5%，禾本科原料添加 4%，豆科秸秆添加 6%，谷物籽实视原料含水量而定，含水量 80% 的添加 1%，含水量 70% 左右的添加 5%。如在秸秆中添加上述物质，应粉碎且要与青贮原料拌匀，保证接触面积尽可能大，添加剂才能够被充分利用。

3. 非蛋白态氮

添加非蛋白态氮，即添加尿素和氨水，在制备反刍动物用青贮料时，对蛋白质含量低的禾本科牧草常用。尿素是青贮常用的营养性添加剂。在青贮饲料内添加尿素，能够提高青贮的非蛋白氮的含量，给微生物蛋白的合成提供氮源，尿素还可以抑制开窖后的二次发酵。饲喂尿素青贮料可提高干物质的采食量。添加量一般为青贮鲜重的 0.3%~0.5%，但在含糖量少的牧草中添加尿素，易使青贮料品质变坏。氨水也可作为青贮饲料中非蛋白氮源，但氨水会迅速升高青贮料的 pH 值，要慎用，添加量一般为 0.3%，不超过青贮料鲜重的 1.7%。氨水和尿素适用于青贮玉米（表7-4）、高粱等禾谷类作物。

表7-4　添加尿素（6克/千克）对青贮玉米化学成分的影响

青贮时间（天）	pH 值		乳酪（干物质，克/千克）		粗蛋白质（干物质，克/千克）		游离氨基酸（干物质，克/千克）	
	不添加	添加	不添加	添加	不添加	添加	不添加	添加
0	5.90	5.88	0.20	0.10	89	145	3	4
2	3.91	3.56	16.80	27.80	81	195	9	10
5	3.44	3.46	27.40	44.70	109	182	7	11
10	3.40	3.51	99.50	53.40	92	190	9	16
15	3.22	3.47	61.70	70.30	93	182	12	21
20	3.18	3.58	85.10	154.70	84	207	10	25

4. 矿物质

在矿物质含量低的青贮原料青贮过程中添加矿物质，如碳酸钙、石灰石、磷酸钙、硫酸镁等，除了补充钙、磷、镁等矿物质外，还有使青贮发酵持续的作用。如为了防止低镁症，有时向青贮饲料中添加硫酸镁化合物，每吨鲜牧草的添加量约为2.3千克。当用这种青贮饲料喂牛，牛血液中的镁含量明显高于对照组。各种微量元素添加剂的用量一般为：硫酸铜2.5克/吨、硫酸锰5.0克/吨、硫酸锌2.0克/吨、氯化钴1.0克/吨、碘化钾0.1克/吨。对于含水量低、质地粗硬、细胞液难以渗出的青贮料，加入食盐可促进细胞液渗出，有利于乳酸菌发酵。添加食盐还可以破坏某些毒素，提高饲料适口性。食盐添加量为青贮料重量的 0.3%~0.5%。

（二）生物添加剂

生物添加剂主要包括细菌制剂、绿汁发酵液和酶制剂。

1. 细菌制剂

青贮菌制剂，也称青贮接种菌、青贮料发酵剂，是专门用于饲料青贮的一种微生物添加剂，由 1 种或 1 种以上乳酸菌、酶和一些活化剂组成。目前常用的菌制剂主要是乳酸菌或乳酸同型菌。添加乳酸菌，可取得早期乳酸发酵优势，较早抑制有害微生物的繁殖。一般高水分条件下青贮不添加乳酸菌，在中低水分青贮时，接种乳酸菌可大大提高乳酸的数量，迅速降低 pH 值，减少蛋白质降解量。这样可使青贮中氨态氮的数量明显降低，提高青贮效果和质量。一般认为，使用乳酸菌时主要对禾本科牧草及含蛋白质较低的原料青贮效果较好，对豆科牧草的效果不太明显。但随着青贮工艺的机械化发展，青贮形式的变革和青贮菌研究的深入，苜蓿等豆科牧草青贮菌制剂也被广泛应用。研究表明，添加剂乳酸菌和纤维素酶及两者的复合添加剂均对苜蓿的青贮品质有明显的改善作用，且添加复合添加剂效果最好，60%含水量下的青贮效果更优（钟书，2017）。

2. 绿汁发酵液

绿汁发酵液严格的说是细菌制剂添加剂的一种，是原料鲜草的汁液在厌氧的条件下经发酵而制成的。它是一种安全、有效、无污染、无公害、绿色的青贮添加剂。与乳酸活菌制剂类似，是利用使野生乳酸菌大量繁殖的原理制成，但与乳酸菌添加剂相比更加经济和环保，且制作工艺流程简单、生产成本低。制作方法：把收割切碎后的新鲜牧草蒸馏水中打浆，浸泡 30 分钟，经两层纱布过滤，并加入 2%蔗糖，混匀，在 30℃下密封发酵 48 小时即制得。对杂交狼尾草青贮研究发现，添加绿汁发酵液促进了同质乳酸菌的发酵，有效抑制了丁酸菌及其他有害微生物的活性，减少了蛋白质的分解，明显改善了杂交狼尾草青贮发酵品质（郑丹等，2011）。

3. 酶制剂

青贮饲料中添加剂的酶制剂包含多种细胞壁降解酶组分，其中以纤维素酶为主，还包括半纤维素酶、果胶及氧化还原酶类。酶制剂主要用于那些不能被直接利用的，以植物纤维素、木质素等形式存在的碳水化合物，能使其分解为可利用的可溶性碳水化合物，从而迅速增强乳酸菌的发酵活动，降低粗饲料中的纤维含量，并最终转化为青贮饲料中的有效成分。大多数商品酶制剂都含有多种活性，生产中多应用纤维素分解酶。纤维素分解酶的添加量为每 1 000 千克牧草添加 1～2 克。一般添加量越大，对青贮发酵的效果越好，但是，如果添加量过大，容易使青贮饲料纤维完全被破坏而产生黏性，不利于家畜采食，并且会因营养严重损失而影响消化利用。纤维素分解酶因牧草收割时期、干物质含量的不同，作用效果也有差别。

二、使用添加剂应注意的问题

使用青贮发酵剂时，每吨新鲜青贮原料中至少应添加含乳酸菌活菌数1 000亿个左右。为了避免原料中有机物过多的损失，高水分的原料不宜添加，应待原料枯萎后再添加。在营养型添加剂的非蛋白氮中，氨水和尿素均能有效延长青贮料的贮存时间，但由于无水氨处理的危险性比尿素大，还会降低动物的采食量，故生产上应尽量少用无水氨，多用磷酸铵、尿素等。为了使添加剂在青贮饲料中分布均匀，使用的添加剂产品应以液体形式添加。青贮饲料添加剂只有在良好的青贮管理条件下，才能使好的青贮饲料变得更好，但始终不能改变劣质青贮饲料的品质和替代青贮管理。

第四节　青贮饲料的品质鉴定

青贮品质包括狭义品质和广义品质。狭义品质即发酵优劣状况。广义品质是指青贮饲草的饲用价值，包括发酵品质和营养价值。而一般进行的青贮品质鉴定是进行发酵品质的鉴定。青贮饲料发酵品质的好坏，与青贮饲料的养分和价值有关，并且影响家畜的采食量、适口性、生理功能和生产性能。因此正确评价青贮饲料品质，为确定青贮饲料等级和制定饲养计划提供科学依据。青贮品质的鉴定方法主要有感观鉴定、营养价值来判断和实验室鉴定。

一、样品的采取

为使取样有代表性，取样时，先取出覆盖物如黏土、碎草及上层发霉的青贮料，在表面取出一层青贮饲料后，以窖、塔中物料表面中心为圆心，从圆心到距离窖、塔壁30~50厘米处为半径，画一个圆圈，然后在互相垂直的两直径与圆周相交的4个点及圆心上从上到下用锐利刀具切取约20厘米见方的青贮料样块。这种方法虽然很具代表性，但在实际操作中往往很难做到。较可行的方法是：在青贮前，事先统计测定好原料茎、叶、花的比例，配合好原料样品，装入布袋或塑料袋中，按布点贮放，结合饲用，适时适当地刨松青贮饲料，取出样品袋。取样后马上覆盖好青贮窖，以免空气进入，造成腐败，冬季为防止青贮料冻结，应用草帘等轻便保暖物覆盖。

二、感官鉴定

青贮饲料感官鉴定，简单地说，就是凭人的感官看一看，嗅一嗅，摸一摸，主要是青贮饲料的颜色、气味、质地三项指标（表7-5）。由于该方法简便易行，农牧场多采用此法。

颜色：青贮饲料颜色，因原料而异。一般是越接近原料颜色，品质越好。品质良好的青贮饲料呈现青绿色或淡绿色，或接近青贮前原料的颜色；中等品质的青贮饲料呈现黄褐色或暗绿色；品质低劣的青贮饲料多为暗色、褐色、墨绿色或黑色，与青贮原料本来的颜色有很大差异，这种青贮饲料已经变质，不宜饲用。

气味：优良青贮料具有芳香酸味；中等品质青贮料香味淡或有刺鼻酸味；劣等青贮料有霉味或刺鼻的腐臭味。

质地：品质良好的青贮饲料在窖内压得非常紧实，拿在手中却很松散，质地柔软而湿润，紧密而易分离，茎、叶和花等器官都保持原来的状态，甚至能够清楚地看出茎叶上的叶脉和茸毛；而品质低劣的青贮饲料，呈黏块、污泥状，无结构，质地松散或干燥、粗硬；品质中等的介于上述两者之间。发黏、腐烂的青贮料是不能作为饲料用的。

表 7-5　青贮饲草感官鉴定标准

项目	良好	中等	低劣
颜色	接近原料颜色，一般呈黄绿或绿色	黄褐色或暗绿色	严重变色，黑色或褐色
酸味	酸味较浓	酸味中等或少	酸味很少
气味	芳香酸味，给人以舒服感	芳香弱，稍有酒精或醋酸味	刺鼻腐臭味
手感质地	柔软，稍湿润	柔软稍干或水分稍多	干燥松散或黏结成块

三、实验室鉴定

在实际生产中一般不进行实验室鉴定，但在有条件的情况下，也可采用实验室鉴定法。实验室鉴定法主要包括青贮饲料的 pH 值、有机酸、腐败和污染鉴定等。

（一）pH 值

可用 pH 值试纸或 pH 值计进行测定，其标准如下：

优：pH 值为 3.8~4.2；

中：pH 值为 4.6~5.2；

劣：pH 值为 5.4~6.0 或更高。

要注意的是，pH 值不是青贮饲料品质鉴定的准确标准，因为饲料里面的菌发酵也会降低 pH 值，因此，pH 值的结果要与其他标准如感官测定标准综合进行判断。按照三级综合评定法即以酸度、气味、颜色三项指标，分别打分，最后按分数综合评定青贮料的品质（表 7-6 和表 7-7）。

表 7-6　青贮饲料各项评分标准

酸度		气味		颜色	
pH 值	分数	青贮料气味	分数	青贮料颜色	分数
4.0~4.2	5	水果香，弱酸味，面包味	5	绿色	3
4.2~4.6	4	微香味，醋酸味，酸黄瓜味	4	黄绿色，褐色	2
4.6~5.3	3	浓醋酸味，丁酸味	2	黑褐色，黑色	1
5.3~6.1	2	腐烂味，臭味，浓丁酸味	1		
6.1~7.6	1				

表 7-7　青贮饲料的总评分

指标	11~12 分	9~10 分	7~8 分	4~6 分	3 分及以下
青贮料评定等级	最好	良好	中等	劣等	不能用

（二）有机酸含量

一般乳酸的测定用常规方法，而挥发性脂肪酸用气相色谱仪来测定。优良的青贮饲料中游离酸约占 2%，其中乳酸占 1/3 ~ 1/2，醋酸占 1/3，不含丁酸。品质不好的含有丁酸，具恶臭味。有机酸是评定青贮品质的重要指标（表 7-8）。

表 7-8　青贮饲草品质鉴定标准

等级	乳酸（%）	醋酸（%）	丁酸（%）	pH 值
优质	1.2~1.5	0.7~0.8		4.0~4.2
中等	0.5~0.6	0.4~0.5		4.6~4.8
劣质	0.1~0.2	0.1~0.15	0.2~0.3	5.5~6.0

注：表中百分比为有机酸含量占青贮饲料鲜重的比例。

（三）腐败鉴定

如果青贮饲料腐败，其中含氮物质分解形成游离氨，检查有氨的存在即可知青贮饲料腐败。鉴定方法：在粗试管中加入 2 毫升盐酸（比重 1.19）、酒精（95％）和乙醚（体积比为 1：3：1）的混合液，取中部有一铁丝的软木塞，铁丝的尖端弯成钩状，钩一块青贮饲料，伸入试管中，距离试管液面 2 厘米，然后塞紧软木塞。如饲料中有氨存在，则与混合液中的挥发物质反应生成氯化铵，因而在钩上的青贮饲料四周出现白雾。

（四）污染鉴定

污染常常是青贮饲料变坏的原因之一，可根据氨、氯化物及硫酸盐的存在来判定青贮饲料的污染程度。氯化物及硫酸盐的检验方法如下：称取青贮料 25 克，剪碎装入 250 毫升的容量瓶中，加入一定容积的蒸馏水（浸透即可），仔细搅拌，再加入蒸馏水至标线，在 20~25℃ 下放置 1 小时，在放置过程中经常搅拌振荡，然后过滤备用。氯化物的测定：取上述滤液 5 毫升，加 5 滴浓硝酸酸化，然后加 3％的硝酸银溶液 10 滴，如果出现白色凝乳状沉淀，就证明有氯化物的存在，说明青贮料已被氯化物污染。硫酸盐的测定：取滤液 5 毫升，加 5 滴 1：3 的盐酸溶液进行酸化，再加入 10％的氯化钡溶液 10 滴，如果出现白色混浊，就证明青贮料已被硫酸盐污染。品质低劣或污染较重的青贮饲料如果用来喂畜禽，不但达不到增膘的效果，还可能影响畜禽的健康，因此是不能饲用的。

第五节　青贮饲料管理与饲用

青贮料入窖后，必须保证密闭，在合适的温度下，发酵足够的时间，才能够开窖利用。开启后要科学取料，精心管理，才能保证其不发生二次发酵和霉变。

一、管理

不同的原料发酵成熟时间和开窖时间有差异。如果开窖时间过早，青贮料不成熟，容易腐败，不宜保存，所以要掌握好开窖的时间。一般说来，含糖量高，容易青贮的料，如玉米、高粱及苏丹草等禾本科牧草发酵需要 30~35 天，如果秸秆粗硬可以推迟到 50 天左右；苜蓿、花生秧和其他豆科牧草含蛋白质丰富，但含糖量低，发酵时间要长一些，一般要 3 个月左右，如果开窖取出样品，经感官鉴定或实验室鉴定尚不成熟，可以马上密封，再厌氧发酵一段时间。

青贮料成熟后，开窖时间据需要而定，一般尽可能避开高温或严寒季节。高温季节易二次发酵或干硬变质，严寒季节易结冰。开窖后，感官鉴定青贮饲料的品质，品质低劣或污染较重的青贮料不能饲用。取用青贮饲草时，先将取用端的土和腐烂层除掉，然后从打开的一端，按一定的厚度逐段取用，取料开口要小，减少空气接触面。每天取一次料，喂多少取多少，取出的料及时利用。每次取料后，应用草帘、塑料薄膜等覆盖物将剩余的饲料封闭严实，以免空气侵入引起饲料霉变。一旦开窖利用，必须连续取用。地下窖开窖后应做好周围排水工作，以免雨水和融化的雪水流入窖内，使青贮饲料发生霉变。

二、饲用

（一）注意事项

1. 喂量由少到多

青贮料是各种畜禽优良多汁的饲料之一，但由于青贮饲料具有酸味，在开始饲喂时，有些家畜不愿采食，可经过短期的训练，使之习惯。训练方法：先空腹饲喂青贮饲料，再喂其他草料；为使家畜有个适应过程，喂量由少到多，循序渐进；先将青贮料拌入精料中喂，再喂其他草料；将青贮料和其他草料拌在一起，以提高饲料利用率。

2. 合理搭配

因为青贮料中含水量多，干物质相对较少，单一饲喂青贮料不能满足畜禽的营养需要，尤其对妊娠、产奶母畜、幼畜、种公畜和生长育肥家畜，更不是主要饲料，饲喂时必须按家畜的营养需要与精料和其他料合理搭配。

3. 处理过酸饲料

有的青贮饲料酸度过大，应当减少饲喂或加以处理，可用 8%～12% 的石灰水中和后再喂，或在混合精料中添加 12% 的碳酸氢钠，降低胃中酸度。

4. 青贮料饲喂

在妊娠期饲喂青贮饲料要适量，防止引起流产，冰冻后的青贮饲料，要在解冻后使用。如发现有拉稀等异常现象，应立即减量或停喂，检查青贮饲料中是否混进霉变青贮，如发现霉变饲料立即清理，勿用变质的饲料，以防家畜中毒。

（二）饲喂量

青贮饲料的饲喂量视家畜种类、年龄、体重、生理状况、生产力和青贮料成分不同而定，一般青贮料参考饲喂量如表7-9。

表 7-9　家畜青贮饲料的参考饲喂量

家畜种类	参考饲喂量
小母牛	每日每 100 千克体重：1.25~1.5 千克
犊奶牛	每头（只）日用量：3~5 千克
公牛	每日每 100 千克体重：0.75~1 千克
育肥牛	每日每 100 千克体重：2~2.5 千克
母马、休闲马	每匹每日：10~15 千克
绵羊、山羊	每只每日：1.5~2.5 千克
繁殖母猪	每头每日：2~3 千克
肉用牛	每头（只）日用量：8~12 千克

第六节　农作物秸秆的加工处理

农作物秸秆是成熟农作物收获种子后留下的茎叶（穗）部分的总称。我国农作物秸秆理论资源量达到 10.4 亿吨，可收集量达到 9.0 亿吨（石祖梁等，2017）。它是一类高纤维、低蛋白质、低能量、缺少无机盐的粗饲料，而且其细胞壁成分含有大量抗营养物质（如稻草中的大量硅酸盐）。因此，动物对其采食量少，消化率低，若用秸秆直接饲喂家畜，不能满足家畜的营养需要。为了提高秸秆的营养价值，国内外的科学工作者研究过许多秸秆处理加工技术，以提高秸秆的营养价值，改善其适口性。这些方法概括起来，可分为物理处理法、化学处理法和生物处理法。

一、物理处理法

物理处理方法是比较直接的，也是最原始的处理方法，不过也是比较有效的方法之一。物理处理技术是不改变农作物秸秆基本性能的前提下，将其形状、大小进行改变，以期达到保存或提高其使用价值的目的。把秸秆切短、撕碎、粉碎、浸泡和蒸煮软化等都是物理处理法。

（一）切短与粉碎

将农作物秸秆切短或粉碎处理后，便于家畜咀嚼，减少能耗，同时也可提高采食量，并减少饲喂过程中的饲料浪费。此外，经切短或粉碎后的秸秆也易与其他饲料配合。因此，这是生产实践中常用的方法。试验证明，秸秆经切短和粉碎后喂家畜，采食量增加 20%~30%，日增重提高 20% 左右，而且切短得越细，其消化率越高。例如，将作物秸秆粉碎成 4 毫米大小，其消化率为 29%；若粉碎到 1 毫米，其消化率为 42%（表 7-10）。

表 7-10 不同物理处理方法对粗饲料消化率的影响

处理方法	谷物类秸秆消化率（%）	处理方法	谷物类秸秆消化率（%）
不处理	37	粉碎为 3 毫米	34
经光照 1 小时	42	粉碎为 4 毫米	29
处理 2 小时	43	蒸煮（120℃，90 分钟）	40
处理 3 小时	55	蒸煮（140℃，90 分钟）	48
处理 4 小时	61	蒸煮（170℃，60 分钟）	59
粉碎为 1 毫米	42	蒸煮（140℃，90 分钟）	57
粉碎为 2 毫米	33		

草食动物试验表明，粉碎能增加粗饲料的采食量，但是由于缩短了饲料在瘤胃内的停留时间，从而引起纤维素类物质消化率降低。秸秆粉碎后，瘤胃内挥发性脂肪酸的生成速度和丙酸比例有所增加，同时引起动物反刍次数减少，导致瘤胃 pH 值下降。也有研究表明，秸秆颗粒的减小，可能造成秸秆在动物肠胃通道内通过的速度增加，以致肠胃没有足够的时间去吸收秸秆中的养分，而造成养分流失。因此，在什么情况下进行切短或粉碎处理，应根据使用目的和家畜种类的不同而定。例如，秸秆粉碎后饲喂肉牛，由于乙酸、丙酸生成比的变化，有利于育肥效果，但奶牛则将导致乳脂率下降。

（二）浸泡

将农作物秸秆放在水中浸泡处理，再用经浸泡后的秸秆饲料去饲喂家畜，也是一种简单的物理处理方法。经浸泡的秸秆，质地柔软，适口性提高。在生产实践中，一般先将秸秆切碎后再加水浸泡并拌上青饲料，以提高饲料的利用率。

例如，将含有 25% 或 45% 低质粗饲料的配合饲料中加水至 75% 浸泡后喂牛，可以提高饲料采食量和消化率。又如，将秸秆浸泡后，再与块根类饲料按 1∶2 的比例配制成混合饲料喂奶牛，其采食量可达 5 千克。农牧民采用盐化玉米秸秆喂牛，取得了良好的效果，其实，所谓"盐化"就是先用水浸泡玉米秸秆，再加上少许食盐。

（三）蒸煮

将农作物秸秆放在具有一定压力的容器中进行蒸煮处理，也能提高秸秆的营养质量。据报道，在2.07兆帕压力下将秸秆蒸煮处理1.5分钟，可以提高其消化率，而更大强度压力的处理将引起饲料干物质损失过大和消化率下降。降低压力而增加处理时间，也可获得较好的处理效果。据报道，在0.49~0.88兆帕压力下将秸秆蒸煮处理60分钟，秸秆的消化率显著提高。用蒸汽来煮秸秆，不同的温度和不同的蒸煮时间，其效果也不一样。例如，将谷物类秸秆在170℃条件下煮60分钟，其消化率为59%；若煮90分钟，其消化率反而下降至57%。

（四）膨化与热喷

膨化处理是将秸秆放在密闭的膨化设备中，用高温（200℃）高压（1.5兆帕）水蒸气处理一定时间，再突然降压，使饲料膨化的一种技术。膨化处理的原理是使木质素低分子化和分解结构性碳水化合物，从而增加可溶性成分。膨化制粒后，体积增大比重变小，环保型灭菌，含水量低，可长期保存。近年来，国内有人提出了粗饲料热喷处理工艺，也属于这类物理处理方法。但是，在目前条件下，由于这类处理设备投资高，还很难在实践中推广使用。

（五）饲料的干燥和颗粒化处理

从广义上来说，粗饲料的干燥和颗粒化处理也属于物理处理技术，干燥的目的是减少水分和保存饲料，如用人工方法调制青干草可以减少养分的损失，但人工干燥后，牧草的含氮化合物和维生素的溶解性及其消化率将下降。颗粒化处理是将秸秆粉碎后再加上少量黏合剂而制成颗粒饲料，使得经粉碎的粗饲料通过消化道的速度减慢，防止消化率下降。

二、化学处理法

化学处理方法就是利用化学试剂处理农作物秸秆的方法。包括碱化处理、酸化处理、氧化剂处理等。

（一）碱化处理

碱化处理是在碱作用下破坏秸秆结构，使其膨胀、疏松，增大微生物附着的面积，提高纤维素的降解和利用率的方法。用氢氧化钠、氨水、石灰水和尿素等碱性化合物处理秸秆，都属于碱化处理。用碱性化合物处理秸秆可以打开纤维素和半纤维素与木质素之间对碱不稳定的酯键，溶解半纤维素和一部分木质素，使纤维膨胀，从而使瘤胃液易于渗入。强碱如氢氧化钠可使多达 50% 的木质素水解。化学处理不仅可以提高秸秆的消化率，而且能改善适口性，增加采食量，是目前生产中较为适用的一种秸秆预处理方法，已在生产中普遍应用。

（二）酸化处理

用硫酸、盐酸、磷酸和甲酸等酸类物质处理秸秆，称之为酸化处理法，前两者多用于秸秆的木材加工副产物，后两者则多用于保存青贮饲料。原理是半纤维素水解生成木糖和其他糖类，然后稀酸将纤维素解聚为葡萄糖，秸秆变得疏松，从而提高了厌氧发酵微生物对秸秆的利用率。酸处理能破坏饲料纤维类物质的结构，提高动物对粗饲料的消化利用率。例如，用 1% 稀硫酸和 1% 稀盐酸喷洒秸秆，消化率可达 65%；用盐酸蒸汽处理稻草和麦秸，再浸润 5 小时后风干，消化率可提高 1 倍。由于该处理方法成本较高，且易带来环境污染问题，故在生产中不很适用。

（三）氧化剂处理

用过氧化氢、二氧化硫、臭氧、亚硫酸盐和次氯酸钠等溶液处理秸秆，可以减少秸秆中的部分木质素，从而提高秸秆消化率。

1. 二氧化硫处理

每千克秸秆干物质用 62.6 克二氧化硫，在温度为 70℃ 条件下处理 4 天。用此法处理的秸秆中，多聚糖和纤维素、木质素溶解，半纤维素、木质素和不溶性灰分比未处理的秸秆分别下降 21%、1.1% 和 0.9%。处理秸秆体外消化率提高 40%，体内消化率提高 19%。

2. 过氧化氢处理

将秸秆在 1% 过氧化氢溶液中悬浮浸泡，再加入氢氧化钠，调节 pH 值至 11.5，保持温度为 24℃，轻轻搅拌 16 小时后，滤出秸秆，反复冲洗至中性，或用磷酸氢铵中和，使滤出液 pH 值为 7.4。最后再对秸秆进行冲洗、干燥和粉碎，即可用于饲喂家畜。用此法处理秸秆，其木质素可溶解 50%~60%，从而提高采食量。

三、生物处理法

生物处理法的实质是利用微生物进行处理的方法，它是用接种一定量的特有菌种以对秸秆饲料进行发酵和酶解作用，使其粗纤维部分降解转化为动物可以消化利用的糖类、脂肪和蛋白质等成分，以改善其适口性，提高其营养价值和消化率。微生物处理秸秆，目前在生产实践中主要采用青贮、发酵和酶解 3 种方式。青贮是通过乳酸菌发酵，产生酸性条件，抑制或杀死各种有害微生物，从而达到保存饲料的目的，它是生产实践中具有广泛应用价值的一种秸秆处理方法；发酵处理方法是通过有益微生物的作用，软化秸秆，改善适口性，并提高饲料利用率；酶解是将纤维素酶溶于水后喷洒在秸秆上，让纤维素酶分解纤维素，提高其消化率。据报道，用大隔孢状草菌来发酵处理谷物秸秆，其消化率可以提高至47%。迄今为止，生物处理秸秆，只有青贮和微贮两种方法得到了国家农业部门的认可并得到广泛的推广，其他方法均在试验研究阶段。

在生产实践中，各种处理方法常常结合使用。例如，碱化处理秸秆后制成颗粒饲料或草块，秸秆经切碎处理后进行碱化或氨化处理等，是化学法和物理法处理的结合。究竟采取何种方法为好，应根据具体条件，因地制宜地选择。目前，切短或粉碎等方法已早为人们所广泛采用，粉碎也可作为颗粒化的前处理，但粉碎后直接喂畜却往往得不偿失。将来如果成本问题得到解决，膨化处理或热喷处理也许是一种有前途的方法，在生物处理法中，以青贮、微贮饲料最具推广应用价值。迄今为止，无论是物理处理、化学处理，还是生物学处理后的秸秆都只能用于反刍动物的饲喂，而单胃动物（猪、禽等）基本上不能利用秸秆中的粗纤维成分。

第七节　农作物秸秆微贮技术

微贮是秸秆处理方法中物理处理与生物处理的结合。基本做法：将农作物秸秆粉碎后，添加有益微生物，通过微生物的发酵，制成具有酸香气味、适口性好、利用率高、耐贮的粗饲料。它是将秸秆中的纤维素、半纤维素降解并转化成为菌体蛋白，保存饲草原有营养价值的一种方法。微贮的关键是要筛选出适当的菌种，并控制其发酵过程。近年来，随着菌种筛选和处理工艺的不断成熟，微贮效果也越来越理想。

一、微贮饲料的特点

（一）成本低，效益高

微贮能增加秸秆等粗饲料的使用量和利用率，扩大了饲料的资源，节约了饲粮，可解决人畜争粮问题，降低饲养成本。秸秆发酵饲料中含有大量的有益微生物，动物采食到体内后可以有效调节机体微生态平衡，抑制病原菌生长，起到防治疾病、促进生长作用，从而减少了抗生素等药物的使用量，减少了畜产品的药物残留，降低了因用药而带来的饲养成本的增加。每吨秸秆或牧草制成微贮饲料只需 3 克海星秸秆发酵活杆菌，价格只有十几元，其成本只是氨化饲料的 1/7 左右。秸秆微贮可充分利用秸秆这一自然资源，减少了燃烧秸秆引起的环境污染问题，为治理秸秆污染问题提供了一条切实可行的途径。大量试验表明，在同等饲养条件下，秸秆微贮饲料对牛羊的饲喂增重效果优于或相当于氨化饲料，奶牛的产奶量则大大高于用秸秆直接饲喂的产奶量。

（二）适口性好，消化率高

秸秆经微贮发酵后，使粗硬的干秸秆和牧草变软，具有明显的酸香、醇香、果味香，可刺激家畜食欲和消化液的分泌和肠道蠕动，最大限度地改善了秸秆饲料的适口性，提高了动物对粗饲料采食量和采食速度。试验表明，牛、羊对微贮饲料的采食速度可提高 45%，采食量可增加 20% ~ 40%（蒋中海，2006）。秸秆在微贮过程中，由于秸秆发酵活杆菌的高效复活菌的作用，使木质纤维素含量大幅度降解，并被转化为乳酸和挥发性脂肪酸，加之所含多种消化酶（纤维分解菌所产生的纤维分解酶）和其他生物活性物质的作用，提高了牛、羊瘤胃微生物区系中纤维素酶和解脂酶的活性，进而提高消化吸收率。

（三）营养好，原料来源广泛

微贮菌剂中的微生物在发酵过程中产生大量的菌体蛋白、B 族维生素等营养物质和未知促生长因子，提高了粗饲料的营养价值。同时产生大量的蛋白酶、脂肪酶、淀粉酶、糖化酶等，可促进动物对饲料的消化吸收，改善了秸秆饲料的品质，促进动物的生长发育。微贮发酵饲料中含有大量的有益微生物，动物采食到体内后可以有效调节机体微生态平衡，抑制病原菌生长，起到提高机体免疫能力，增强抗病力，促进生长作用。饲喂含有多种有益菌的秸秆发酵饲料可以减少各类药物的使用量，改善畜产品品质，可生产绿色食品，同时减少用药成本。微贮原料来源非常广泛，如玉米秸、高粱秸、马铃薯秧等各种牧草等。无论干秸秆还是青秸秆，都可以用秸秆发酵干菌剂制作优质微贮饲料。

（四）制作方便，保存期长

微贮饲料适宜制作时间比较长，与传统青贮饲料的制作方法相似，易学易懂。制作微贮饲料，温度在 10 ~ 40℃ 最为合适，这一温度较适合微生物繁殖、生长，在北方地区冬季制作微贮时，只要不结冰都可以进行。因此，只要避开夏季高温、高湿和冬季结冰的气候，都可以制作微贮饲料。秸秆发酵活杆菌使微生物处于干燥的休眠状态，因此秸秆发酵活杆菌在常温条件下可以保存 18 个月，而在 0~4℃ 条件下，则可保存 3 年左右。在微贮饲料的发酵过程中，乳酸菌和丙酸菌大量繁殖使秸秆中的 pH 值迅速下降至 4.2~4.4，抑制了梭菌、腐败菌等有害菌的繁殖，在不开窖的厌氧条件下，微贮饲料可保存 3~5 年不变质。

二、使用的微生物菌种

秸秆微贮中使用的微生物菌株除乳酸菌外，还有纤维素分解菌、酵母菌、丝状菌和其他细菌。在自然界中，能够分解纤维素、半纤维素的微生物有丝状真菌、担子菌等真菌中的一些菌种，也有一些放线菌和原生动物，还有能够分解纤维素、木质素的大型真菌（如食用菌）。这里主要阐述一些能够分解纤维素、半纤维素和木质素的细菌、放线菌及发酵型丝状真菌。

（一）细菌

已知的能够分解纤维素的细菌不多，主要有纤维黏菌、生孢纤维杆菌。此外，还有弯曲高温单胞菌、产黄纤维单胞菌、嗜热纤维梭状芽孢杆菌、恶臭假单胞菌、白色瘤胃球菌、纤维弧菌等。

我国研究者曾经从土壤中分离得到一株产黄纤维单胞菌及其伴生菌恶臭假单胞菌，两菌混合发酵可以分解预处理过的稻草粉纤维达到 97% 左右，获得菌体蛋白 5~7 克/升。于洪日等（1989）从牛粪中分解得到一株能分解纤维素的高温厌氧梭状芽孢杆菌，此菌产生的酶为胞外诱导酶，梭状芽孢杆菌都是厌氧菌，可以在无氧条件下分解纤维素。

（二）放线菌

放线菌由于菌落呈现放线状而得名，是细菌门、真细菌纲的微生物，在自然界中分布广泛，而土壤是这种微生物的主要栖居场所，一般在中性、偏碱性的土壤和有机物丰富的土壤中较多见。放线菌最大的经济价值，在于它能够产生很多的抗生素，是抗生素生产的最重要的一类微生物。许多研究表明，一些放线菌还具有分解纤维素和木质素的能力，如黑红旋丝放线菌、玫瑰色放线菌、纤维放线菌、嗜热单胞放线菌、嗜热多胞放线菌及灰黄色链霉菌等。

已发现有的高温放线菌具有很高的分解纤维素和木质素的能力，将厩肥纤维预先用氢氧化钠处理，再加入 1% 的此种放线菌剂，在 55℃ 条件下发酵 2~3 天，结果木质素被分解 9%~48%，纤维素被分解 29%~75%，半纤维素被分解 60%~95%，100 克原料可以产生 50~70 克成品，粗蛋白质高达 30%~55%。

（三）真菌

真菌能分泌纤维素酶，从而分解纤维素、半纤维素的真菌很多，它们在秸秆等粗饲料发酵中，在固态发酵菌体蛋白生产中具有重要的作用。真菌种类多，分布广，不但在青贮饲料中有，在干粗饲料中也有，多数情况是以孢子的形式存在，真菌孢子在饲料中的发酵过程中能萌发菌丝，并生长繁殖，主要有根霉、曲霉、青霉、木霉。

1. 根霉

根霉是真菌中的一个属，它包括已知的 20 多个种，菌丝体分支不分隔，是单细胞，气生菌丝匍匐枝向基质内生长成根状的菌丝，称为假根，具有吸收营养的作用，根霉的用途很广，如制作糖化、曲糖化饲料等。

2. 曲霉

曲霉属有 100 多个种，菌丝分隔，是多细胞生物，曲霉多采用孢子体繁殖，即产生分生孢子的形式。分生孢子有黄、蓝、青、绿、棕等颜色，与发酵饲料关系密切的有黑曲霉、米曲霉和绿曲霉等。

3. 青霉

生产青霉素的就产黄青霉菌，产黄青霉菌可以产生纤维素酶，可以作为纤维素酶制剂的生产菌种。

4. 木霉

木霉属只有绿色木霉和康氏木霉两种，绿色木霉是目前纤维素酶的主要生产菌，木霉产生的纤维素酶、淀粉酶等，能够将部分纤维素水解成单糖，提高粗饲料的营养价值。木霉是人们研究最多的纤维素酶产生菌，现在已积累了相当多的使用经验。

（四）酵母菌

酵母菌是一群单细胞微生物，属真菌类。自然界中，酵母菌主要分布在含糖量高的偏酸性环境中，如果实、蔬菜、花蜜、五谷及果园的土壤中。

酵母菌是人类应用最早的一种微生物，不管是酿酒、烤面包、制作馒头，还是酒精发酵、甘油发酵、石油发酵均离不开酵母菌。它们都是兼性厌氧菌，在有氧条件下，可以大量增殖，2 小时就繁殖 1 代，合成自身菌体。酵母细胞一般含蛋白质 50%~55%，还有丰富的脂肪、维生素，以及各种酵素、激素，是动物良好的饲料。酵母菌在无氧条件下，可以进行酒精发酵，使青贮饲料、发酵饲料产生良好的特殊香味，但是在糖分不足的青贮原料中，由酵母菌引起的酒精发酵可能会引起糖分减少，影响乳酸生成，尤其是当青贮饲料装填不足，镇压不实时，酵母菌在有氧的条件下大量繁殖，除了要分解糖分外，还能分解各种有机酸、包括乳酸，以致影响乳酸的积累，使青贮饲料难以贮存。当然，在正确的青贮情况下，酵母菌只能在最初的几天繁殖，随着氧气的耗尽和乳酸的积累而很快受到抑制。

在发酵的饲料中用得最多的酵母品种是假丝酵母属中的几种以及白地霉、扣囊拟内孢霉等。

三、秸秆微贮的原理

秸秆微贮就是利用微生物厌氧发酵的方法处理秸秆，操作方法与秸秆青贮相似，只是人为地加入木质素–纤维素发酵活杆菌，再加入浓度为1%的盐水，使秸秆含水量达到60%~70%，然后压实密封，造成厌氧环境，经过20~30天的厌氧发酵后，就变成具有香味，易于消化的微贮饲料。制作微贮饲料所用的秸秆发酵活杆菌是由能够分解多糖、半纤维素、纤维素和木质素的不同菌种按一定比例组成的混合菌剂，经过冷冻、干燥等手段制成。活杆菌复活后在厌氧环境下将秸秆中的纤维素、木质素部分降解为单糖或低糖，使纤维素分子结构发生重大变化，支链变成了直链，长链变成了短链，被微生物发酵产生乳酸、挥发性脂肪酸等，使秸秆原料pH值下降到4.5~5.0，抑制了有害菌的繁殖，同时使秸秆得到了软化，不仅改变了秸秆的性状和适口性，而且能够较长时间的贮存。

四、微贮工艺

（一）微贮设备

微贮窖的建造与青贮窖一样，也可利用原来的青贮窖进行微贮。目前生产中常用的微贮窖有两种：一种是水泥窖，用水泥、沙、砖（或石）为原料，在地下砌成长方形或圆形窖，优点是密封性好，经久耐用；另一种是土窖，选择地势高、干燥、向阳、土质坚硬、易排水、地下水位低、距离畜舍较近的地方，挖成长方形土窖，窖内衬塑料布，优点是成本低，贮量大。窖的大小应根据处理秸秆的数量和家畜头数而定。微贮饲料的容量一般为玉米秸秆每立方米500~600千克。

（二）微贮原料和菌种

微贮的原料应严格选择，最好选用比较新鲜的秸秆，不能混入霉烂变质秸秆和泥土等杂物，常用的有玉米秸秆等。对于一些淀粉及可溶性糖较低的秸秆，如麦秸等不适宜进行微贮。

目前，微贮秸秆菌剂种类较多，如新疆农业科学院微生物所研制的海星牌秸秆发酵活杆菌、内蒙古畜牧科学院研制的兴牧宝牌活杆菌等。菌种的使用方法如下：首先配制浓度低于1%的白糖水溶液，按每贮1吨秸秆可先配制200毫升白糖水溶液准备，然后将处理1吨秸秆的菌种倒入200毫升白糖水溶液中，经充分溶解后，在常温下放置12小时后使用。把已经复活的菌液加入0.71%的食盐水溶液冲搅匀备用（表7-11）。

表7-11 玉米秸秆微贮菌种用量

秸秆种类	干秸秆量		菌种量（袋）	盐用量（千克）	秸秆含水量（%）	玉米面用量（千克）
	质量（千克）	体积（立方米）				
玉米秸秆	1 000	9	1	10	60~70	5

（三）秸秆揉碎

一般用揉碎机将秸秆进行揉碎。若暂时没有揉碎机，可用铡草机，根据家畜的饲喂要求将其铡短，一般为2~4厘米。原则上越短越好，以利于压实，提高利用率，并保证微贮原料厌氧性能，提高制作质量。

（四）装窖与压实

将揉碎的秸秆装入窖内，每层装入秸秆30厘米后，将玉米面撒在该层的秸秆上，然后用喷雾器将菌液喷洒在秸秆上。菌液喷洒：小窖用壶或瓢洒，大窖可用小水泵洒，喷洒要均匀，层与层之间不得出现夹干层。秸秆微贮时的含水量要求是60%~70%，如抓取试样，用两手扭拧，虽无水珠滴出，但松手后手上水分明显，为含水量适宜。用人工或机械按层分装压实，要特别注意对窖边角的压实，用机械压实不到的地方，要用人工踩实。

（五）封窖

当微贮原料装至离窖面20~30厘米时，窖的四壁要铺好塑料布（封顶用），当装到高于窖面40~50厘米后再充分压实后，在最上层均匀撒上食盐，食盐用量每平方米100~200克，然后将塑料布封严盖好，上面铺20~30厘米厚的麦秸，覆土15~20厘米，密封。

（六）开窖

在气温高的夏秋季节，一般封窖 21 天后可开窖，在气温低的季节需要 30 天或更长时间才能开窖。开窖后首先要进行质量检查，优质的微贮玉米秸，色泽金黄，有醇香或果味香，手感松散、柔软、湿润。若呈褐色，有发霉味或腐臭味等异味，手感发黏或结块或干燥粗硬，则不能用作饲料。

五、微贮饲料的利用

微贮发酵一定要充分，实际利用时间要比规定的延长一段时间后再开窖，这样可大大减少二次发酵造成的损失。微贮发酵的最佳温度是 30℃，一般发酵温度应控制在 10~30℃，因此制作微贮饲料时应选择适宜的季节。开窖、取料、再盖窖的操作程序和注意事项与青贮饲料相同，圆窖可采用"大揭盖"开窖法，每天根据喂量按层取料；长方形窖宜在背阴面开窖，开窖取用时应从窖的一端开始，先去掉上边覆盖的部分土层、草层，然后揭开薄膜，从上至下垂直逐层取用。经微贮的饲料应现取现用，用多少取多少，连续取用，直到用完为止，中间不要间断。每次取完后，要用塑料薄膜将窖口封严，尽量避免与空气接触，以防二次发酵和变质，当天取用当天饲喂。

开始饲喂时，牛羊不习惯，喂量要由少到多，逐步驯食，7~10 天后即可喜食。饲喂微贮饲料时，应与其他饲草和精料进行合理搭配，奶牛一般每天喂 15 千克左右，肉牛 10~15 千克，羊 1~3 千克。微贮饲料 1 千克中含食盐 4 克，每日喂盐量一定要将微贮饲料中所加入的食盐量计算在内，以防造成牛羊等家畜食盐中毒。

第八章 青干草调制技术

第一节 概述

青干草是将牧草或其他无毒、无害植物在适宜时期收割的全部茎叶，经自然日晒或人工烘烤干燥，使其大部分水分蒸发至能长期安全贮存的青绿色干草。刚刚收割的青绿牧草称为鲜草，鲜草的含水量大多在50%以上，鲜草经过一定时间的晾晒或人工干燥，水分达到18%以下时，即成为青干草。这些青干草在干燥后仍保持一定的青绿颜色，因此称为青干草。青干草与精料比，不但蛋白质品质比较好，而且其他各种营养物质比较均衡，是草食家畜冬春季节必不可少的饲草，也是饲草加工业的主要原料。

一、青干草生产的意义

（一）平衡季节间的饲草供应

青干草能够常年为家畜提供均衡饲料，缓解由于不同季节牧草生长不平衡而造成的畜牧业生产不稳定。鄂尔多斯乃至北方地区牧草生产，存在着季节间的不平衡性，表现为暖季（夏、秋季）在饲草的产量和品质上明显地超过冷季（冬、春季），给畜牧业生产带来严重的不稳定性。由于冷季牧草停止生长，营养价值较夏秋牧草的营养价值下降60%~70%，特别是优良的豆科牧草和杂类草植株上营养价值高的部分，几乎损失殆尽。如果单靠采食这些质差量少的枯草，就不能满足家畜的冬季营养需要。建立割草地并充分调制和贮备青干草，为家畜提供均衡饲草，解决季节饲料不平衡问题，对于发展草牧业具有重要意义。

（二）饲用价值高

优质青干草含有家畜所必需的营养物质，是钙、磷、维生素的重要来源。青干草中蛋白质含量为10%~20%，粗纤维含量为22%~23%，无氮浸出物含量为

40%～54%，干物质含量 85%～90%。豆科优质青干草所含的蛋白质高于禾谷类籽实饲料。此外，青干草还含有畜禽生产和繁殖所必需的各种氨基酸，是形成乳脂肪的重要原料。在玉米等籽实饲料中加入富含各种氨基酸的青干草或青干草粉，可以提高籽实饲料中蛋白质的利用率。

（三）调制配合饲料

人工种植的高产豆科牧草，经过科学的调制工艺，调制出营养全面、丰富的优质青干草，能够为畜禽生长提供大部分的蛋白质营养需求，可降低饲养成本，提高经济效益。另外，还可加工成含蛋白质 17%～24% 的优质草粉，作为猪、鸡等畜禽配合饲料原料，且畜禽生产性能不降低。

（四）调制简便易行

调制青干草方法简便，原料丰富，成本低，又便于长期大量贮藏，在牲畜饲养上有重要作用。调制青干草的原料有禾本科、豆科牧草及其他一些质量好的饲草。随着农业现代化的发展，牧草的收割、搂草、打捆机械化，青干草的质量正在提高。近年来，国家出台了退耕还草等政策，在科学规划、合理利用天然草场的同时，大面积推广人工种草。这些高产的人工草地除少部分直接收割鲜草饲喂畜禽外，大部分调制成青干草作为畜禽冬春季的饲草供应来源。因此，调制青干草的数量和质量是影响畜牧业能否稳定发展的关键因素之一。

（五）防止反刍动物疾病

青干草是长纤维状饲料。若对牛、羊等反刍动物常饲喂精饲料等粉状饲料，在瘤胃内常常形成饼状块，这样就会阻碍瘤胃发酵的正常运行，而且会引起肝脏功能减退等各种疾病。所以在牛、羊育肥和奶牛泌乳时除了多供给一些精饲料外，作为搭配饲料必须供给青干草。

二、影响青干草品质的因素

（一）牧草种类

由于牧草种类的不同及同一种类的不同品种在营养价值上有较大的差异，所以制成的青干草营养成分含量不同。一般来说，豆科植物青干草的品质好于禾本科植物青干草。

（二）牧草杂草含量

单播人工草地应严格控制杂草含量。混播草地和天然草地，除要降低劣质杂草的含量外，更要控制有毒有害植物的混入。

（三）牧草收割时期

牧草的最佳刈割期，一般在初花期。不同的牧草或同一牧草不同品种各有其适宜的刈割期。青干草的生产，不能片面追求产量而忽略质量。刈割过早，植株含水量高，晾晒时间长，增加营养物质损失，且营养物质含量没有达到最大值；刈割过晚，原料草营养物质含量降低，质量下降，青干草产品品质变差。

（四）干燥方法

不同的干燥方法对青干草品质有很大的影响。自然干燥的方法牧草失水慢，植物细胞存活时间长，呼吸作用消耗的能量较多，加之较长的干燥时间，阳光的漂白作用，使牧草品质下降。人工干燥的方法脱水速度快，干燥时间短，营养损失少，牧草品质好，但成本较高。

（五）贮藏环境

高温高湿可使微生物和酶的活性增强，加快了青干草营养成分的消耗，从而降低青干草品质。由于贮藏条件的不同，青干草营养损失的程度也有很大差异。遮阳、避雨、地面干燥的贮藏条件，所保存青干草的品质明显好于地面潮湿条件下贮藏的青干草。

第二节　青干草的调制

调制青干草就是使刈割后的新鲜牧草迅速处于生理干燥状态，细胞呼吸和酶的作用逐渐减弱直至停止的过程。调制青干草，方法简便，成本低，便于长期大量贮藏，在畜禽饲养上有重要作用。随着农业现代化的发展，牧草的刈割、搂草、打捆机械化，青干草的质量也在不断提高。在青草干燥调制过程中，草中的营养物质发生了复杂的物理和化学变化，一些有益的变化有利干草的保存，一些新的营养物质产生，一些营养物质被损失掉。结合调制过程中营养物质变化特点，干草的调制尽可能地向有益方面发展。为了减少青干草的营养物质损失，在牧草刈割后，应该使牧草迅速脱水，促进植物细胞死亡，减少营养物质不必要的分解浪费。

一、牧草干燥水分散失的规律

正常生长的牧草水分含量为80%左右，青干草达到能贮藏时的水分则为

15%～18%，最多不得超过 20%，而干草粉水分含量 13%～15%，为了获得贮藏时所要求的含水量，必须将植物体内的水分快速散失。刈割后的牧草散发水分过程大致分为 2 个阶段。

第一阶段是植物体凋萎的时期。此时植物体内水分向外迅速散发，良好天气，经 5～8 天，禾本科牧草含水量减少到 40%～50%，豆科牧草减少到 50%～55%。这一阶段从牧草植物体内散发的是游离于细胞间隙的自由水，水散失的速度主要取决于大气含水量和空气流速，所以干燥、晴朗、有微风的条件，能促使水分快速散失。

第二阶段是植物细胞酶解作用为主的过程。这个阶段牧草植物体内的水分散失较慢，这是由于水分的散失由第一阶段的蒸腾作用为主，转为以角质层蒸发为主，而角质层有蜡质，阻挡了水分的散失。使牧草含水量由 40%～55% 降到 18%～20%，需 1～2 天。

为了使第二阶段水分快速散失，采取勤翻晒的办法。不同植物保水能力也不相同，豆科牧草比禾本科保水能力强，它的干燥速度比禾本科慢，这是由于豆科牧草含碳水化合物少，蛋白质多，影响了它的蓄水能力的缘故。另外，幼嫩的植物纤维素含量低，而蛋白质等物质多，保水能力强，不易干燥，相对枯黄的植物则相反，易干燥。同一植物不同器官，水分散失也不相同，叶片的表面积大，气孔多，水分散失快，而茎秆水分散失慢。因此，在干燥过程中要采取合理的干燥方法，尽量使植物各个部位均匀干燥。

二、晒制过程中其他养分的变化

在晒制青干草时，牧草经阳光中紫外线的照射作用，植物体内麦角固醇转化为维生素 D，这种有益的转化，可为家畜冬春季节提供维生素 D，而且是维生素 D 的主要来源。另外，在牧草干燥后，贮藏时牧草植物体内的蜡质、挥发油、萜烯等物质氧化产生醛类和醇类，使青干草有一种特殊的芳香气味，增加了牧草的适口性。

三、干燥过程中营养物质的损失及其影响因素

（一）植物体生物化学变化引起的损失

牧草刈割以后，晒制初期植物细胞并未死亡，其呼吸与同化作用继续进行。呼吸作用的结果，可使水分通过蒸腾作用减少；植物体内贮藏的部分无氮浸出物

水解成单糖，作为能源被消耗；少量蛋白质也被分解成肽、氨基酸等。当水分降低到40%～50%时，细胞才逐渐死亡，呼吸作用才会停止。据此在田间无论采用哪一种方法晒制青干草，都应迅速使水分下降到40%～50%，以减少呼吸等作用引起的损失。

细胞死亡以后，植物体内仍继续进行着氧化破坏过程。参与这一过程的既包括植物本身的酶类，又包括微生物活动产生的分解酶，破坏的结果使糖类分解成二氧化碳和水，氨基酸被分解成氨而损失，胡萝卜素在体内氧化酶和阳光的漂白作用下遭到损失。该过程直到水分减少到17%以下时才会停止。因此，调制过程中，应注意暴晒方法和时间，使水分迅速降到17%以下，让氧化破坏变化停止。

（二）机械作用引起的损失

青干草在晒制和保藏过程中，由于受搂草、翻草、搬草、堆垛等一系列机械操作影响，不可避免地会造成部分细枝嫩叶破碎脱落。据报道，一般叶片损失20%～30%，嫩叶损失6%～10%。豆科牧草的茎叶损失，比禾本科更为严重。鉴于植物叶片和嫩枝所含可消化养分多，因此机械损失不仅使青干草产量下降，而且使青干草品质降低。为了减少机械损失，按调制需要，当牧草水分降至40%～50%时，应马上将草堆成小堆进行堆内干燥，并注意减少翻草、搬运时叶子的破碎脱落。

（三）阳光的照射与漂白作用的损失

晒制干草时主要是利用阳光和风力使青草水分降至足以安全贮藏的程度。阳光直接照射会使植物体内所含胡萝卜素、叶绿素遭到破坏，维生素C几乎全部损失。叶绿素、胡萝卜素破坏的结果，使叶色变浅，且光照越强，暴晒时间越长，漂白作用造成的损失越大。据测定，干草暴露田间一昼夜，胡萝卜素损失75%，若放置1周，96%的胡萝卜素即遭破坏（高彩霞，1997）。为了减少阳光对胡萝卜素及维生素C等营养物质的破坏，应尽量减少暴晒时间，即在牧草水分达40%～50%时拢成小堆，这样不仅减少机械损失，也减少了阳光漂白作用。

（四）雨水的淋洗作用造成的损失

晒制过程中如遇阴雨，可造成可溶性营养物质的大量损失。雨水淋洗可使40%可消化蛋白质受损，50%热能受损。若阴雨连绵加上霉烂，营养物质损失甚至可达一半以上。总之，晒制青干草过程中营养物质的损失较大，总的营养物质要损失20%～30%，可消化蛋白质损失在30%左右，维生素损失50%以上。

四、青干草调制方法

长期以来，大部分地区青干草调制的方法是刈割牧草，然后晒制而成，而一些畜牧业发达的地区也采用人工干燥法。人工干燥法调制的青干草品质好，但成本高。这里介绍常用的青干草调制的方法。

（一）田间干燥法

田间晒制干草可根据当地气候、牧草生长、人力及设备等条件，分别确定平铺晒草法、小堆晒草法或平铺小堆结合晒草法，以达到更多地保存青干草中养分的目的。平铺晒草法虽干燥速度快，但养分损失大，故目前多采用平铺与小堆结合干燥草法。具体方法：青草刈割后在原地将青草摊开晾晒，每隔数小时翻草 1 次，以加速水分蒸发。当取一束草在手中用力拧紧，有水但不下滴时，水分已降至 50% 左右，用搂草机搂成草条继续干燥 4~5 小时。然后用集草器把青草集成直径约 1 米的小堆，每天翻动 1 次，一般经 1~2 天可调制成含水分 15%~18% 的干草。需要注意的是，当牧草全株的总含水量在 35%~40% 时，牧草叶片开始脱落，因此搂草和集草作业应在牧草水分不低于 40% 时进行。如遇雨天，草堆外层宜盖塑料布，以防雨水冲淋。天气晴朗时，再倒堆翻晒，直至干燥。

牧草种类不同，饲草刈割期不同。一般栽培的豆科牧草适宜刈割期为现蕾开花期，禾本科牧草则为抽穗开花期。天然牧草可在夏秋季刈割，但以夏季刈割调制的青干草品质较优。人工栽培牧草应尽量实行非雨季节调制干草的方法。如栽培苜蓿，可用第一茬（5 月）晒草，第二、三茬（正处于 7—9 月雨季）作青饲料用。

（二）搭架干燥法

在湿润地区或多雨季节晒草，地面干燥容易导致牧草腐烂和养分损失，故宜采用草架干燥。草架的形式很多，有独木架、角锥架、铁丝长架等。用草架干燥，可先在地面干燥 4~10 小时，含水量降到 40%~50% 时，然后自下而上逐渐堆放。青草要堆放成屋脊形，要蓬松堆放，厚度不超过 80 厘米，离地面应有 20~30 厘米距离，外层要平整，保持一定倾斜度。采用草架干燥方法，虽然要花费一定经费建造草架，并多耗费一定劳力，但能减少雨淋的损失，通风好，干燥快，可最大量地减少叶片和花蕾的脱落，使青干草可保持较高的营养价值。王建刚（2006）研究了薄层摊晒法、小捆晒制法、搭架晒干法共 3 种晒制方法对沙打旺干草粗蛋白质和粗纤维含量的影响，其结果表明，搭架晒干其粗蛋白质含量极显著高于小捆晒制和薄层摊晒，粗蛋白质分别提高 1.18% 和 2.18%，小捆晒制则极显著高于薄层摊晒，粗蛋白质含量提高 1.00%。搭架晒干的粗纤维含量分别比小捆晒制和薄层摊晒降低了 0.76% 和 2.13%，小捆晒制粗纤维比薄层摊晒低 1.37%。

（三）化学制剂干燥法

近几年来，国内外研究用化学制剂加速豆科牧草的干燥速度，应用较多的有碳酸钾、碳酸钾+长链脂肪酸混合液、碳酸氢钠等。其原理是这些化学物质能破坏植物体表面的蜡质层结构，促进植物体内的水分蒸发，加快干燥速度，减少豆科牧草叶片脱落，从而减少了蛋白质、胡萝卜素和其他维生素的损失。但成本较地面干燥和草架干燥方法高，适宜在大型草场进行。李鸿祥等（1999）在河北承德市鱼儿山牧场中国农业大学国家科技攻关实验站播种的草木樨人工草地中，研究刈割期和调制方法对草木樨干草产量和质量的影响，在干草调制过程中设直接晾晒、压扁茎秆晾晒、喷碳酸钾（2.5%）晾晒和压扁茎秆后喷碳酸钾（2.5%）4 种处理，结果表明，压扁茎秆仅在草木樨含水量降至 40% 以前起加速水分散失作用，而喷碳酸钾在整个干燥过程中（包括降至 40% 以下）均起作用。周娟娟等（2013）对苜蓿青干草干燥特性研究，也得出相同结论。因此，喷施干燥剂结合压扁茎秆处理，能最大限度的加速干燥速率，减少干草营养物质的损失。

（四）人工干燥法

人工干燥法是通过人工通风或热源加温使鲜草脱水，其优点是干燥时间短，效果好。

1. 常温通风干燥

在田间将需要通风干燥的青草茎压碎并堆成垄行或小堆风干，使水分下降到 35%~40%，然后在草库内利用电风扇、吹风机和送风器等常温鼓风机，通过草堆中设置的栅栏通风道，把空气强制吹入，将半干青草所含水分迅速风干，完成干燥过程。

2. 低温烘干法

采用加热的空气，将青草水分烘干。干燥温度如为 50~70℃，需 5~6 小时，如为 120~150℃，经过 5~30 分钟完成干燥。

3. 高温快速干燥法

将新鲜的青绿牧草置于烘干机内，在 800~1 100℃ 的条件下，经过 3~5 秒、含水量很高的牧草在烘干机内需要多几秒钟的干燥，使其中的水分迅速降到10%～12%，可达到饲喂和长期贮存的要求。高温干燥的最大优点是时间短，不受雨水影响，营养物质损失小，能很好地保留原料本色。但机器设备耗资巨大，一台大型烘干设备安装至利用需几百万元，且干燥过程耗能多。

第三节　青干草的贮藏

青干草贮藏是牧草生产中的重要环节，贮藏良好的青干草，能够保持青干草较高的营养价值，减少微生物对青干草的分解作用。青干草水分含量的多少对青干草贮藏成功与否有直接影响，因此在牧草贮藏前应对牧草的含水量进行判断。生产上大多采用感官判断法来确定青干草的含水量。

一、青干草水分含量的判断

当调制的青干草水分达到15%～18%时，即可进行贮藏。为了长期安全的贮存青干草，在堆垛前，应使用最简便的方法判断青干草所含的水分，以确定是否适于堆藏。其方法如下：含水分15%～16%的青干草，紧握时会发出沙沙声和破裂声（但叶片丰富的低矮牧草不能发出沙沙声），将草束搓拧或折曲时草茎易折断，拧成的草辫松手后几乎全部迅速散开；叶片干而卷。禾本科草茎节干燥，呈深棕色或褐色。含水分17%～18%的青干草，紧握或搓揉时无破裂声，只有沙沙声，松手后青干草束散开缓慢且不完全；叶卷曲，当弯折茎的上部时，放手后仍保持不断，这样的青干草可以堆藏。含水分19%～20%的青干草，紧握草束时，不发出清楚的声音，容易拧成坚实而柔韧的草辫，搓拧或折曲时草茎保持不断。不适于堆垛贮藏。含水分23%～25%的青干草搓揉没有沙沙声，搓揉成草束时不易散开；手插入青干草有凉的感觉，这样青干草不能堆垛贮藏，有条件时可堆放在青干草棚或草库中通风干燥。

二、青干草贮藏过程中的变化

当青干草含水量达到要求时，即可进行贮藏。在青干草贮藏10天后，草堆发酵开始，温度逐渐上升。草堆温度上升主要是微生物活动造成的。青干草贮存后温度升高是普遍现象，即使调制良好的青干草，贮藏后温度也会上升，常常可达44～55℃。适当的发酵，能使草堆自行紧实，增加青干草香味，提高青干草的饲用价值。

不够贮藏条件的青干草，贮藏后温度逐渐上升，如果温度超过适当界限，青干草中的营养物质就会大量消耗，可消化率降低。青干草中最有益的青干草发酵菌在40℃时最活跃，温度上升到75℃时被杀死。青干草贮藏后的发酵作用，将有机物分解为二氧化碳和水。草垛中积存的水分会由细菌再次引起发酵作用，水分越多，发酵作用越盛。初次发酵作用会使温度上升到56℃，再次发酵作用使温度上升到90℃，这时一切细菌都会被消灭或停止活动。细菌停止活动后，氧化作用继续进行，温度增高更快，温度上升到130℃时青干草焦化，着色发褐；上升到150℃时，如有空气接触，会引起自燃而起火。如草堆中空气耗尽，则青干草堆内炭化，丧失饲用价值。草垛中温度过高的现象往往出现在青干草贮藏初期，在贮藏一周后，如发现草垛温度过高应拆开草垛散温，使青干草重新干燥。

草垛中温度增高引起的营养物质损失，主要是糖类分解为二氧化碳和水，其次是蛋白质分解为氨化物。温度越高，蛋白质的损失越大，可消化蛋白质也越少。随着草垛温度的升高，青干草颜色变得越深，牧草的可消化率越低。有研究表明，青干草贮藏时含水量为15%时，其堆藏后干物质的损失为3%；贮藏时含水量为25%时，堆贮后干物质损失为5%。

三、青干草添加剂贮藏

添加剂贮藏是在湿润地区、雨季或调制叶片易脱落的豆科牧草时，为了适时刈割牧草，在半干时进行贮藏，在半干牧草中加入防腐剂，以抑制微生物的繁殖，预防牧草发霉变质的一种牧草贮藏方式。贮藏半干青干草选用的防腐剂应对家畜无毒，具有轻微的挥发性，且在青干草中分布均匀。

（一）氨水处理

氨和铵类化合物能减少高水分青干草贮藏过程中的微生物活动。氨已被成功地用于高水分青干草的贮藏过程。牧草适时刈割后，在田间短期晾晒，当含水量为35%~40%时即打捆，并加入25%的氨水，然后堆垛用塑料薄膜密封。氨水用量是青干草重的1%~3%，处理时间根据温度不同而异，一般在25℃时，至少处理21天，氨具有较强的杀菌作用和挥发性，对半青干草的防腐效果较好。用氨水处理半干豆科牧草后，可减少营养物质损失，与通风干燥相比，粗蛋白质含量提高8%~10%，胡萝卜素提高30%，青干草的消化率提高10%。用3%的无水氨处理含水量40%的多年生黑麦草，贮藏20周后其消化率为65.1%，而未处理者为56.1%。

（二）尿素处理

尿素通过脲酶作用在半青干草贮藏过程中提供氨，其操作要比氨容易得多。高水分青干草上存在足够的脲酶，使尿素迅速分解为氨。添加尿素与无任何添加相比草捆中减少了一半真菌，降低了草捆的温度，提高了牧草的适口性和消化率。禾本科牧草中添加尿素，贮藏8周后，与不添加相比，消化率从49.5%上升到58.3%，贮藏16周后干物质损失率减少6.6%，用尿素处理高含水量苜蓿时，尿素使用量是每吨苜蓿40千克。

（三）有机酸处理

有机酸能有效防止高水分（25%~30%）青干草的发霉和变质，并减少贮藏过程中营养物质的损失。丙酸、醋酸等有机酸具有阻止高水分青干草表面霉菌的活动和降低草捆温度的效应。对含水量为20%~30%的小方捆，使用量不低于1.5%。打捆前含水量为30%的苜蓿半青干草，每100千克喷0.5千克丙酸处理，与含水量为25%的未进行任何处理的半青干草相比，粗蛋白质含量高出20%~25%，并且具有芳香气味，提高了适口性。

（四）微生物防腐剂处理

从国外引进的先锋1155号微生物防腐剂是专门用于苜蓿半青干草的微生物防腐剂。这种防腐剂使用的微生物是从天然抵抗发热的霉菌的高水分苜蓿上分离出来的短小芽孢杆菌菌株。它应用于苜蓿青干草，在空气存在的条件下，能够有效地与青干草捆中的其他腐败微生物进行竞争，从而抑制其他腐败细菌的活动。先锋1155号微生物防腐剂在含水量25%的小方捆和含水量20%的大圆草捆中使用，效果明显，其消化率、家畜采食后的增重都优于对照。

四、青干草贮藏过程中的管理

要防止垛顶塌陷漏雨，防止垛基受潮。尤其要防止青干草过度发酵与自燃。青干草堆垛后，养分继续发生升华。影响养分变化的主要因素是含水量。实践证明，当青干草水分含量下降到20%以下时，一般不至于发生发酵过度的危险；青干草含水量超过25%时，则有自燃的危险，应设通风道。当发现垛温上升到65℃时，应立即穿垛降温。可用一根适当粗细和长短的直木棍，前端削尖，在草垛的适当部位打几个眼通风降温或倒垛。

第四节　青干草的品质鉴定

青干草的品质极大地影响家畜的采食量及其生产性能。一般认为青干草的品质应根据消化率及营养成分含量来评定，其中粗蛋白质、胡萝卜素、粗纤维、酸性洗涤纤维和中性洗涤纤维是青干草品质的重要指标。近年来，采用近红外光谱分析法（NIRS）检验青干草品质，既迅速又准确，但生产实践中，由于条件限制，常以外观特征来评定青干草的饲用价值。

一、颜色气味

优质青干草颜色较绿，一般绿色越深，其营养物质损失就越少，同时所含的可溶性营养物质、胡萝卜素及维生素越多，品质越好。牧草收割期是否适时，可由青干草的颜色、气味、叶片、花蕾、幼穗的多少及所含杂草的种类来验证。始花期或始花以前刈割，干草中的花蕾、花序、叶片、嫩枝条较多，茎秆柔软，颜色较青绿，气味芳香，适口性好，品质佳。若刈割过迟或割后在烈日下久晒，干草中叶量少、枯老枝条多、茎秆坚硬、叶量减少而枯黄，适口性和消化率均下降，品质变劣。干草如有霉味或焦灼味，说明其品质不佳。

二、组分

青干草中各种牧草的比例也是影响青干草品质的重要因素，如优质豆科和禾本科牧草占有的比例大时，青干草的品质较好；而杂草数量多时青干草的品质较差。对于天然草地青干草的营养价值来说，植物学组成具有决定性意义。而对人工种植的牧草营养价值来说，主要看杂草在整个草群中所占的比重，杂草数量越多，其营养价值就越低。青干草中叶量的多少，是确定青干草品质的重要指标，叶量越多，营养价值越高。叶片所含的矿物质、蛋白质比茎秆中多 1~1.5 倍，胡萝卜素多 10~15 倍，消化率高 40%。鉴定时取青干草一束，首先观察叶量的多少。一般禾本科青干草叶片不易脱落，而优良豆科青干草的叶重量应占青干草总重量的 30%~40%。

三、病虫害情况

凡是被病虫感染过的牧草，不仅营养价值低，而且有损于家畜的健康。鉴定时抓一把青干草，检查其穗上是否有黄色或黑色的斑纹，以及小穗上有无黑色粉末，有时还有腥味。如果青干草有上述特征，一般不宜饲喂家畜，更不能喂种畜和幼畜，孕畜食后易造成流产。

四、等级标准

评定青干草的品质，许多国家和地区都制定有统一标准，根据标准来划分青干草等级并以此标准作为作业调拨时评定和检验的依据。我国目前尚无评定青干草品质的统一标准。现将内蒙古自治区制定的青干草等级标准介绍如下。

一等：以禾本科牧草（如羊草）或豆科牧草为主体，枝叶呈绿色或深绿色，叶及花序损失不到5%，含水量15%~18%，有浓郁的青干草香味，但由再生草压扁的优良青干草，可能香味较淡，无沙土，杂草类及不可食草不超过5%。

二等：草种较杂，色泽正常，呈绿色或浅绿色。叶及花序损失不到10%。有草香味，含水量15%~18%，无沙土，不可食草不超过10%。

三等：叶色较暗，叶及花序损失不到15%，含水量15%~18%，有草香味。

四等：茎叶发黄或变白，部分有褪色斑点，叶及花序损失大于15%，草香味较淡。

五等：发霉，有霉料味，不能饲喂。

第九章　低毒饲料去毒加工

　　饲料中毒是指饲料本身含有有毒物质或因其加工调制、贮存、使用不当，而引起家畜中毒的现象。由于家畜采食饲料中毒，给畜牧业生产带来极大危害，有些饲料中的有毒物质还可以通过畜产品间接地危害人类健康。因此，必须对含有有毒物质的饲料进行去毒加工，或科学地利用和贮存，化害为利，变废为宝。

　　毒物本身的作用也是相对的，即毒物和无毒物很难划分，它们可以在一定条件下互相转化，都与内因和外因条件（如毒物性质、吸收数量、进入机体的途径、速度，以及畜禽年龄和个体特征等）有密切关系。因此，必须尽量了解毒物的性质，掌握发病规律和中毒条件，积极预防家畜中毒。

第一节　低毒牧草去毒加工

一、苜蓿

（一）有毒成分
　　苜蓿的有毒成分主要有皂苷和光过敏物质。

1. 皂苷
　　苜蓿根、茎、叶中都有分布，有苦味，根中皂苷毒性最大，叶次之，茎最小。反刍动物采食青鲜苜蓿过量时，在瘤胃中形成大量的持久性泡沫，夹杂在瘤胃内容物中，当泡沫不断增多，阻塞贲门时，致使瘤胃膨胀，严重时导致家畜死亡。也有人认为，反刍动物瘤胃膨胀病是由于苜蓿含有可溶性蛋白所致。皂苷抑制单胃动物酶系统，特别是琥珀酸脱氢酶，从而抑制生长。此外，皂苷还具有溶血作用。

2. 光过敏物质
　　当家畜大量采食并经阳光照射时，光过敏物质随血液循环而达到皮肤无色素部分（如白色被毛的家畜），破坏血管运动神经和血管壁，发生红斑和皮炎为主要特征的疾病，称为光过敏物质中毒。易发生此类中毒症状的还有三叶草和荞麦。该病只发生在有白色被毛的家畜，并有阳光照射的条件下，缺少任何一个条件都不发病。

（二）去毒加工及预防的方法

1. 合理搭配

青刈饲喂时与其他饲料搭配饲用，不宜单一、大量饲喂青鲜苜蓿。放牧地应采用苜蓿与禾本科牧草混播或采用与其他草地进行轮牧。

2. 调制成青干草或草粉

苜蓿干燥后皂素含量降低。

3. 青贮

青贮过程中产生的有机酸，可使皂苷分解成寡糖和甾体化合物或三萜类，从而降低了苜蓿中皂苷的含量。苜蓿通过晾晒或与其他牧草混合等方法，可制成优质青贮饲草。

4. 添加胆固醇或含胆固醇多的物质

皂苷可与胆固醇结合为复合体，使苜蓿中的皂苷下降。

二、草木樨

（一）有毒成分

草木樨的有毒成分主要有香豆素和双香豆素两种。

1. 香豆素

香豆素含量因种类、植株部位、生育期、栽培条件的不同而有差异。草木樨中的白花草木樨香豆素含量为干物质的 $0.84\% \sim 1.22\%$，黄花草木樨为 $1.05\% \sim 1.40\%$，细齿草木樨为 0.03%。同一品种不同部位中，花的含量高，其次是叶与种子，茎与根含量最少。不同生育期，幼嫩时含量少，孕蕾、开花至荚果青绿时最多，枯黄期少。一天中，早晨和傍晚含量少，中午前后含量最多。栽培在少雨、干旱地区，香豆素含量较高，反之含量较低。一般而言，香豆素本身无毒，适口性不佳，是双香豆素的前体。

2. 双香豆素

草木樨中双香豆素含量较低，营养期为每千克 $2.77 \sim 4.27$ 毫克，开花期为每千克 $1.98 \sim 3.58$ 毫克，结实期为每千克 $1.49 \sim 2.21$ 毫克。双香豆素一般是在潮湿炎热的条件下，调制青干草或草粉及青贮过程中草木樨原料感染霉菌，在霉菌的作用下，由香豆素转变而来。因此，鉴定草木樨质量的标准主要是草木樨本身所含香豆素的多少，一般在幼嫩时或秋后刈割调制的青干草中含量低；青干草与青贮饲料是否发霉，若发霉则含量高。

（二）致毒机理

双香豆素主要具有抗凝血作用。畜禽体内的凝血因子在肝中合成时，需维生素 K 参与，而双香豆素的结构与维生素 K 的结构相似，与维生素 K 发生竞争性拮抗作用，妨碍了维生素 K 的利用，使肝脏中凝血酶原和凝血因子合成受阻。由于凝血机制发生了障碍，动物表现为出血不止，甚至由于去势、去角、手术、分娩时引起严重出血不止而死亡。双香豆素还可以通过胎盘对胎儿产生毒害作用。双香豆素进入畜体后，需待血浆中原有的凝血因子耗尽后（1~2 周）才发挥作用，因此，草木樨中毒多在采食后 2~3 周发生。一般认为家畜饲料中每千克含 10 毫克双香豆素，即出现临床病理变化；含量为每千克 20~30 毫克时，血凝时间过长，可引起亚急性中毒以致死亡；含量为每千克 50 毫克时，使家畜发生急性中毒而发生死亡。草木樨中毒常见于牛、绵羊和马等草食家畜。

（三）去毒加工及预防中毒的方法

1. 适时刈割

为保证安全饲用及提高适口性，宜在孕蕾前期进行刈割。

2. 科学调制

加工调制过程中必须防止草木樨发霉变质。

3. 科学配比

青贮草应与其他青贮料掺混饲喂，反刍动物饲粮中可占粗饲料的 60%~80%，喂育肥猪草木樨草粉占饲粮的 15%~20%为宜，对妊娠母畜小畜，饲喂要少。在外科手术和孕畜产前 30 天，应停喂草木樨。必要时，可采用添加维生素 K 的办法，防止中毒。当放牧地上草木樨较多且正在开花期，应改换牧地或割除后，再进行放牧。

4. 浸泡法去毒

对双香豆素含量每千克 50 毫克以上的草木樨原料，饲用前用清水浸泡，草粉与水的比例为 1∶8，浸泡 24 小时，可除去 84%香豆素和 41%双香豆素。亦可用 1%石灰水浸泡 4~8 小时，再用清水冲洗后饲喂。

三、沙打旺

（一）有毒成分

沙打旺为低毒黄芪属植物，含有多种脂肪族硝基化合物。植株中叶的硝基含量高于茎与花。沙打旺全株在整个生育期中硝基含量变化范围为每克鲜重 0.12 ~ 0.50 毫克。脂肪族硝基化合物可引起家畜急性或慢性中毒。也有报道，沙打旺有毒成分有生物碱毒芹素、胡卢巴碱、腺嘌呤及马豆素等。

（二）致毒机理

中毒原因是植物中以葡萄糖酸形式存在的硝基化合物，在家畜消化道中分解成 3-硝基丙酸和 3-硝基丙醇。它们可损伤中枢神经系统、肝、肾和肺，抑制多种酶的活性。中毒程度因畜群的敏感性不同而异。对牛、羊等反刍动物一般没有毒害作用，牛羊瘤胃微生物能使脂肪硝基化合物代谢为无毒物质。据有些地区老乡反映，饲喂沙打旺的牛羊瘤胃带有苦味。单胃畜禽鸡猪等对沙打旺的有毒成分较敏感，易发生中毒，当饲料中亚硝酸基含量达到每千克 200 毫克时，即可引起中毒。

（三）去毒加工的方法

1. 调制成青干草或青干草粉

沙打旺青草由于苦味较重，家畜一般不喜食，可调制成青干草或青干草粉，提高适口性。

2. 青贮

沙打旺青贮可减少毒性，提高适口性，反刍动物与单胃动物均喜食。其原因是沙打旺在青贮发酵过程中产生的有机酸与 3-硝基丙酸起酯化作用，减缓毒性。

3. 调制发酵饲料

模仿牛羊瘤胃的条件，将沙打旺草粉进行人工发酵去毒，可用于饲喂猪、鸡、兔、鱼等。

4. 限制喂量

沙打旺饲喂牛羊等反刍动物时，应搭配其他饲草，以提高利用率和预防瘤胃产生苦味。沙打旺草粉用于喂猪占日粮的 15% ~ 30%，喂鸡占日粮的 3% ~ 5%，喂兔占日粮的 20% ~ 50%，制成颗粒配合饲料喂鱼效果好。

四、小花棘豆

小花棘豆为豆科豆属多年生草本植物，又叫醉马草、醉马豆、断肠草、马拌草、团巴草、勺草等，多生于沟渠旁、荒地、田边及低洼盐碱地。

（一）有毒成分

小花棘豆有毒成分主要是生物碱臭豆碱、N-甲基野靛碱、黄化碱、鹰爪豆碱、鹰靛叶碱和腺嘌呤，也有报道是马苦豆素和毒蛋白。

（二）中毒动物

主要是马，其次是山羊，再次为牛和绵羊，猪比较迟钝，中毒较少。

（三）中毒症状

一般为慢性中毒，要采食一定时间后才出现症状，有的家畜秋季采食，冬季才出现症状。例如马，一旦吃上小花棘豆，越吃越爱吃，还能暂时长膘，要经1~2个月后才出现中毒症状，主要是神经症状。由于小花棘豆耐干旱，所以干旱年份，家畜误食中毒情况经常发生。

（四）去毒加工及预防的方法

1. 青贮

小花棘豆与其他禾草、杂草类或作物秸秆进行混合青贮。由于青贮过程中产生大量的有机酸，可与生物碱发生反应，从而减少了小花棘豆的毒性。

2. 搭配交替饲喂法

在日粮中搭配30%~40%未去毒小花棘豆青干草，饲喂家畜15天，再改喂其他饲草日粮饲喂15天，如此交替进行，可避免中毒，且对家畜无不良影响。

3. 盐酸浸泡去毒

将含水量25%以下的小花棘豆青干草，浸泡在装有0.2%工业盐酸的水泥池或缸内，草上加重物，浸泡24小时捞出，用清水冲洗3次，洗去盐酸，晒干后可连续饲喂。

4. 使用化学除草剂

在放牧场喷除草剂，清除毒草。

5. 解毒方法

对已中毒的家畜应及早在有葱属或冷蒿的草场放牧。同时灌服醋酸或酸菜水、酸奶子，并喂萝卜等。

第二节　低毒青绿饲料去毒加工

一、含硝酸盐和亚硝酸盐的青绿饲料

青绿饲料（包括叶菜类、牧草、野菜）及树叶类饲料等，都不同程度地含有硝酸盐。已知，硝酸盐含量达中毒水平且已发生过中毒的青绿饲料有小白菜、白菜、甘蓝、萝卜、菠菜、甜菜、灰菜、燕麦、大麦、黑麦、玉米等的茎叶。

（一）中毒机理

1. 引起急性中毒

亚硝酸盐吸入血液后，其离子可与血红蛋白相互作用，通常 1 分子亚硝酸与 2 分子血红蛋白作用，使血液中的低铁血红蛋白氧化为高铁血红蛋白，使红细胞失去携氧的功能，造成家畜全身急性缺氧。高铁血红蛋白在血液中达 10% ~ 20% 时，则引起黏膜发绀，若达 60% 以上时，可引起死亡。

2. 参与合成致癌物 N-亚硝基化合物

硝酸盐还原为亚硝酸盐后，在一定条件下可与酰胺形成 N-亚硝基化合物，这类化合物对动物有强致癌性。

（二）去毒加工及预防方法

1. 青贮料应鲜喂

随采随喂，喂多少采多少，若暂时喂不完，应薄层散开，不要堆放。经长期堆放或已发霉腐烂的饲料，不能饲喂。对新鲜饲草切勿乱堆乱踩，严防霜冻，快运快用。

2. 充分煮熟青贮料

有些青贮料，若需煮熟后喂，应大火快煮（及时开盖），凉后再喂。喂多少，煮多少。

3. 科学饲喂

不要长期饲喂含有硝酸盐的饲料，应与其他饲料搭配饲喂。用硝酸盐含量高的饲料饲喂反刍动物时，需搭配富含糖类的饲料，以供给氨基酸合成时所需的氢、能量和相应的酮酸，避免亚硝酸盐在瘤胃内富集。

4. 检测亚硝酸盐

常用的方法有联苯胺法。试剂为 10% 的联苯胺和 10% 醋酸等量混合液。检测时取被检饲料汁液 1~2 滴，滴在滤纸上，然后加试剂 1~2 滴，汁液混合后，如呈现橘红色，说明饲料中含有亚硝酸盐。

5. 作物育种

造成植物种间、品种间和不同部位间硝酸盐积累差异的原因，主要是受遗传因子的控制所致。在同一组织内硝酸盐含量的变异与还原酶的活性成负相关，硝酸还原酶的活性强度是高度遗传的。因此，通过育种途径，筛选低富集硝酸盐品种，可预防硝酸盐危害。

二、含氰苷的饲草

(一) 饲草的种类

最常见的有高粱苗、玉米苗、三叶草、马铃薯幼芽、南瓜蔓、亚麻（叶及穗、蕾）、木薯、亚麻籽饼，桃、李、杏的叶子和核仁，以及未成熟的竹笋等。特别是高粱、玉米的再生苗含氰苷最高。

(二) 有毒成分

氰苷本身无毒，当植物组织受损伤（破碎、粉碎）、堆放发霉、枯萎、受霜、雹损或发育不良时，与植物体内相应的酶接触，水解出氢氰酸，导致畜禽中毒。另外，含氰苷的饲料，在反刍动物瘤胃微生物和单胃畜禽的胃酸作用下，转化成氢氰酸。氢氰酸中毒主要是氢离子抑制细胞色素氧化酶，使血红蛋白携带的氧不能进入组织细胞而缺氧。各种畜禽均可发生氢氰酸中毒，但多见于猪、牛、羊等家畜。

(三) 去毒加工及预防的方法

1. 水浸蒸煮和发酵

将含氰苷的饲料在水中浸泡 0.5~1 天，籽实应浸泡 2~3 天，可减少氰苷含量，浸泡时应勤换水浸泡，不能污染水源，含氰苷的饲料在不加盖蒸煮过程中，应勤搅拌。这种方法可使 95% 的氢氰酸挥发出去。饲料发酵也可使氰苷减少。

2. 去除含毒高的部位

如马铃薯幼芽、木薯皮氰苷含量高，应先削去幼芽和薯皮，再采用浸泡、蒸煮等处理，才能饲喂。

3. 控制喂量

要与其他饲料配合饲喂，即使经去毒处理后也应控制喂量，一般情况下不超过日粮的 12.5%~20%。应特别注意不要让空腹家畜采食含氰苷的饲料，如早晨放牧时，尽可能避免路过高粱地、玉米地和亚麻地而采食中毒。

4. 化学处理

利用氢氰酸易与氧和硫结合而失去毒性，遇醛或酮可产生羟基腈而失去毒性的特性，可用化学处理使其脱毒。

第三节　低毒饼粕类饲料去毒加工

一、菜籽饼粕

（一）有毒有害成分

菜籽饼粕主要有硫葡萄糖苷、芥子碱、芥酸、植酸和单宁 5 种。菜籽饼中毒多见于猪、鸡等，反刍动物不太敏感。

1. 硫葡萄糖苷（芥子苷）

广泛存在于油菜籽以及甘蓝、白菜、芥菜等十字花科作物的种子中。此类化合物在一定水分和温度条件下，在芥子酶（硫葡萄糖苷酶）的作用下，水解成硫氰酸盐（酯）、异硫氰酸盐（酯）、恶唑烷硫酮和腈类等。菜籽饼的毒素含量因油菜的类型不同而异，一般甘蓝型的恶唑烷硫酮含量较高，芥菜型的异硫氰酸脂含量较高，白菜型两种含量都较低。恶唑烷硫酮和硫氰酸脂可引起单胃动物甲状腺肿大，并且干扰甲状腺素的生成。异硫氰酸酯和恶唑烷硫酮具有刺激性辛辣气味，影响饲料的适口性。腈的毒性大约是恶唑烷硫酮的 8 倍，可致使动物肝、肾脏增大，严重时导致死亡。

2. 芥子碱

有苦辣味，经水解生成硫氰化合物。引起甲状腺肿和造成动物心脏脂肪积蓄及抑制生长。

3. 芥酸

含量与含油量成正相关，芥菜型含量高，甘蓝型含量次之，白菜型含量少。以甘油三酯的形式存在于菜籽油中。

4. 植酸

植酸是一种螯合物，与铁、锌、磷等结合而不能被动物机体有效利用。特别是锌，其有效率平均只有 44.1%。

5. 单宁

影响蛋白质的利用，导致代谢能降低，影响适口性。

（二）菜籽饼中毒类型

由于菜籽饼含有多种有害因素，因此在实际应用中，常常发生菜籽饼中毒病，其临床表现复杂，一般有以下4种类型。

1. 神经型

以盲目疯狂等神经综合征为特征，主要见于牛和羊。

2. 呼吸型

以肺水肿、肺气肿、呼吸困难为特征，仅发生于牛。病牛主要表现为严重的呼吸困难和皮下水肿。

3. 泌尿型

以血红蛋白尿及尿液形成泡沫等溶血性贫血为特征。病畜首先表现为严重的血红蛋白尿，迅速衰弱，精神不振，通常发生腹泻。

4. 消化型

以食欲消失、瘤胃蠕动停止、明显便秘为特征，主要见于小公牛，通常表现为厌食、粪量减少、瘤胃蠕动音消失。

（三）脱毒与限量使用

1. 结合榨油进行脱毒

可分为前脱毒、后脱毒、前后结合脱毒等三种方法。以前后结合脱毒成本最低，即通过菜籽榨油过程中干热钝化、溶解浸出、蒸气脱溶等步骤脱毒。

2. 坑埋法

挖土坑或土壕（宽1米、深1米、长度视数量而定），坑内铺放塑料薄膜或草帘。将菜籽饼粉碎后，按1∶1加水拌匀，装满压实，上面盖塑料膜或青草，再在上面覆土20厘米以上。每立方米可装菜籽饼500~700千克。埋置2个月左右，脱毒率达95%以上。在埋置过程中，蛋白质有一定损失，平均损失占蛋白质总量的7.93%。

3. 水浸法

按水∶饼=4∶1的比例，将菜籽浸泡在38℃左右的温水中24小时，取出后，再用清水冲洗2次，即可饲用。

4. 发酵法

将菜籽饼、麸皮、糠按1.5∶1.5∶2比例混合，加入菌种（市场上有售）等进行发酵。

5. 碱性脱毒

在碱的作用下，芥子苷可水解，其大部分有毒成分可随水蒸气溢出。方法为在 100 份饼（粕）中加入浓度为 14.5%～15.5% 的氢氧化钠溶液 24 份，搅拌均匀，焖盖 3～5 小时，再蒸 40～50 分钟，取出后晒干，脱毒效果为 60% 左右。碱处理可在油厂进行工业化的过程中集中处理。

6. 添加剂脱毒

使用菜籽饼粕脱毒添加剂 6107，每 500 克 6107 添加剂可与 250 千克含 20% 菜籽饼的配合饲料，或含 10% 菜籽粕的仔猪、仔鸡、仔鸭饲料配合。

7. 限量饲喂

一般菜籽饼占肉猪日粮的 15%～20%，母猪日粮的 10%～15%，生长鸡日粮的 5%～10%。

二、棉籽饼粕

（一）有毒成分

主要有毒成分为棉酚，是棉籽色素腺的主要色素，是一种复杂的多酚类化合物。棉酚有两种：一种是在加工中蒸炒的热作用下，与棉籽中蛋白质结合称为结合棉酚（无毒）；另一种为游离棉酚，虽在棉籽饼中含量较低，但毒性却很大，它是衡量棉籽饼质量的重要因素。除棉酚外，棉籽饼还含有环丙烯类脂肪酸（如棉葵酸、苹婆酸等）、棉紫红素、棉绿素等有害物质，但因含量很少，对畜禽不会产生明显的毒害作用。

棉酚的毒性与危害大致有如下几个方面。①棉酚是一种细胞、血管和神经性毒素。游离棉酚对胃肠黏膜有刺激作用，引起胃肠表面发炎，出血，并能增加血管壁的通透性，促进血浆、血细胞渗到外围组织，使受害组织发生血浆性浸润。棉酚溶于磷脂，能在神经细胞中积累起来，使神经系统发生紊乱而呈现兴奋或抑制。②棉酚可影响雌性动物的生殖机能。③棉酚在体内可与蛋白质、铁结合。棉酚在体内可与许多蛋白质和一些重要的酶结合，使它们失去活性；棉酚与铁离子结合，从而干扰血红蛋白的合成，引起缺血性贫血。④棉酚可影响蛋品品质。⑤棉酚可降低棉籽饼中赖氨酸的有效性。

（二）中毒家畜种类

棉籽饼中毒主要发生于鸡、猪、犊牛和羔羊，成年牛羊发病很少。棉酚在畜体内有蓄积作用，中毒多为慢性；短期大量饲喂，也可发生急性中毒。当饲料中蛋白质和矿物质不足，特别是维生素 A 和钙、铁元素缺乏，家畜劳役过重时，均易促使棉籽饼中毒。

（三）去毒加工与预防的方法

游离棉酚含量在 0.05% 以上，需要去毒处理。目前，国内外采用的棉籽饼粕脱毒技术，有物理、化学、微生物及添加剂多种方法。

1. 硫酸亚铁去毒处理

根据亚铁离子与游离棉酚螯合，使棉酚失去毒性的原理，用 0.1%~0.2% 的硫酸亚铁水溶液浸泡方法进行去毒加工。

2. 榨油厂硫酸亚铁去毒法

在棉籽榨油工艺的蒸料工序中，加入雾化硫酸亚铁溶液达到脱毒目的。

3. 硫酸亚铁+石灰水脱毒

加石灰水的原因是钙元素可促进棉酚和铁元素的螯合物从溶液中析出。为方便贮藏和配料，可将已加入铁剂的棉籽饼，用 1% 的石灰水拌湿（饼、石灰水比例为 1：1），放置在水泥场面上晒干。

注意：在应用铁剂作棉酚的去毒剂时，铁元素在日粮中的浓度不能超过每千克 500 毫克，以免引起铁元素过剩。

4. 发酵法

用 703 发酵粉（市场有售）进行发酵。50 千克混合饲料（10 千克粉碎的棉籽饼、40 千克其他饲料）加 150 克 703 发酵粉，搅拌至用手能握成团，一丢即散为止，然后松松地装入缸内，用塑料薄膜封口，1~4 天后有香味即可饲喂。此法不会破坏原有的营养成分，而在脱毒的同时生成菌体蛋白和维生素。

5. 控制饲喂量

育肥猪日喂 400 克，妊娠猪日喂 250 克，仔猪日喂 150 克，鸡日喂量不得超过总日粮的 20% 为宜，并适当搭配青贮料。

6. 增加日粮中蛋白质、维生素、矿物质

一般生长猪在日粮中蛋白质含量为 15% 的情况下，能忍受的日粮中游离棉酚最高水平为 0.01%；日粮中蛋白质水平为 30% 时。即使日粮中含 0.03% 的游离棉酚，猪也不会中毒，这是由于棉酚与蛋白质结合的缘故。在冬春季节增加维生素含量高的饲料（如胡萝卜、青贮料、青干草），以及增加日粮中的矿物质（如铁、钙和食盐），对预防中毒也有较好的作用。

第四节　低毒籽实饲料去毒加工

籽实饲料是畜禽主要的精饲料，易消化，营养物质丰富，原料种类多，主要

有禾谷类和豆类两类。禾谷类籽实如玉米、高粱、燕麦、大麦等，适口性好，含有大量的碳水化合物，淀粉占 70% 左右，粗蛋白质占 6%~10%，粗纤维、粗脂肪、粗灰分各占 3% 左右，所含矿物质中磷较多，钙较少。豆类籽实饲料，如大豆（包括黄豆、黑豆、秣食豆等）、豌豆、蚕豆、山藜豆及野豌豆等，一般含粗蛋白质在 22% 以上，如大豆为 33%~45%，是畜禽优良的蛋白质补充饲料。

一、高粱

（一）有毒成分及致毒原因

高粱中的有害成分单宁，属水解型单宁（或五倍子酸单宁），易溶于水，可在稀酸的作用下水解为五倍子酸和葡萄糖。高粱中的单宁主要存在于果皮内，其含量为 0.02%~2.30%，不同品种之间单宁含量差异较大。白粒籽实为 0.035%~0.088%，黄色籽实为 0.09%~0.36%，红色籽实为 0.14%~1.55%，褐色籽实为 1.3%~2.0%。当用高粱皮壳饲喂畜禽时，则更易发生中毒。当日粮中的蛋白质（尤其是赖氨酸）、矿物质和青绿饲料缺乏时，可促进单宁中毒症的发生。

单宁味苦涩，适口性差，高粱在日粮中的比例过大时，会影响家畜的食欲，使采食量减少。单宁还可降低饲料的消化率，高单宁的高粱比低单宁高粱消化率低 9%~15%。由于这两个原因，造成营养不足，影响了家畜生长和生产。进入消化道的单宁，具有收敛作用，可与胃肠道黏膜的蛋白质结合，在肠黏膜表层形成不溶性的鞣酸蛋白膜沉淀，使胃肠道的运动机能减弱而发生迟缓，这就会造成肠道内容物排出受阻而发生便秘，使其在体内停留时间过长而腐败，引起自体中毒。大量的单宁与胃肠道内蛋白质结合随粪便排出体外，而且高粱本身富含醇溶性蛋白，不易被吸收，从而导致蛋白质缺乏症。单宁还与肠道内多种金属离子发生沉淀作用，使其不被吸收，造成畜体矿物质缺乏而导致代谢机能紊乱。本病主要见于猪。

（二）去毒加工及预防

1. 机械去壳

单宁主要存在于果壳中，脱壳后的高粱籽实单宁含量很低。

2. 浸泡法

单宁易溶于水，用冷水浸泡 2 小时或煮沸 5 分钟，即可使高粱中的单宁脱去 70%，但应注意的是浸泡或者煮沸时间不宜过长，因单宁主要存在于高粱的种皮内，浸泡 2 小时或煮沸 5 分钟就可使皮内的单宁溶于水中。若浸泡蒸煮时间过长，整个高粱粒变软，可将溶于水中的果皮内单宁带入粒内，所以时间过长效果并不好。脱过单宁的水，不能让家畜饮用。

3. 化学法

在 70℃ 条件下，使用 20% 氢氧化钠处理 6 分钟，即可除去果皮。再将脱壳的籽粒浸泡在 60℃ 温水中，不停地搅拌，然后用流水冲洗，30 分钟即可除去全部单宁。

此外，还可使用酸（稀盐酸或醋酸）、氨水、高压氨气、氧化钙、碳酸钾、石灰等处理高粱，也可去除 50%~90% 的单宁。

4. 干燥法

刚收获的未完全成熟的高粱籽粒，采用 105℃ 的高温干燥处理或结冻脱水干燥处理，均可除去 80% 以上的单宁。

5. 合理搭配饲喂

将高粱饲喂畜禽时要搭配一定数量的青绿饲料和蛋白质量高的饲料（如豆饼等），并注意补充矿物质和维生素。一般情况下，日粮中未脱毒高粱比例不要超过 20%。

二、黄曲霉素污染的籽实饲料

（一）黄曲霉素产生的条件及危害

黄曲霉素是在高温多湿条件下，花生、玉米、大麦、小麦、燕麦、高粱等籽实饲料发霉后产生的。籽实饲料中以玉米、花生籽实最易被污染。当籽实饲料中的黄曲霉素大于每千克 1 毫克时，可使畜禽中毒，人长期食用每千克 0.5~1 毫克黄曲霉素的食品，易产生肿瘤和肝癌。黄曲霉素中毒因动物种类、年龄、营养状况、个体耐受性、机体免疫力、接受毒物的数量以及时间的不同，其症状也有不同程度的差异。猪、鸡多见，其次为鸭和牛，羊则有较强的耐受性。一般情况下，畜禽年龄越小，敏感性越高；雄性家畜比雌性敏感性高；营养状况越差的畜禽越容易中毒发病；妊娠家畜易发生中毒。

（二）黄曲霉素感官检测法

1. 直观法

取供检材料（如玉米籽实等）在紫外光灯下观察，若有亮黄绿色荧光，即为有毒素籽实。还可将籽实破碎后再观察，若看不到荧光，说明不带有黄曲霉素。

2. 植物实验法

在培养皿中放置水芹种子 20 粒，加入供检材料和水，以只加水为对照，在室温向阳处培养 7 天，如无黄曲霉素，则水芹种子在第三天时发芽，若黄曲霉素含量较低，则叶色变白；若黄曲霉素较高，幼苗的叶绿素完全丧失而变白。

（三）预防及去毒

1. 安全贮存

各种饲料在贮存运输过程中，必须在安全含水量以内，在低温、低湿条件下贮运。

2. 清洗

黄曲霉素主要集中在霉坏粒、破损粒和瘪小粒中，因此排除霉粒，可大大降低黄曲霉素的含量。

3. 脱胚去毒法

如玉米籽实发霉后，毒素主要集中在胚部。脱胚有两种方法：一种是浮选法，将籽粒破碎成 1.5~4.5 厘米的碎粒，加水 3~4 倍，搅拌、轻搓胚部碎片浮起，将其捞出或随水倒掉，如此反复 3~4 次，可使含毒量降低 80% 左右；另一种是碾压法，用碾米机将玉米籽实碾压 2~3 次，胚部和外皮均去掉，而玉米保持成粒。若把玉米用水浸泡 2~3 分钟后再碾压脱胚效果更好。

4. 碱处理法

分别用 1% 石灰水、0.5% 小苏打或氢氧化钠的水溶液，浸泡被污染的饲料。碱液与饲料比例为 2∶1，并煮沸 1~2 小时，可破坏黄曲霉素分子结构，但饲料中蛋白质损失达 6%~30%。

5. 限量饲喂

经去毒加工后的饲料，仍要限量饲喂，一般猪日粮中不宜超过 0.75 千克；妊娠母猪、哺乳母猪和仔猪，日喂量应在 0.5 千克以下；鸡最好不喂；牛日喂量在 1.5 千克以下。

主要参考文献

白春利，赵和平，贾明，等，2016. 鄂尔多斯中间锦鸡儿研究利用综述 [J].
畜牧与饲料科学，37（8）：39-40.

格根图，刘燕，贾玉山，2013. 草木樨青干草营养价值及饲喂绒山羊的效果
研究 [J]. 草地学报，21（2）：401-405.

顾雪莹，玉柱，郭艳萍，2011. 白花草木樨与燕麦混合青贮的研究 [J]. 草
业科学（1）：152-156.

郭旭生，周禾，刘桂霞，2005. 苜蓿青贮过程中蛋白的分解及抑制方法 [J].
草业科学，22（11）：50-54.

哈斯巴特尔，郭玲玲，丁利芳，等，2016. 内蒙古草产业现状及发展对策
[J]. 草原与草业，28（3）：7-10.

贺忠勇，2015. 燕麦青干草在奶牛生产中的优势及应用 [J]. 中国奶牛
（17）：12-15.

侯建建，白春生，张庆，等，2016. 单一复合乳酸菌添加水平对苜蓿青贮营
养品质及蛋白组分的影响 [J]. 草业科学，33（10）：2119-2125.

华着，保善科，赵索南，2012. 妊娠后期放牧藏羊青贮燕麦草补饲试验 [J].
黑龙江畜牧兽医（22）：68-69.

黄双全，刘桂霞，韩建国，2007. 种子大小和播种深度对种苗建植的影响
[J]. 草业科学（6）：44-49.

李春喜，冯春生，赵延贵，等，2013. 甜高粱栽培技术研究 [J]. 草地学报，
21（1）：114-122.

李剑楠，2014. 青贮技术及其应用的研究进展 [J]. 饲料广角（24）：
30-33.

李珊珊，李飞，白彦福，等，2017. 甜高粱饲用价值及饲喂奶牛技术 [J].
草业科学，34（7）：1534-1541.

李小坤，鲁剑巍，陈防，2008. 牧草施肥研究进展 [J]. 草业学报（2）：

136-142.

李召英，李云龙，2014. 常见牧草播种技术要点 [J]. 科学种养 (4)：47-48.

梁欢，游永亮，李源，等，2015. 高丹草青贮加工及饲喂利用技术研究进展 [J]. 草地学报，23 (5)：936-943.

梁小玉，张新全，季杨，2012. 菊苣功能及产品开发的研究进展 [J]. 黑龙江畜牧兽医 (11)：34-36.

刘辉，李国庆，2017. 规模化人工饲草种植与加工调制 [M]. 北京：金盾出版社.

刘胜男，石凤翎，王占文，等，2017. 内蒙古中部地区苜蓿切叶蜂辅助授粉效果的比较 [J]. 中国草地学报，39 (4)：49-53.

刘喜生，任有蛇，岳文斌，2016. 饲草料中的天然有毒有害物质及其对羊的危害 [M]. 畜牧与饲料科学，37 (2)：50-53.

柳茜，孙启忠，刘晓波，等，2017. 红三叶与全株玉米混合比例对青贮品质的影响 [J]. 草学 (2)：33-37，62.

罗冬，王明玖，李元恒，等，2015. 四种豆科牧草种子萌发和幼苗生长对干旱的响应及抗旱性评价 [J]. 生态环境学报 (2)：224-230.

毛新平，刘彦，赵国良，等，2017. 13 个苜蓿品种对滴灌模式的适应性 [J]. 草业科学，34 (5)：1049-1056.

苏加楷，张文淑，李敏，1993. 牧草高产栽培 [M]. 北京：金盾出版社.

谭树义，魏立民，黄丽丽，等，2014. 苏丹草的营养特性及在草食动物上的应用 [J]. 饲料研究 (15)：9-11.

特木尔布和，肖燕子，2017. 苜蓿新品种草原 4 号的选育 [J]. 草业科学，34 (4)：855-860.

王乐，张玉霞，于华荣，等，2017. 氮肥对沙地燕麦生长特性及产量的影响. 草业科学，34 (7)：1516-1521.

王亮亮，胡跃高，关鸣，2011. 燕麦青干草和东北羊草对奶牛产奶量及乳成分的影响 [J]. 中国奶牛 (23)：43-44.

吴剑雄，2007. 鄂尔多斯植物志 [M]. 呼和浩特：内蒙古人民出版社.

吴云敷，李秀娴，赵秀华，1990. 危害苜蓿蓟马生活史及活动规律的研究 [J]. 中国草地 (4)：38-41.

解恒参，赵晓倩，2015. 农作物秸秆综合利用的研究进展综述 [J]. 环境科学与管理，40（1）：86-90.

杨永锋，胡琏，2010. 鄂尔多斯退牧还草快速恢复草原生态技术［M］. 呼和浩特：内蒙古人民出版社.

张佳良，曹杰，邓波，等，2017. 垂直切根可以改善松嫩草地羊草生长［J］. 草业科学，34（5）：1057-1063.

赵得明，2016. 燕麦草生产利用现状分析及发展趋势［J］. 黑龙江畜牧兽医（11）：177-179.

朱铁霞，邓波，王显国，等，2017. 灌水量对科尔沁沙地苜蓿草产量、土壤含水量及二者相关性的影响［J］. 中国草地学报，39（4）：36-39.